新自动化——从信息化到智能化

工业相机原理

李绍丽　李德健　田　野　编著

机械工业出版社

在机器视觉系统中，工业相机是核心组件，它负责捕捉光信号并将其转换为电信号，进而生成数字图像供后续处理。本书从工程师视角，系统地梳理建立机器视觉系统所必须了解的工业相机原理、参数、指标等，旨在为读者提供一本面向机器视觉系统的、全面且深入的工业相机原理指南。本书系统地整理了工业相机的相关知识，全书共8章内容，分别是绪论、基础知识、工业相机的核心——图像传感器、工业相机的性能、工业相机的参数和工作模式、工业相机中的图像信号预处理、工业相机通信基本原理、工业相机与计算机的数据传输。

本书可作为机器视觉工程技术人员系统掌握工业相机原理的参考书，也可作为高等院校自动化类、机电类、电子信息类、计算机类相关专业的教学参考书。

图书在版编目（CIP）数据

工业相机原理 / 李绍丽，李德健，田野编著.

北京：机械工业出版社，2025. 3. --（新自动化：从信息化到智能化）. -- ISBN 978-7-111-78047-2

Ⅰ. TP302.7

中国国家版本馆 CIP 数据核字第 20256AA640 号

机械工业出版社（北京市百万庄大街22号　邮政编码100037）

策划编辑：罗　莉　　　　　　责任编辑：罗　莉　卢　婷
责任校对：樊钟英　丁梦卓　　　封面设计：鞠　杨
责任印制：任维东

北京宝隆世纪印刷有限公司印刷

2025年6月第1版第1次印刷

184mm×260mm・12.75印张・314千字

标准书号：ISBN 978-7-111-78047-2

定价：78.00元

电话服务　　　　　　　　网络服务

客服电话：010-88361066　机　工　官　网：www.cmpbook.com
　　　　　010-88379833　机　工　官　博：weibo.com/cmp1952
　　　　　010-68326294　金　书　网：www.golden-book.com

封底无防伪标均为盗版　机工教育服务网：www.cmpedu.com

工业相机原理

前 言

随着全球经济的蓬勃发展，制造业正经历着前所未有的变革，而在这一变革中，机器视觉技术扮演着至关重要的角色。机器视觉是一种高度自动化的技术，它通过模拟人类视觉系统来识别、测量和分析图像，不仅提高了生产效率，还确保了产品质量的稳定性。

在机器视觉系统中，工业相机是核心组件，它负责捕捉光信号并将其转换为电信号，进而生成数字图像供后续处理。近年来，尽管机器视觉领域的图书很多，但专门针对工业相机原理的图书却很少，现有的资料往往将工业相机作为机器视觉系统的一部分进行介绍，缺乏对其原理的深入探讨。虽然有些图书重点介绍了工业相机中的部分原理，如偏重介绍 CCD/CMOS 图像传感器或光学成像系统的设计，但都只是针对工业相机某一方面进行的阐述，这种现状导致工业相机原理相关的知识零散不成系统，这无疑限制了读者对工业相机的深层次理解，也影响了读者在实际应用中解决问题的效率。

为了填补这一空白，我们编写了本书，系统地整理了工业相机的相关知识。本书并不是生硬地讲授工业相机的一般原理，而是结合编者及团队人员十余年的机器视觉实践经验，从工程师视角，系统地梳理建立机器视觉系统所必须了解的工业相机原理、参数、指标等，旨在为读者提供一本面向机器视觉系统的、全面且深入的工业相机原理指南。

工业相机作为机器视觉系统的核心，想要理解其与机器视觉系统是如何有机作用与结合的，本质是要弄清楚下面的问题。

光信号是如何通过工业相机转换为电信号的？电信号又是如何在工业相机中传输的？电信号是如何组成一幅图像的？工业相机是如何将电信号（所表示的图像信息）传输到计算机进行显示并供后续处理的？其中，相机与计算机之间的数据传输方式和原理（电信号的通信）是怎样的？相机 I/O 接口如何输入/输出控制信号？相机与镜头的光学接口（光信号的通信）是怎样的？

上述这些问题是按照机器视觉系统捕获图像信息的时序流程而列出的，因此本书的章节排布整体遵循上述流程而展开，围绕这些核心问题深入讨论。我们相信，随着对工业相机原理的深入理解，读者将能够更有效地构建和优化机器视觉系统。我们希望本书能够成为机器视觉领域的一本经典之作，为推动我国制造业的发展贡献力量。

本书由沈阳工业大学李绍丽、李德健，以及国家管网集团西部管道有限责任公司田野编写，沈阳工业大学任翔宇、葛辰巍、刘航嘉、乞鹏壕、陆园园等参与配图、程序实验，全书由李绍丽负责统稿、定稿。在撰写过程中，我们广泛参考了众多书籍和网络资源，由于网络资料繁多，无法在参考文献中一一列出，特此向所有资料提供者致以诚挚的谢意。

由于作者水平有限，书中难免存在疏漏和不足之处，殷切希望广大读者批评指正。

编者
2025 年 3 月

目录

前言

第1章 绪论 1
1.1 什么是工业相机，与普通相机有何区别 1
1.2 什么是机器视觉，与工业相机的关系是怎样的 4
1.2.1 机器视觉与机器视觉系统 4
1.2.2 机器视觉的发展与应用 10
1.3 工业相机基本成像原理 14
1.3.1 相机成像原理与发展过程 14
1.3.2 数字图像的表示与格式 15
习题与思考题 19

第2章 基础知识 20
2.1 图像分析 20
2.1.1 图像分析方法 20
2.1.2 图像传感器的基本技术参数 23
2.2 图像的显示与电视制式 24
2.2.1 电视监视器的扫描 24
2.2.2 电视制式 27
习题与思考题 28

第3章 工业相机的核心——图像传感器 29
3.1 CCD 传感器 29
3.1.1 基本原理和工作过程 29
3.1.2 线阵 CCD 图像传感器与面阵 CCD 图像传感器 36
3.2 CMOS 传感器 40
3.2.1 基本原理和工作过程 40
3.2.2 像素单元的电路结构与成像性能 44
3.3 彩色工业相机 47
3.3.1 单芯片彩色相机 47
3.3.2 其他彩色成像方案 50
习题与思考题 53

第4章 工业相机的性能 54
4.1 灰度值的产生过程及噪声 54
4.1.1 灰度值的产生过程 54
4.1.2 传感器的噪声 56
4.2 EMVA1288 标准与传感器性能评价 60
习题与思考题 62

第5章 工业相机的参数和工作模式 63
5.1 基本参数 63
5.1.1 传感器尺寸、像元与分辨率 63
5.1.2 光学接口 67
5.1.3 刷新率和曝光 69
5.1.4 像素深度与像素格式 71
5.1.5 光谱响应 79
5.1.6 可变增益范围 79
5.2 工作模式 80
5.2.1 相机采集的画幅状态 81
5.2.2 相机的触发方式 81
习题与思考题 83

第6章 工业相机中的图像信号预处理 84
6.1 黑电平校正 85
6.1.1 什么是黑电平，为什么要进行黑电平校正 85
6.1.2 黑电平校正的原理及方法 86
6.2 坏点校正 88
6.3 镜头阴影校正 90
6.3.1 镜头阴影产生的原因及阴影分类 90

目 录

6.3.2 镜头阴影的校正方法 ……… 92
6.4 平场校正 …………………………… 93
  6.4.1 什么是平场校正，为什么要
       进行平场校正 ……………… 93
  6.4.2 如何进行平场校正 ………… 94
6.5 数字增益调节 ……………………… 98
6.6 白平衡 ……………………………… 99
  6.6.1 白平衡及其工作原理 ……… 99
  6.6.2 一种自动白平衡算法 ……… 101
  6.6.3 工业相机的白平衡设置 …… 103
6.7 色彩校正矩阵 ……………………… 105
  6.7.1 色彩校正的概念，为什么要
       进行色彩校正 ……………… 105
  6.7.2 如何进行色彩校正 ………… 105
6.8 Gamma 校正 ……………………… 108
  6.8.1 Gamma 校正的背景与
       原理 ………………………… 108
  6.8.2 Gamma 校正的步骤 ……… 111
6.9 颜色空间转换 ……………………… 113
6.10 图像质量调整 …………………… 115
习题与思考题 …………………………… 118

第7章 工业相机通信基本原理 …… 120

7.1 通信系统基本原理 ………………… 120
  7.1.1 通信系统基本概念 ………… 120
  7.1.2 数字数据的模拟信号传输 … 123
  7.1.3 模拟数据的数字信号传输 … 127
  7.1.4 数字数据的数字信号传输 … 131
7.2 工业相机典型通信方式——
    千兆网通信基本原理 ……… 137
  7.2.1 一根网线传递信息的最基本
       方法 ………………………… 137
  7.2.2 光纤与无线电编码 ………… 139
  7.2.3 时钟同步和曼彻斯特编码 … 140
  7.2.4 分析实际的以太网编码 …… 142
  7.2.5 成帧的重要性 ……………… 144
  7.2.6 帧格式 ……………………… 146
  7.2.7 互联网协议 ………………… 149
  7.2.8 IP 和以太网之间的 ARP 映射
       关系 ………………………… 152
  7.2.9 基于跳数的路由 …………… 155
  7.2.10 TCP ……………………… 160
  7.2.11 TCP 连接流程 …………… 163
  7.2.12 OSI 模型与 TCP/IP 模型 … 164
习题与思考题 …………………………… 167

第8章 工业相机与计算机的数据传输 …………………………… 169

8.1 模拟视频信号传输 ………………… 169
  8.1.1 模拟视频标准 ……………… 170
  8.1.2 计算机是如何接收模拟视频
       信号的 ……………………… 172
8.2 数字视频信号传输 ………………… 180
  8.2.1 Camera Link ……………… 181
  8.2.2 IEEE 1394 ………………… 184
  8.2.3 USB ………………………… 186
  8.2.4 千兆网 ……………………… 188
  8.2.5 CoaXPress ………………… 191
8.3 控制信号的传输——I/O
    接口 ………………………………… 194
习题与思考题 …………………………… 195

参考文献 …………………………………… 197

第 1 章 绪 论

工业相机原理

1.1 什么是工业相机，与普通相机有何区别

我们通常认识的普通胶片式照相机，简称相机，是一种基于光学成像原理捕获并记录图像的设备。该设备通过透镜系统（镜头）收集被摄物体反射的光线，并利用快门机制控制光线在感光材料上的曝光时间，从而在感光材料上形成潜像。随后，通过化学处理过程（包括显影和定影步骤），将潜像转换成持久的可视影像。

随着技术的发展，胶片式照相机逐渐退出市场，取而代之的是数码相机，又名数字式相机（Digital Camera, DC）。数码相机是一种利用电子传感器把光学影像转换成电子数据的照相机，如图 1.1-1 所示。与普通胶片式照相机在胶卷上通过溴化银（AgBr）的化学变化来记录图像的原理不同，数码相机的传感器是一种光感应式的电荷耦合器件（Charge Coupled Device, CCD）或互补金属氧化物半导体（Complementary Metal Oxide Semiconductor, CMOS）。数码相机是集光学、机械、电子一体化的产品，它集成了影像

图 1.1-1　数码相机

信息的转换、存储和传输等部件，具有数字化存取、能够与计算机系统进行交互、支持图像的即时捕获与处理等特点。数码相机的起源可追溯至美国，其早期应用包括通过卫星传输图像至地面接收站等。随着技术的进步和成本的降低，数字摄影技术逐渐从军事和专业领域转向民用市场，并在多个领域得到广泛应用，其应用范围随着技术的发展而不断扩大。

那么，什么是工业相机呢？工业相机的主要功能是将外界输入的光信号转换为可被电子系统处理的电信号输出，在成像原理方面与普通数字相机大致相同。相比传统的普通数字相机，工业相机具有较高的图像稳定性、高传输能力和高抗干扰能力等特点。工业相机有多个名称，如工业摄像机、工业摄像头、视觉传感器等。当其在工业环境下拍照时，取名为工业照相机；当其在工业环境下录像时，参照对普通民用摄像机的叫法，取名为工业摄像机；当其用于工业环境下的监控时，取名为工业摄像头或工业探头；当其用于工业机器人时，取名为视觉传感器。

工业相机与普通数码相机的主要区别在于，工业相机服务于工业生产过程中的图像处理

任务，而消费级普通数码相机则满足消费者在日常生活和艺术创作中的摄影需求。通俗而言，工业相机用于给工业产品照相，而普通数码相机用于给风景和人照相。为了满足工业产品照相的特定需求，工业相机在诸多性能指标方面进行了提升或改进，工业相机与普通数码相机的区别见表1.1-1。与普通数码相机相比，工业相机展现出更高的稳定性与可靠性，便于装配，结构紧凑且耐用，支持长时间连续运作，能在恶劣环境下稳定工作，而常规数码相机则不具备这些特性。例如，民用数码相机通常无法实现全天候24h作业或持续工作数日。工业相机具备极短的曝光时间，能够捕捉快速移动目标。例如，将名片附着于高速旋转的电风扇叶片上，通过设定适宜的快门速度，工业相机可拍摄出清晰可辨的名片文字图像，而普通数码相机难以获得同等效果。工业相机提供未经处理的原始数据，并具有较宽的光谱响应，适用于执行高阶图像处理，如机器视觉。相对而言，普通数码相机捕获的图像光谱专为人眼优化，图像质量较低，不适用于复杂的分析处理。因此，工业相机的成本通常高于普通数码相机。

表1.1-1 工业相机与普通数码相机的区别

中文名称	工业相机	普通数码相机
英文名称	Industrial Camera	Digital Camera
组成结构	光学成像系统、图像传感器及外围电路、相机核心图像采集处理系统、图像缓存及输出系统等	光学镜头系统、电子快门系统、电子测光及操作装置、光电传感器（CCD或CMOS）、模/数转换器、图像处理单元、图像存储器、液晶显示屏及输出控制单元（连接端口）等
输出图像质量	输出的图像是裸数据，其光谱范围较宽，较适于进行高质量的图像处理算法	输出图像的光谱范围通常只适于人眼视觉
数据处理方式	边拍摄边把图像传送到其他设备用于后期处理，可长时间工作（几天甚至是几个月）	拍摄后经过压缩存储于相机内部
控制方式	通常由计算机来控制其拍照、录像、调整参数等功能，可控性更强	由人工控制其拍照、录像、调整参数等功能
用途	通常用于机器人、工业检测、公共安全、交通监控等	通常用于家庭或艺术摄影等
数据接口	GigE、Camera Link、USB、IEEE 1394等接口	IEEE 1394、USB、HDMI等接口
外观结构	相机结构较紧凑、结实并且不易损坏。在防水性能、适用温度和湿度、电磁干扰范围等方面都有严格的规定，通常能在较恶劣的环境中使用	外观设计通常只考虑美观性和便携性，适用于在日常环境中使用

一般工业相机的外观及结构如图1.1-2所示。工业相机主要由图像传感器（Sensor）、内部处理电路（图中未画出）、数据接口、I/O接口、光学接口（镜头接口）等几个基本模块组成。当相机在进行拍摄时，光信号首先通过镜头到达图像传感器，然后被转换为电信号，再由内部处理电路对图像信号进行必要的预处理，最终按照相关标准协议通过数据接口向上位机传输数据。I/O接口则提供相机与上、下游设备的信号交互，如可以使用输入信号触发相机拍照、使用相机输出频闪信号控制光源亮灭等。

第 1 章 绪 论

图 1.1-2 一般工业相机的外观及结构

工业相机可分为 2D 相机和 3D 相机两类。对于广泛应用的 2D 相机，结合相机构成的几大基本模块及不同的选型维度，一般可按以下标准分类。

1）根据传感器类型分类：可分为面阵相机/线阵相机、彩色相机/黑白相机、CCD 相机/CMOS 相机等。基于传感器类型的相机分类如图 1.1-3 所示。

2）根据数据接口类型分类：主要可分为网口相机（如 GigE、10GigE）、USB 相机、Camera Link 相机、CoaXPress 相机等。基于数据接口类型的相机分类如图 1.1-4 所示。

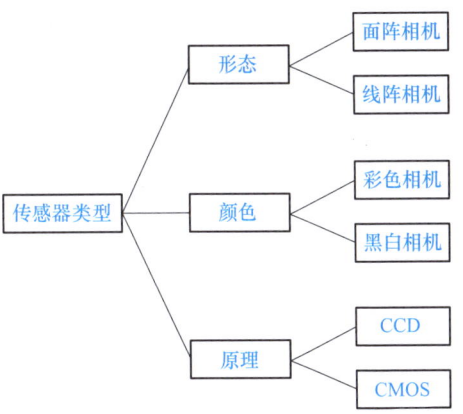

图 1.1-3 基于传感器类型的相机分类

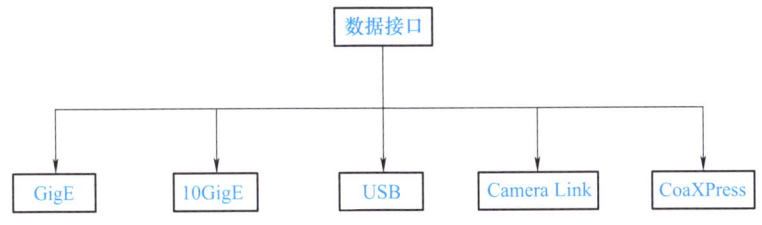

图 1.1-4 基于数据接口类型的相机分类

3）根据光学接口类型分类：主要可分为 C 口相机、CS 口相机、M12 口相机、F 口相机、M58 口相机、M72 口相机等。基于光学接口类型的相机分类如图 1.1-5 所示。

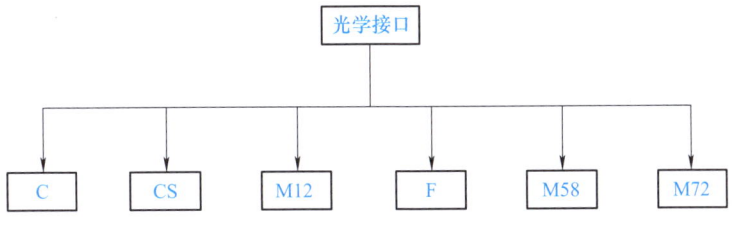

图 1.1-5 基于光学接口类型的相机分类

后续章节将深入探讨工业相机的传感器技术、数据接口及光学接口等关键组成部分。本小节旨在提供一个宏观的概述，以助于读者迅速构建对工业相机的基本认识和理解。

1.2 什么是机器视觉，与工业相机的关系是怎样的

1.2.1 机器视觉与机器视觉系统

1.2.1.1 机器视觉概述

在理论层面，机器视觉是指应用计算机系统模拟人类视觉系统，以实现对外部环境的辨识与理解。在应用层面，机器视觉技术通过集成视觉系统于机械设备，赋予其类似人类的视觉感知与分析判断能力，该技术能够执行检测、定位、识别和测量等多种功能，增强生产过程的灵活性与自动化水平。本质上，机器视觉是一种替代人眼进行物体表面测量与评估的非接触式检测技术。

机器视觉在智能制造领域扮演着核心角色，为国内工业自动化领域开辟了新的发展方向。机器视觉技术能够自动检测和识别物体的尺寸、形状、颜色等属性，使机械设备能够执行测量与评估任务，是工业自动化与智能化的关键技术。随着机器视觉与其他技术的深度融合，其在提升产业自动化水平方面发挥着越来越重要的作用。

机器视觉与计算机视觉有何区别呢？机器视觉侧重于利用机械设备替代人眼，执行工业与民用场景中的尺寸测量、定位、检测及识别工作；而计算机视觉则侧重于通过计算机系统模拟人类视觉，实现对三维环境的感知、辨识与解析，以模拟人类视觉系统的功能。机器视觉与计算机视觉的工作范畴对比见表1.2-1。

表1.2-1 机器视觉与计算机视觉的工作范畴对比

分类	工作范畴
机器视觉	通常处理 μm 级至 mm 级的视觉任务； 主要侧重"量"的分析，如通过视觉去测量零件的各种尺寸，又如检测产品是否有缺陷等，对准确度和处理速度要求都比较高
计算机视觉	通常处理 mm 级至 cm 级，乃至 m 级的视觉任务； 主要侧重"质"的分析，如分类识别"是狗还是猫"的问题；或身份确认，如人脸识别、车牌识别；或行为分析，如人员入侵、徘徊、人群聚集等的判断

机器视觉与人工视觉有何区别呢？机器视觉在工业应用中的核心优势体现在其非接触式检测技术，以及能够提供高精确度和高速度的性能。非接触式检测避免了因接触可能引发的元件损伤，从而减少了潜在的破坏风险。机器视觉系统有效提升了生产过程的灵活性与自动化水平。机器视觉与人工视觉的区别见表1.2-2。在灰度分辨力方面，机器视觉通常可实现 $2^8 \sim 2^{16}$ 的灰度级分辨能力，未来还将会更高；而人工视觉的灰度级分辨能力相对较低，在不同的测量标准下，人眼能够识别的灰度层次为 20~60 级，这远远小于机器视觉通常采用的 $256(2^8)$ 级的灰度分辨力。在空间分辨力方面，在保证足够镜头分辨力的前提下，通过不同的选型搭配，机器视觉的分辨力可低至 μm 级，甚至更低；而通常人眼已经很难辨识 μm 级的小目标。

表 1.2-2 机器视觉与人工视觉的区别

性能	机器视觉	人工视觉
灰度分辨力	强，256 乃至更高灰度级	差，最高约 60 级
空间分辨力	通过不同选型搭配，可观测小到微米的目标	对微米级小目标的分辨能力弱
效率	效率高	效率低
速度	快，可看清运动物体	慢，无法看清较快运动的目标
精度	精度高，可达微米级、易量化	精度低，无法量化
可靠性	稳定可靠	易疲劳、受情绪波动
重复性	强，可持续工作	弱，易疲劳
信息集成	方便信息集成	不易信息集成
环境	适合恶劣、危险环境	不适合恶劣和危险环境
成本	一次性投入，成本不断降低	人力和管理成本不断上升

1.2.1.2 机器视觉系统概述

在理论层面，机器视觉系统是指通过机器视觉产品（即图像摄取装置，分为 CMOS 和 CCD 两种）将被摄取目标转换成图像信号并传输给专用的图像处理系统，根据像素分布和亮度、颜色等信息，转换成数字化信号；图像处理系统对这些信号进行各种运算来抽取目标的特征，进而根据判别结果来控制现场的设备动作。典型的机器视觉系统包括图像采集单元、图像处理单元、通信控制单元，以及终端监控单元等，如图 1.2-1 所示。

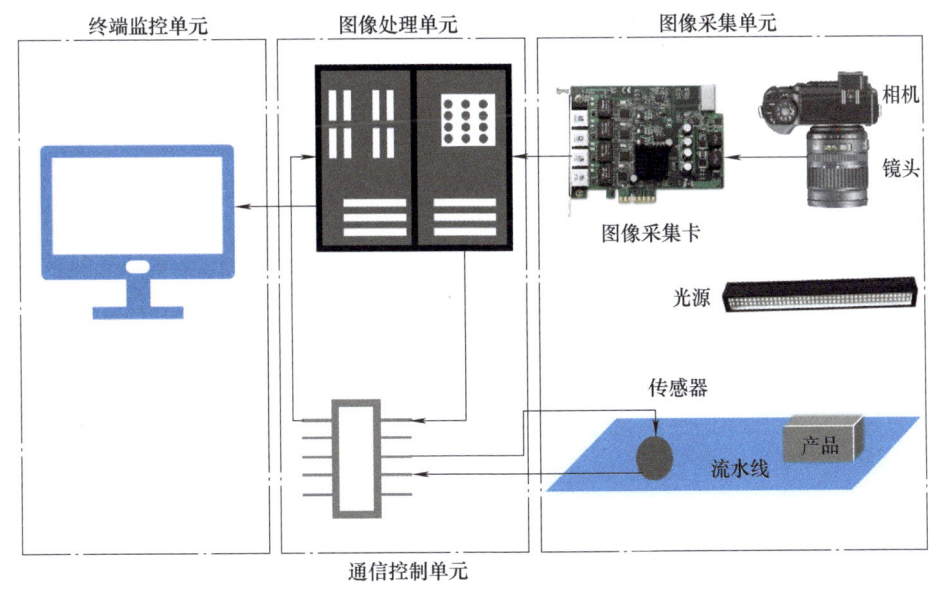

图 1.2-1 典型的机器视觉系统

1. 图像采集单元

图像采集单元又称"帧抓取器"（Frame Grabber）。图像采集是指从工作现场获取场景图像的过程，是机器视觉的第一步。它将光学图像转换为数字图像，并输出至图像处理单元。由于机器视觉系统强调精度和速度，因此需要图像采集单元及时、准确地提供清晰的图像，图像信息处理与识别单元才能在较短时间内得出正确的结果。图像采集单元一般由光源、工业相机与工业镜头、传感器和图像采集卡等构成。采集过程可简单描述为在光源提供照明的条件下，工业相机拍摄目标物体并将其转换为图像信号，最后通过图像采集卡传输给图像信息处理与识别单元（计算机内存）的过程。

图像采集单元中主要器件的功能及作用如下：

1）光源——光源作为辅助成像器件，对成像质量好坏起到至关重要的作用，各种形状的 LED 灯、高频荧光灯、卤素灯等都是常用的机器视觉光源。

2）工业相机与工业镜头——工业相机与工业镜头属于成像器件，通常的机器视觉系统都是由一套或者多套成像系统组成，如果有多路相机，可能由图像采集卡切换来获取图像数据，也可通过同步控制同时获取多相机通道的数据。根据应用的需求，相机可以输出标准的单色视频（RS-170/CCIR）、复合信号（Y/C）、RGB 信号，也可以输出非标准的逐行扫描信号、线扫描信号、高分辨率信号等。

3）传感器——通常以光纤开关、接近开关等形式出现，用以判断被测对象的位置和状态，以告知图像传感器进行正确的采集。

4）图像采集卡——通常以插入卡的形式安装在 PC（Personal Computer）中，图像采集卡的主要工作是把相机输出的图像输送给计算机。将来自相机的模拟或数字信号转换成一定格式的图像数据流，同时它可以控制相机的某些参数，如触发信号、曝光、积分时间、快门速度等。通常，不同类型的相机有不同的图像采集卡硬件结构，同时也有不同的总线形式，如 PCI（Peripheral Component Interconnect）、PCI 64、Compact PCI、PC/104、ISA（Industry Standard Architecture）等。但应注意，只有特定的工业相机（如 Camera Link 接口相机）才需要额外的图像采集卡，常见的 USB 接口的工业相机通常不需要额外的图像采集卡，因为 USB 接口本身就是一种数据传输协议，可以直接与计算机的 USB 接口连接，常用的操作系统一般内置了对 USB 相机的支持，因此也不需要额外的驱动程序。

2. 图像处理单元

图像处理单元由图像处理软件等构成。图像处理软件，或称为机器视觉软件，包含大量图像处理算法，用来完成对输入图像数据的处理和分析计算，并输出目标的质量判断和规格测量等结果。图像处理算法包含图像增强与校正、图像分割、图像特征提取、二进制大对象（Binary Large Object，BLOB）分析、图像识别与理解等。图像信息处理与识别单元对图像的灰度分布、亮度和颜色等信息进行各种运算处理，从中提取出目标对象的相关特征，完成对目标对象的测量、识别和 NG(No Good) 判定，输出的判定结果可能是 PASS/FAIL 信号、坐标位置、字符串等，然后将这些特定信号的判定结果提供给视觉系统控制单元。

3. 通信控制单元

通信控制单元包含 I/O、运动控制、电平转换单元等。图像处理软件完成图像分析后，将分析结果输出至图像界面，或通过电控单元（如 PLC）等传递给机械单元并执行相应的操作（如剔除、报警等），还通过运动控制或机械臂执行分拣、抓取等动作。简单的控制可以直接利用部分图像采集卡自带的 I/O，相对复杂的逻辑、运动控制则必须依靠附加可编程逻辑控制单元、运动控制卡来实现必要的动作。I/O 是主机与被控对象进行信息交换的纽带，主机通过 I/O 接口与外部设备进行数据交换。运动控制就是对机械运动部件的位置、速度等进行实时的控制管理，使其按照预期的运动轨迹和规定的运动参数进行运动。视觉系统控制单元根据判定结果控制现场设备，实现对目标对象的相应控制操作。

4. 终端监控单元

终端监控单元用于在软件界面上显示配置的内容，一般包括采集的图片、产品检测结果、产品良率统计等。

若从硬件设备的角度描述机器视觉系统，则主要包括：①光源；②工业相机；③传感器；④图像采集卡；⑤PC；⑥视觉处理软件；⑦控制单元，共七大硬件，如图 1.2-2 所示。其中，①~④同上文图像采集单元的主要器件；⑤PC 用于完成图像数据的处理和绝大部分的控制逻辑，对于检测类型的应用，通常都需要较高频率的 CPU（Central Processing Unit），

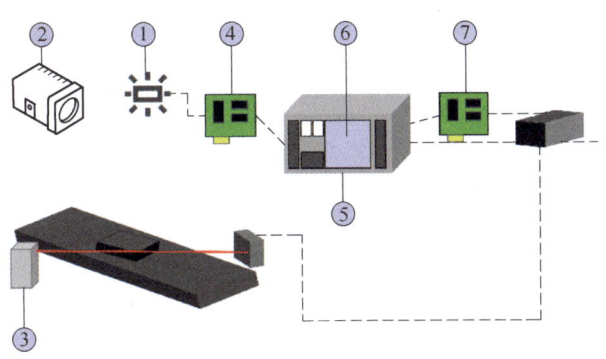

图 1.2-2　从硬件设备的角度描述机器视觉系统

这样可以减少处理时间，同时，为了减少工业现场电磁、振动、灰尘、温度等的干扰，必须选择工业级的计算机；⑥视觉处理软件用来完成对输入图像数据的处理，然后通过一定的运算得出结果；⑦控制单元将根据视觉处理软件的运算结果对生产过程进行控制。

机器视觉系统的一般工作过程如图 1.2-3 所示。首先，传感器采集外部的信息，进而触发相机；然后，相机捕获图像并传输图像数据，这会涉及很多的通信，包括与采集卡、网络的通信等；接着，进行图像处理，通过图像处理软件和算法对图像信息进行分析和识别等；最后，进行信息输出，将结果信息输出给执行者。因为机器视觉本身是采集者，并没有执行的能力，但它是执行者的眼睛和判断的依据，所以它需要把采集的信息传输给第三者进行动作。

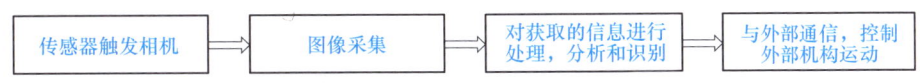

图 1.2-3　机器视觉系统的一般工作过程

1.2.1.3　机器视觉系统分类

机器视觉系统按照性能可分为视觉传感器、智能相机和视觉处理器三类。

视觉传感器一般是嵌入式一体化产品，处理器配置较低，视觉软件工具较少。部分视觉传感器厂商的产品，如图 1.2-4 所示。在系统结构上，视觉传感器的图像采集单元由 CCD 或者 CMOS 芯片、光学系统、照

图 1.2-4　部分视觉传感器厂商的产品

明系统和图像信号处理（Image Signal Process）系统组成，图像处理分析在相机内部完成。优点在于该类产品集成度高、成本低、体积一般较小、简单易用。缺点在于视觉系统功能少、可拓展性低。目前市面上国内外视觉传感器的主要厂商有日本基恩士（KEYENCE）、日本欧姆龙（OMRON）、美国康耐视（Cognex）、深圳视觉龙、厦门麦克玛视等。

智能相机是一种高度集成化的微小型嵌入式机器视觉系统，它集图像信号采集、模/数转换和图像信号处理于一体，直接给出处理结果。智能相机的工作原理图如图 1.2-5 所示，部分智能相机厂商的产品如图 1.2-6 所示。其特点在于，集成度高、结构紧凑、安装体积小，空间利用率高，适用于环境严苛的特定应用场合；运算速度快、鲁棒性好，基于嵌入式技术和并行计算技术的智能相机，在速度和稳定性上大大超过 PC 系统。相对于视觉传感器，其系统功能更加强大，可应对复杂的视觉项目。常见的智能相机厂商有日本基恩士（KEYENCE）、美国康耐视（Cognex）、美国迈思肯（Microscan）、意大利得利捷（Datalogic）、深圳视觉龙、厦门麦克玛视等。

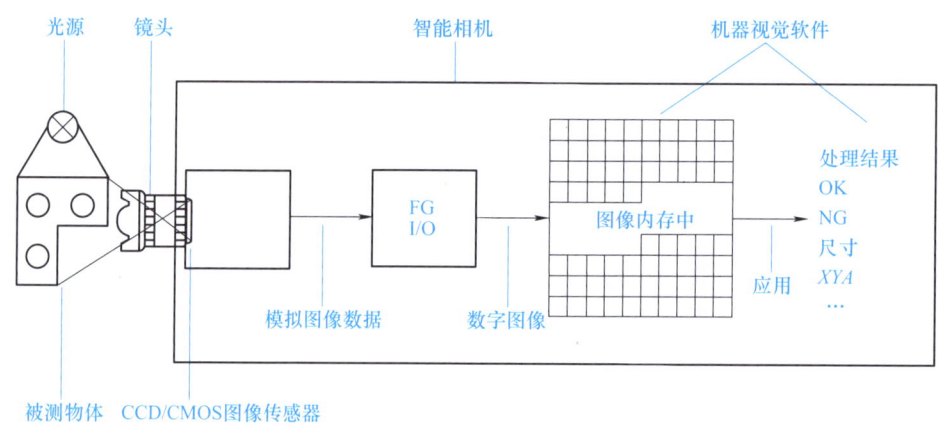

图 1.2-5 智能相机的工作原理图

视觉处理器工作原理示意如图 1.2-7 所示，一般基于 PC 视觉系统和工业 PC 开发合适的机器视觉应用软件，再配合光学硬件（如工业相机、镜头和光源等），实现工业自动化所需的定位、测量、识别、控制等功能，部分视觉处理器厂商的产品如图 1.2-8 所示。视觉处理器的图像处理、通信、存储功能由视觉控制器完成，它可以接多个相机进行多任务配置工作，针对不同外部控制系统可以开发专用通信结构。同时它也具有很强的可配置性，视觉系

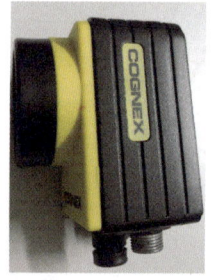

图 1.2-6 部分智能相机厂商的产品

统功能非常强大，可应对多相机、多工位、多类型的视觉项目。常见的视觉处理器厂商有日本基恩士（KEYENCE）、美国康耐视（Cognex）、美国迈思肯（Microscan）、深圳视觉龙等。

嵌入式视觉系统与 PC 式视觉系统的对比见表 1.2-3。按广义的智能相机定义，表 1.2-3 中的三种产品均可归类为智能相机（取智能相机的"无需编程，轻松配置"的特点）；按照狭义的智能相机定义，前两种才能被称为智能相机，而视觉传感器是智能相机中的低配版本。

第 1 章 绪 论

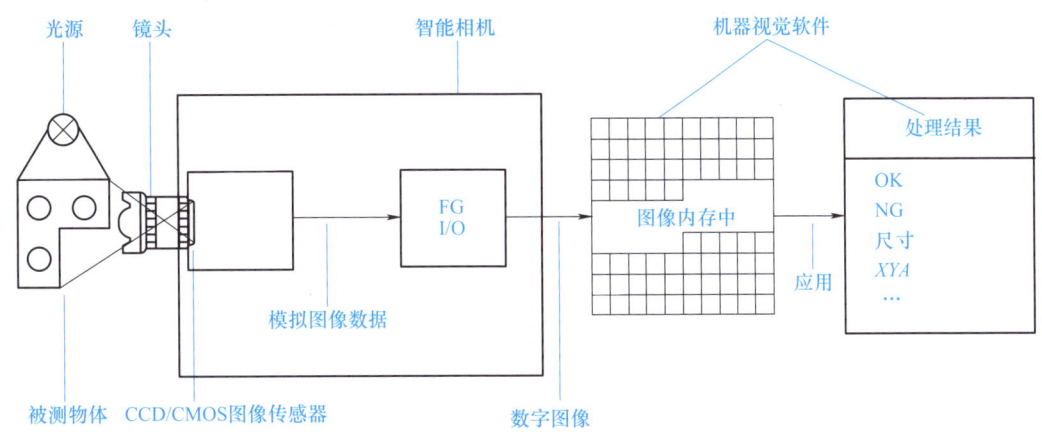

图 1.2-7 视觉处理器工作原理示意图

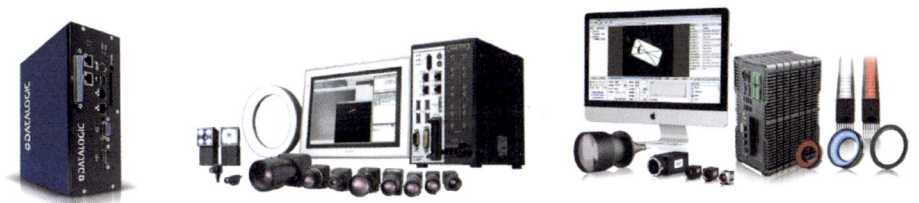

图 1.2-8 部分视觉处理器厂商的产品

表 1.2-3 嵌入式视觉系统与 PC 式视觉系统的对比

对比名称	视觉传感器（嵌入式）	智能相机（嵌入式）	视觉处理器（PC 式）
结构形式	一体化	一体化	较低集成度
价位	低端市场	高端市场	高端市场
灵活性/可编程性	低	高	高
I/O	简单	复杂	复杂
处理能力	小	大	大
内存配置	低	中	高
分辨率	低	高	高
检测速度	较低		高
检测精度	较小		较大
多相机支持	不可以		可以
复杂运算	能力弱		能力强
系统成本	低		高
工作空间	小		大
操作难度	难度小		难度大
集成能力	强		弱

1.2.2 机器视觉的发展与应用

1.2.2.1 常用机器视觉开发软件

本节介绍目前几种常用的机器视觉开发软件，包括 VisionPro、NI Vision Assistant、HALCON、Vision Master。

1. VisionPro

VisionPro 由美国康耐视（Cognex）公司开发，是一种先进的图像处理软件，采用直观的拖放式用户界面，便于用户快速部署基础项目。此外，该软件提供 .NET 脚本编程接口，增强了其灵活性，使其成为当代机器视觉技术领域内的主导软件之一。

2. NI Vision Assistant

NI Vision Assistant 是由 NI 公司提供的视觉开发套件，专为机器视觉与科学成像应用开发者设计。该套件包含 NI Vision Builder 及 IMAQ Vision 两部分。Vision Builder 提供非编程式的交互开发环境，使开发者能够迅速构建视觉应用系统原型；而 IMAQ Vision 则是一个集成了超过 400 种图像处理函数的库，其将这些函数集成为 LabVIEW、Measurement Studio、LabWindows/CVI、Visual C++和 Visual Basic 等开发平台的插件，从而为图像处理提供全面的开发工具。

NI Vision Assistant 能够自动生成包含与建模过程中相同操作功能的 LabVIEW 程序框图。该程序框图可被整合入自动化或生产测试系统，应用于运动控制、仪器操控和数据采集等领域。

3. HALCON

HALCON 是由德国 MVTec 公司开发的图像处理软件，起源于学术领域，与市场上常见的商业软件有所不同。本质上，HALCON 是一个图像处理库，由超过 1000 个独立的函数及 1 个核心的数据管理组件构成。它集成了滤波、颜色处理、数学变换、形态学分析、校正、分类、识别和形状搜索等基础的几何与图像计算功能。由于这些功能的设计不局限于特定任务，HALCON 的分析能力适用于广泛的图像处理任务，其应用范围包括医学成像、遥感探测、监控系统，以及工业自动化检测等多个领域。

HALCON 支持 Windows、Linux 和 Mac OS X 等操作环境。整个函数库可以用 C、C++、C#、Visual Basic(VB) 和 Delphi 等多种编程语言访问。HALCON 为大量的图像获取设备（包括百余种工业相机和图像采集卡，如 GenlCam、GigE 和 IIDC 1394 等）提供接口，保证了硬件的独立性。

4. Vision Master

Vision Master 由国内海康机器人公司研发，是一款高性能的图像处理与分析软件，旨在服务于科学研究、医疗成像及工业检测等专业领域。该软件提供先进的图像增强、分割、测量与分析工具，并兼容多种图像格式及设备接口。Vision Master 具备用户友好的操作界面，内嵌机器学习与深度学习算法，实现图像中目标的自动识别与分类。此外，软件支持批处理操作，优化工作流程，并通过其灵活的插件架构，使用户能够根据自身需求进行个性化定制，以适应多样化的图像处理应用需求。

1.2.2.2 机器视觉发展史

1. 国外机器视觉发展史

国外机器视觉发展史的大致过程如图 1.2-9 所示。20 世纪 50 年代，人们提出机器视觉的概念，从模式识别开始，主要集中在二维图像分析和识别（如字符识别、工件表面检测、显微图片等）。20 世纪 60 年代，人们开始研究三维机器视觉，美国学者拉里·罗伯茨开创了三维机器视觉的研究，提出"积木世界"分析方法。当时运用的预处理、边缘检测、轮廓线构成、对象建模与匹配等技术，后来一直在机器视觉中应用。罗伯茨在图像分析过程中采用了自底向上的方法，用边缘检测技术来确定轮廓线，用区域分析技术将图像划分为由灰度相近的像素组成的区域，这些技术统称为图像分割。其目的在于用轮廓线和区域对所分析的图像进行描述，以便同计算机内存储的模型进行比较匹配。

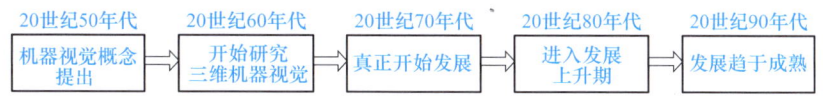

图 1.2-9 国外机器视觉发展史的大致过程

20 世纪 70 年代，机器视觉真正开始蓬勃发展。美国麻省理工学院人工智能实验室正式开设"机器视觉"课程。该实验室的 David Marr 提出了不同于"积木世界"分析方法的计算机视觉（Computational Vision）理论——也就是著名的"马尔视觉计算理论"。马尔视觉计算理论包含两个主要观点：首先，马尔认为人类视觉的主要功能是复原三维场景的可见几何表面，即三维重建问题；其次，马尔认为这种从二维图像到三维几何结构的复原过程是可以通过计算完成的，并提出了一套完整的计算理论和方法。因此，马尔视觉计算理论在一些文献中也被称为三维重建理论。马尔视觉计算理论在机器视觉领域的影响深远，至今仍是机器视觉研究的主流方法。

20 世纪 80 年代，国外机器视觉进入发展上升期，开始了全球性的机器视觉研究热潮，出现了许多新的研究方法和理论。20 世纪 90 年代，国外机器视觉的发展趋于成熟，理论得到进一步完善，开始在工业领域得到应用，但主要的机器视觉厂商还未进入中国市场。21 世纪，机器视觉技术大规模应用于多个领域。

2. 国内机器视觉发展史

国内机器视觉发展史的大致过程如图 1.2-10 所示。1990~1997 年为国内机器视觉发展的初

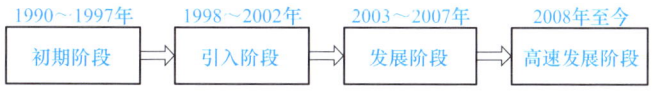

图 1.2-10 国内机器视觉发展史的大致过程

期阶段，一些大学与研究所开始研究图像处理与模式识别，但此时市场需求不大，工业界对机器视觉缺少认知。1998~2002 年为引入阶段，中国企业主要通过代理业务对客户进行服务，初步了解图像采集与处理过程，能够建立起一些简单的视觉应用系统，许多著名机器视觉厂商（如 Cognex、DVT、CCS、Data Translation、Matrix、DALSA Coreco 等）开始接触中国市场。2003~2007 年为发展阶段，开始出现一些企业对视觉软硬件进行自主核心技术研发，生产线开始有实际应用，本土机器视觉企业开始起步，探索更多由自主核心技术承载的机器视觉软硬件的研发。2008 年至今为高速发展阶段，机器视觉发展迅猛，传统制造业面临新

的颠覆，越来越多自动化生产线引入机器视觉，中国成为机器视觉应用增长速度最快的地区之一；众多机器视觉核心器件研发厂商开始出现，从相机、采集卡、光源、镜头到图像处理软件，这些产品在广泛实践中不断完善，国内企业的视觉技术能力也得到了长足的积累和进步，从此打破了国外厂商的垄断地位。

机器视觉技术在PCB、半导体、太阳能、烟草、印刷、表面检测、制药包装、汽车制造及消费电子（如手机、电脑）等众多行业的应用日益深入。特别是在消费电子产品的组装生产中，对于引导、测量、有无检测等视觉技术需求的增长，促进了系统级工程师队伍的形成。这些工程师能够从系统层面设计视觉系统，并掌握视觉技术与自动化技术的综合性知识，将视觉技术的应用价值扩展至更广泛的领域，解决实际问题。与此同时，视觉产业的产值和规模也在持续快速增长，其影响力迅速扩大。

1.2.2.3 机器视觉的应用场景

机器视觉就是采用成像技术，获取被测目标的图像，再经过快速图像处理与图像识别算法，从摄取图像中获取目标的尺寸、方位、光谱结构、缺陷等信息，从而可以执行产品的检验、分类与分组、装配线上的机械手运动引导、零部件的识别与定位、生产过程中质量监控与过程反馈等任务。这些功能可总结为四大类，分别为引导（Guide）、检测（Inspect）、测量（Gauge）和识别（Identify），行业内常简称为GIGI。机器视觉的四大应用如图1.2-11所示。

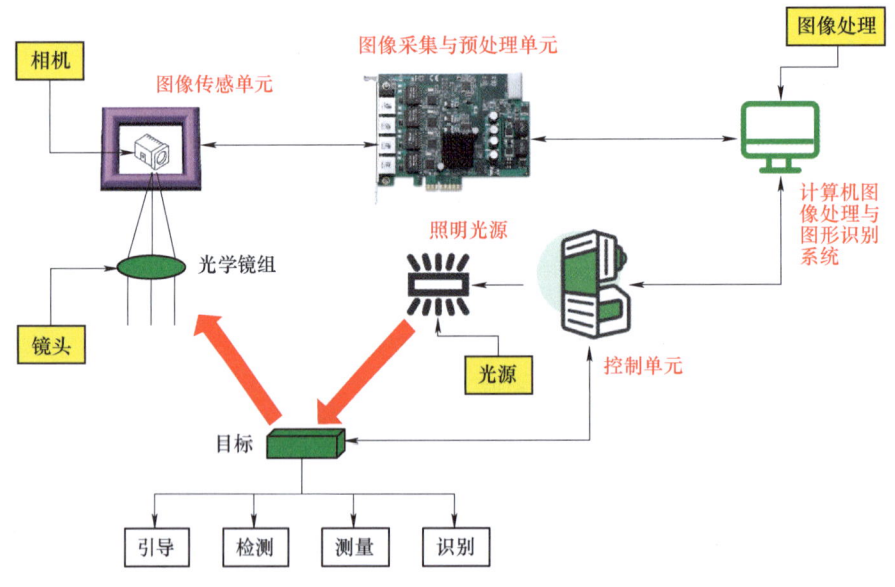

图 1.2-11 机器视觉的四大应用

1. 引导

引导功能是通过提取到的信息来指导执行机构进行下一步的逻辑运动，为实现生产自动化提供灵活性。机器视觉定位与引导示例如图1.2-12所示。目前引导定位类的应用约占机器视觉四大功能的10%~15%。

在传统人工引导定位方法中，检测人员的眼睛容易疲劳，不同的人对定位判断标准有浮动,且速度慢、精度低。机器视觉定位技术能够自动判断物体的位置,并将位置信息通过一定的通信协议输出。机器视觉定位应用包括机器人上下料、机器人码垛、无序分拣、机器人打磨、传送带跟踪、对位贴合、定位组装等。

2. 检测

检测功能是侧重于对设定的目标与实际目标的差异性进行判断,实现 OK 或者 NG 判断的功能,如有/无缺陷。机器视觉检测示例如图 1.2-13 所示。目前检测类的应用约占机器视觉四大功能的 60%。

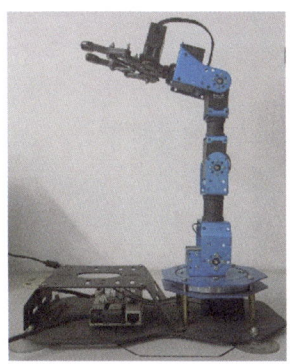

图 1.2-12 机器视觉定位与引导示例

传统人工检测方法中,人眼容易疲劳,受人工熟练程度和工作状态等主观因素影响,检测出来的产品品质不稳定。视觉检测技术中,由机器代替人眼来做测量和判断;采用机器视觉技术,对产品的内观、外观等多角度进行检测。视觉检测的标准检测功能包括有/无判断(Presence Check)、方向检测(Direction Inspection)、位置检测(Position Detection)、图形匹配(Image Matching)、面积检测(Size Inspection)、角度检测(Angle Inspection)、数量检测(Quantity Count)、颜色识别(Color Verification)。

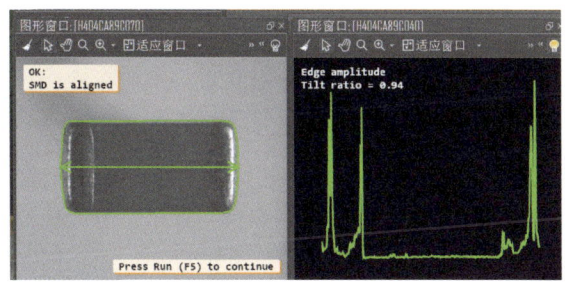
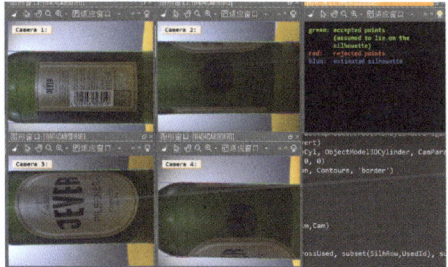

图 1.2-13 机器视觉检测示例

3. 测量

测量功能可用于测量工件具体的尺寸信息,机器视觉测量示例如图 1.2-14 所示,测量类的应用约占机器视觉四大功能的 10%~15%。

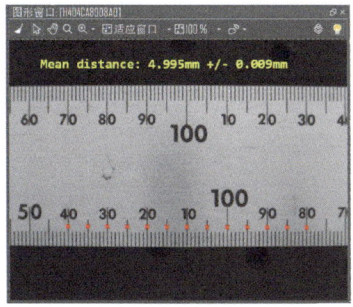
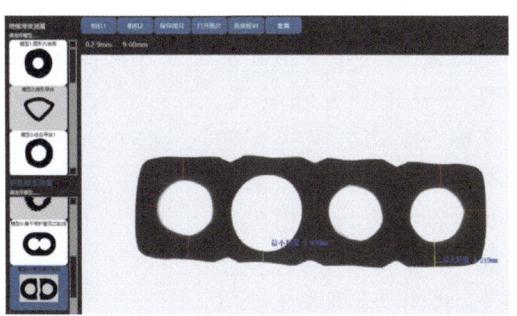

图 1.2-14 机器视觉测量示例

传统人工测量的典型方法是利用游标卡尺或千分尺在被测物体工件上针对某个参数进行多次测量后取平均值。这些检测手段的测试速度慢、测试数据无法及时处理,无法在线实时测量,不适合自动化的生产。机器视觉测量技术可以在线测量,实现在生产线上对产品进行检测,可以及时得到产品的测量信息,并实时反馈给生产设备,从而改进工艺、提高制造精度、降低废品率。

4. 识别

识别功能用于对产品信息的追溯,如读取二维码、条形码,再结合数据库的功能实现可控物料流程,实现可追溯性及重要数据收集。目前字符识别和读码应用约占机器视觉四大功能的10%。传统人工读码与识别的速度很慢,同时受条码印刷技术和材质、产品本身在生产线上的运动速度和角度影响,识别准确率难以保证。机器视觉读码与识别技术对图像进行采集、处理、分析和理解,可以对各种材质表面的条码或二维码进行读取识别,大大提高了现代化生产的效率。机器视觉识别示例如图1.2-15所示。

图 1.2-15 机器视觉识别示例

1.3 工业相机基本成像原理

工业相机是机器视觉系统中的关键组件,其本质就是将光信号转换成有序的电信号。本节将概述光信号是如何进入工业相机并转换成电信号,以及电信号又是如何存储形成数字图像的。

1.3.1 相机成像原理与发展过程

1. 成像的基本光学原理

当某一物体被置于设有小孔的挡板与屏幕之间时,屏幕将呈现出该物体的倒立实像,此现象称为小孔成像。随着挡板位置的前后调整,所形成的实像大小也随之改变。该现象证实了光的直线传播特性。在发明相机之前,人们就开始基于小孔成像原理制造各种光学成像装置,这类装置被称为暗箱。19世纪初期,随着固定保存暗箱投影面图像的方法和介质的发现,相机工业开始兴起,暗箱因而被视为照相机的前身。图1.3-1展示了相机成像的基本光学原理示意图,揭

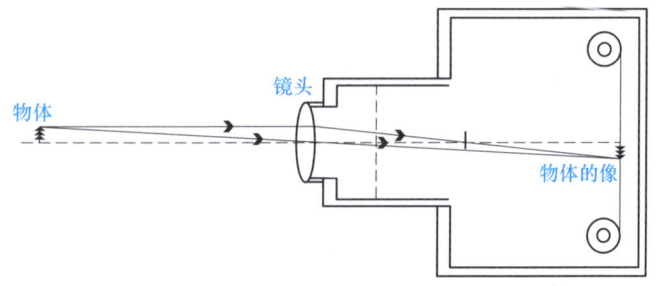

图 1.3-1 相机成像的基本光学原理示意图

第 1 章 绪 论

示了相机成像原理与小孔成像的关联,其中镜头作为可控的小孔,通过精密的光学组件实现不同的成像焦距。

对于胶片相机而言,被摄物体的反射光经透镜系统聚焦后,作用于感光胶片,引发胶片乳剂层的光化学反应,产生潜像。随后,通过显影剂和定影剂的化学处理过程,将潜像转换为可见的稳定影像。数字相机利用光学系统将场景聚焦于成像传感器 CCD 或 CMOS 上,随后通过模/数转换器(A/D 转换器)将传感器上的模拟光电信号转换为数字信号,这些数字信号再由数字信号处理器(Digital Signal Processor,DSP)进行处理,最终形成数字图像并保存于存储介质内。

2. 相机的发展过程

1826 年,法国的约瑟夫·尼塞福尔·涅普斯在感光材料上成功地捕获了世界上首幅永久性照片的潜像,这一过程耗费了长达 8h 的曝光时间。

1839 年,法国的达盖尔发明了实用的银版摄影技术,其成像装置由两个木箱组成,通过将一个木箱插入另一个木箱中的方式实现调焦,采用镜头盖作为快门来控制长达 30min 的曝光时间,能够获取清晰的图像。

1861 年,在麦克斯韦的理论指导下,人类历史上的第一张彩色照片得以问世。虽然成像不够清晰,但这一成就标志着光学成像技术在记录色彩信息方面的重要进展。

1888 年,柯达公司开发了首款配备胶卷的便携式方箱照相机。1933 年,柯达公司成功研制出真正意义上的彩色胶卷。

1969 年,美国贝尔实验室研发了 CCD(电荷耦合器件)芯片,并将其应用于阿波罗登月任务中的照相设备,为感光材料的电子化提供了技术先导。

1974 年,柯达公司的工程师 Bryce Bayer 发明了"拜耳阵列",这一技术突破为彩色相机的诞生奠定了基础。

1981 年,经过长期研究,索尼公司开发了首款采用 CCD 电子传感器作为感光元件的摄像机,为电子成像技术取代胶片奠定了技术基础。

1987 年,卡西欧公司开发了首款采用 CMOS 图像传感器的数码相机。

2000 年 2 月,海鸥公司推出了中国首款国产数码相机 DSC-1100。

2000 年 5 月,佳能公司推出了高端数字相机 EOS D30,该相机采用 CMOS 传感器以取代传统的 CCD 传感器。

21 世纪,各类工业相机技术高速发展。相机的发展历史如图 1.3-2 所示。

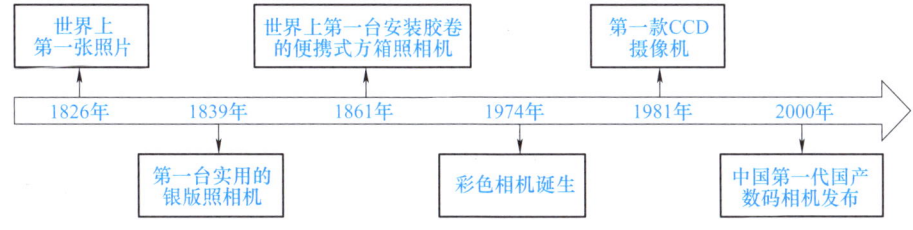

图 1.3-2 相机的发展历史

1.3.2 数字图像的表示与格式

工业相机最本质的功能就是通过 CCD 或 CMOS 成像传感器将光信号转换为有序的电信

号,并将这些信息通过相应接口传送到计算机,形成一幅幅图像。那么,什么是图像?图像是当光辐射能量照在物体上经过反射或透射,或由发光物体本身发出的光能量,在人的视觉器官中所重现出的物体的视觉信息。人们常见的图像按照图像信息的坐标取值是否连续,分为模拟图像和数字图像。模拟图像(如照片、绘画等)中,坐标(x,y)为连续值,$I=f(x,y)$表示该点的某个性质f的度量值。数字图像中,坐标(x,y)为离散值,采样形成像素点(Pixel Point),从而形成了离散的二维矩阵F。计算机处理的图像都属于数字图像,一幅$m×n$大小的数字图像F可用矩阵表示为

$$F = \begin{bmatrix} f(0,0) & f(0,1) & \cdots & f(0,n-1) \\ f(1,0) & f(1,1) & \cdots & f(1,n-1) \\ \cdots & \cdots & \cdots & \cdots \\ f(m-1,0) & f(m-1,1) & \cdots & f(m-1,n-1) \end{bmatrix} \quad (1.3\text{-}1)$$

数字图像中的每个像素都对应于矩阵中相应的元素。把数字图像表示成矩阵的优点在于,能应用矩阵理论对图像进行分析处理。

1. 数字图像的产生

数字图像产生的具体过程是,三维场景经过光学器件在图像传感器靶面上成像,感光器件把收到的光能转换成电荷,经过模/数(A/D)转换,再进行显示处理就可显示图像。数字相机工作原理与数字图像的产生如图 1.3-3 所示。常见产生数字图像的设备为 CCD/CMOS 相机。

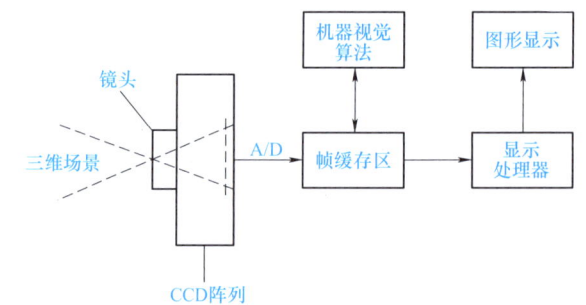

a) 数字相机工作原理

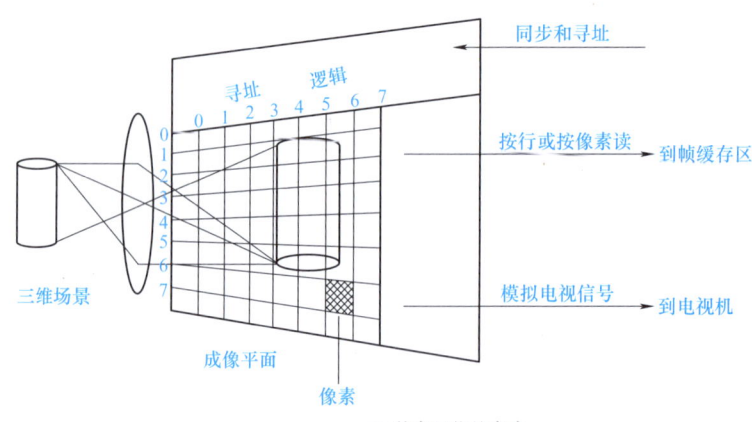

b) 数字图像的产生

图 1.3-3 数字相机工作原理与数字图像的产生

第 1 章 绪　　论

数字图像常用的三种表示分别为灰度图像、二值图像和彩色图像。灰度图像是指每个像素由一个量化灰度来描述的图像，数字图像的灰度表示如图 1.3-4 所示，没有彩色信息。即灰度图像是指只含亮度信息、不含彩色信息的图像。例如，平时见到的亮度由暗到明的黑白照片，变化是连续的，因此，要将其表示为灰度图像，就需要把亮度值进行量化。通常划分成 0~255 共 256 个灰度等级（位深＝8），0 表示全黑，255 表示全白（最亮）。

二值图像是指像素灰度只有两级，通常取 0（黑色）或 1（白色）。数字图像的二值表示如图 1.3-5 所示。

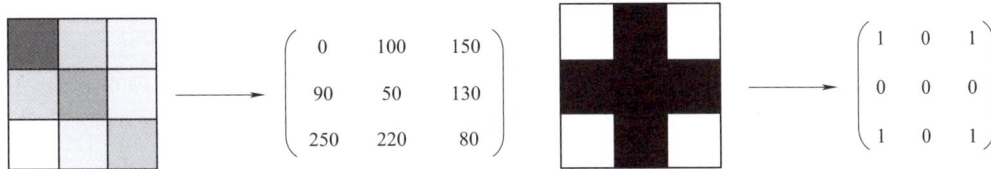

图 1.3-4　数字图像的灰度表示　　　　　图 1.3-5　数字图像的二值表示

彩色图像是指每个像素由红、绿、蓝（分别用 **R**、**G**、**B** 表示）三原色构成的图像，其中 **R**、**G**、**B** 是由不同的灰度级描述的。数字图像的彩色表示如图 1.3-6 所示。

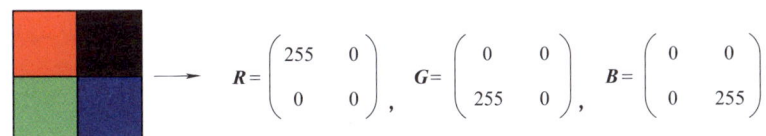

图 1.3-6　数字图像的彩色表示

与彩色图像相比，灰度图像使用比较方便。首先灰度图像的 **R**、**G**、**B** 的值都一样；其次，图像数据即为调色板的索引值，也就是实际的 **R**、**G**、**B** 的亮度值。另外，因为是 256 色的调色板，所以图像数据中一个字节代表一个像素。因此，机器视觉一般采用灰度图像，如果不特殊说明，都是针对 256 级灰度图像的。

2. 数字图像的格式

图像经过数字化后，图像数据必须采用一定格式存储成图像文件才能显示、处理及传送。图像文件需包含的主要内容：描述图像各种物理特征的数据，如图像宽度、亮度；颜色定义，即如何描述图像色彩，如描述一个像素所需的位数。

常见图像格式有很多种，如 BMP、TIFF、JPEG 等，但机器视觉所用的图像一般都是未经压缩的原始数据。BMP 图像文件格式是美国微软（Microsoft）公司为其 Windows 操作系统设计的标准图像格式。Windows 操作系统内含了一套支持 BMP 图像处理的应用程序编程接口（Application Programming Interface，API）。随着 Windows 操作系统的普及，BMP 文件格式成为流行图像格式，所有图像处理软件都支持 BMP。因此，本节以 BMP 图像文件格式为代表对数字图像格式进行介绍。

BMP 文件组成包括文件头、位图信息头、图像数据定义。

1）文件头的作用是对文件属性进行说明，包含文件大小、图像数据相对于文件头的偏移量等。为了便于扩展，还保留了 4 个字节。BMP 文件头信息见表 1.3-1。

表 1.3-1 BMP 文件头信息

文件头的定义		
偏移量	内容	字节数
0~1 字节	BMP 文件格式表示为 BM，ASCII 码为 0x424D	2
2~5 字节	文件大小（以字节为单位）II 字节顺序	4
6~7 字节	保留字，值为 0	2
8~9 字节		
10~13 字节	图像数据相对于文件头的偏移量	4

2) 位图信息头包含图像的尺寸、图像是否压缩、图像所用的颜色数（调色板）。其中，位深指某数值的二进制数的位数。二值图像的位深为 1；16 色图像的位深为 4；256 色图像的位深为 8；真彩色图像的位深为 24。三种压缩类型中，"0"表示不压缩；"1"表示压缩方法是 BI_RLE8；"2"表示压缩方法是 BI_RLE4。调色板即颜色的集合，图像调色板说明一幅图像用到的所有颜色。BMP 位图信息头见表 1.3-2。

表 1.3-2 BMP 位图信息头

位图信息头的定义		
偏移量	内容	字节数
14~17 字节	信息头所占字节数，固定值为 40	4
18~21 字节	图像宽度，以像素为单位	4
22~25 字节	图像高度，以像素为单位	4
26~27 字节	目标设备平面数，必须为 1	2
28~29 字节	描述每个像素所需的位图（位深）	2
30~33 字节	位图的压缩类型，有三种取值	4
34~37 字节	图像数据字节数	4
38~41 字节	目标设备水平方向分辨率	4
42~45 字节	目标设备垂直方向分辨率	4
46~49 字节	该图像实际用到的颜色数。若为 0，则是 2 的"位深"次方	4
50~53 字节	重要颜色数。若为 0，则所有颜色都重要	4

3) 图像数据定义，即图像数据的表示方法。图像数据的扫描记录如图 1.3-7 所示，从图像左下角开始，按照从左到右、从下到上的顺序逐个像素记录颜色值（具体将在第 2 章进行详细介绍），最终 BMP 文件的图像数据保存如图 1.3-8 所示。

图 1.3-7 图像数据的扫描记录

第 1 章 绪 论

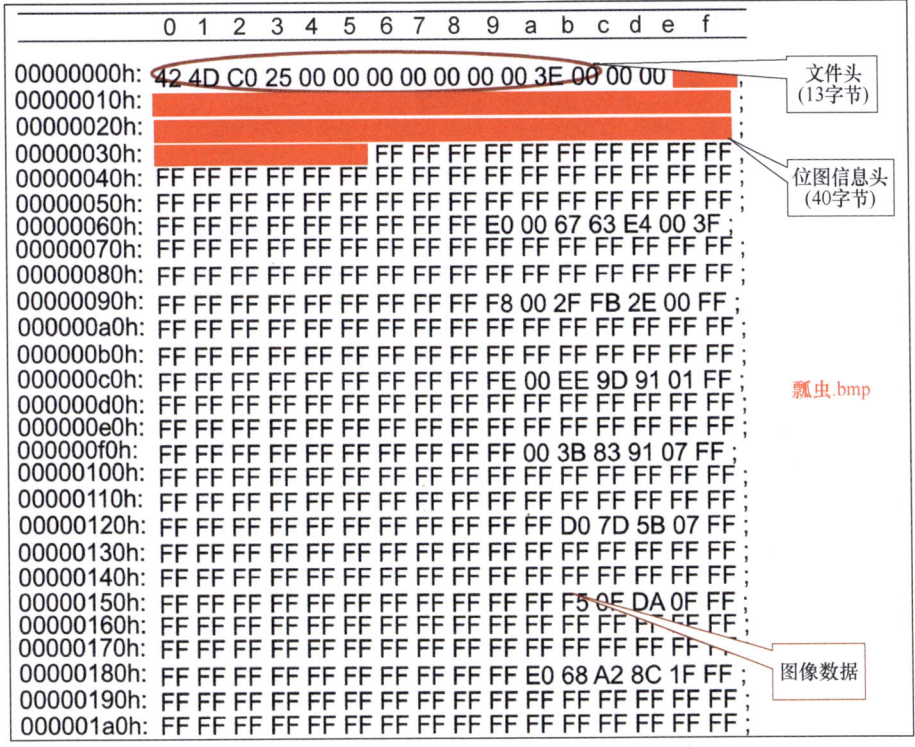

图 1.3-8 BMP 文件的图像数据保存

习题与思考题

1. 简述机器视觉的定义与特点。
2. 工业自动化为什么要使用机器视觉技术？
3. 机器视觉系统由哪些部分构成？
4. 按照操作方式划分，视觉系统可以分为哪几类？
5. 按照性能划分，视觉系统可分为哪几类？简要表述开发视觉系统的整体流程？
6. 对于比较复杂的项目，一般需要选择什么类型的视觉系统？
7. 如果需要开发一套包含 5 个相机的视觉系统，应该选择嵌入式还是 PC 式视觉系统？
8. 你了解的机器视觉应用场景有哪些呢？你觉得哪些场景可以用到机器视觉技术呢？请举例说明。
9. 机器视觉的四大类应用分别是_____、_____、_____、_____。
10. 写出你了解的机器视觉开发软件。

第 2 章

基 础 知 识

工业相机原理

图像分析和图像显示对于理解和掌握工业相机的图像传感技术、利用图像传感器进行机器视觉检测与识别至关重要。本章重点阐述通过各类光电传感器进行图像分析的方法及图像显示（重建）技术。为理解后续章节中工业相机的图像传感器工作原理（包括光信号在工业相机中转换为电信号的过程及电信号数据从工业相机传输到计算机的过程）提供基础知识。

2.1 图像分析

2.1.1 图像分析方法

2.1.1.1 光机扫描图像分析方法

光机扫描图像分析技术主要依托于光电传感器，该类传感器分为分立型与集成型两大类，其中集成型进一步细分为线阵列和面阵列。为了深入理解，本小节将聚焦于单元光电传感器在光机扫描中的图像分析作用。

1. 单元光电传感器光机扫描方式

利用单元光电传感器（如光电探测器、热电探测器等）与机械扫描系统相结合，可将连续的自然场景图像分解为按行和列排列的点元光信息，单元光电传感器将这些点元图像转换为电信号 U_{xy}，其中 x 代表图像的行坐标，y 代表图像的列坐标。

单元光机扫描方式原理如图 2.1-1 所示。在单元光电传感器对光学图像进行相对运动的过程中，输出信号电压 U_{xy} 是对光学图像进行分析的结果。因此，装备有机械扫描机构的单元光电传感器系统可被统称为单元扫描图像传感器。

显然，单元光电传感器必须具备以下条件。

1）单元光电传感器的尺寸相对于被扫描图像的尺寸必须足够小，以便能够将图像分割成单个像素点。

2）单元光电传感器必须对图像发出各种波长的光敏感。

3）单元光电传感器必须相对被分解图像做有规则的周期运

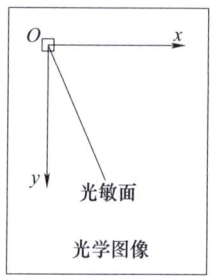

图 2.1-1 单元光机扫描方式原理图

动（扫描），且扫描速率应该较图像的变化速率快。

机械扫描系统驱动单元光电传感器的光敏面沿光学图像的水平方向（x轴）进行快速往复移动，这一过程定义为行扫描，其中，传感器从左到右的移动速度较慢，所耗费的时间（T_{xz}）较长，该时段被称为行正程时间；相反，从右到左的返回移动速度较快，消耗时间（T_{xr}）较短，该时段被称为行逆程时间。如图 2.1-2 所示为一种可能的单元光机扫描方式。

沿垂直轴（y方向）执行的扫描过程称为场扫描，其中，传感器从上到下的运动速度较慢，所经历的时间（T_{yz}）较长，这一阶段称为场正程扫描；相反，从下到上的回程运动速度较快，消耗的时间（T_{yr}）较短，称为场逆程时间。这种往返运动构成了完整的场扫描周期。一般而言，场扫描周期远大于行扫描周期，即在一个场扫描周期内，可以完成多轮行扫描。这样才能使图像在垂直方向获取更高的分辨率。

在行正程和场正程扫描期间，光电传感器输出信号电压 U_{xy}，而在行逆程和场逆程期间，则不产生信号，以确保图像质量。在采用阴极射线管（Cathode Ray Tube，CRT）显示设备呈现图像时，行逆程和场逆程期间通过"消隐"扫描电子束的技术，避免逆程期间出现扫描亮线，因此，行逆程有时被称为行消隐，场逆程被称为场消隐。行扫描和场扫描应满足以下两个条件。

1) 行周期与场周期满足

$$T_y = nT_x \tag{2.1-1}$$

式中，T_y 表示光敏单元完成整幅图像场扫描的周期，即场周期，它由场正程时间 T_{yz} 与场逆程时间 T_{yr} 相加得出；T_x 代表光敏单元扫描单行图像所需的时间，称为行周期，由行正程时间 T_{xz} 与行逆程时间 T_{xr} 相加得出，即 $T_x = T_{xz} + T_{xr}$；n 表示每场图像中的行数。

2) 行扫描、场扫描的时间分配。为提高图像分辨率，光敏单元应全面扫描成像平面，即光敏单元的轨迹将布满整个成像平面，其输出信号对应于光学图像上特定点的光照强度，该过程称为光敏单元对光学图像的解析。光敏单元，即（光敏）像元，输出信号是时间的一元函数（时序信号），使得光机扫描系统可将图像转换为一维视频信号。

当然，光机扫描也可采用停顿式扫描，实现间歇性操作。例如，当沿 y 轴扫描至行 y_i 时，中止 y 轴扫描，待 x 轴完成一行扫描并输出信号后，复位至 x 轴起点，继而沿 y 轴递进至下一行 $y+1$，重复扫描与输出过程，直至整个图像面被扫描完毕。此扫描方式速率较慢，适用于静态图像分析，不适用动态图像采集，但能产生较清晰的图像输出。如图 2.1-3 所示为一种可能的间歇式扫描方式。

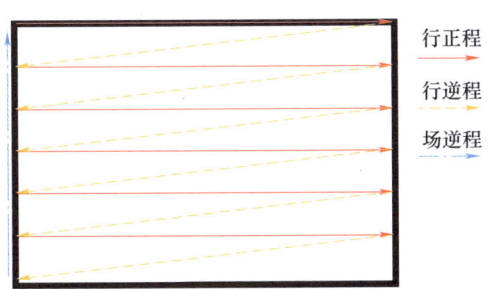

图 2.1-2　一种可能的单元光机扫描方式

图 2.1-3　一种可能的间歇式扫描方式

单元光电传感器的光机扫描方式的水平分辨率正比于光学图像水平方向的尺寸与光电传感器光敏面在水平方向的尺寸之比。对于尺寸较大的图像，一行之内（行正程时间内）输出的像元点数越多，水平分辨率自然也越高。同样，垂直分辨率也正比于光学图像垂直方向的尺寸与光电传感器光敏面在垂直方向的尺寸之比。减小光电传感器的尺寸，增加扫描点数，可提高分辨率，但会延长行正程时间或要求提高扫描速度，从而对系统设计提出更高要求。因此，分辨率的提高受扫描速度的制约。为提高分辨率及扫描速度，可采用多元光电扫描传感器，如线阵CCD，实现多元光机扫描方式。

2. 多元光机扫描方式

采用多个单元光电传感器并将其线性排列，形成多元光机扫描系统，在此系统中，行扫描通过顺序输出各光电传感器信号来实现。在行正程时间内，依照传感器排列顺序采集并合成行视频信号。该方法仅需对 y 方向进行一维扫描，即可将全幅图像转换为视频信号输出，从而克服了传统机械扫描速度的限制，并简化了复杂的双向行扫描机构。图 2.1-4 所示为多元光机扫描方式原理图。

例如，利用线阵CCD光电传感器构建的图像扫描仪代表了一种标准的多元光机扫描系统，在此系统中，线阵CCD负责在水平方向上执行自扫描，而垂直方向（y 轴）的扫描运动则由步进电机驱动光学成像系统来实现，从而完成对全幅图像的转换及输出。一些生产线上的质量检测也属于多元光机扫描方式成像的案例，如玻璃表面瑕疵的检测及其他曲面检测、狭长物体、高速运动物体检测。图 2.1-5 所示为多元光机扫描成像示意图。

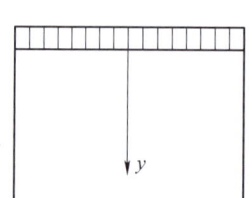

图 2.1-4　多元光机扫描方式原理图

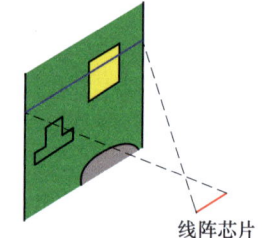

图 2.1-5　多元光机扫描成像示意图

2.1.1.2　电子束扫描图像分析方法

电子束扫描（成像）技术在图像传感器领域的应用始于早期的电真空摄像管、真空视像管，以及热释电摄像管等。在电子束扫描技术中，景物图像通过成像物镜在摄像管的靶面（光电导靶）上形成图像，靶面的电位或电阻分布存储了面元（单位面积的感光表面）光强度分布信号，随后电子束扫描并检取这些信号，转换为视频信号输出。电子束摄像管的结构如图 2.1-6 所示。

经过预热阶段后，发射的电子束在摄像管的偏转线圈和聚焦线圈的共同作用下，进行水平扫描（行扫描）与垂直扫描（场扫描），以完成对整个图像的扫描（或分解）。在图 2.1-6 中，当电子束扫描至靶面坐标点 (x, y) 时，该点存储的图像光强分布信息导致带负电的电子束在负载电阻 R_L 上产生电压降 U_{RL}，该电压降经放大器处理后输出为视频信号。

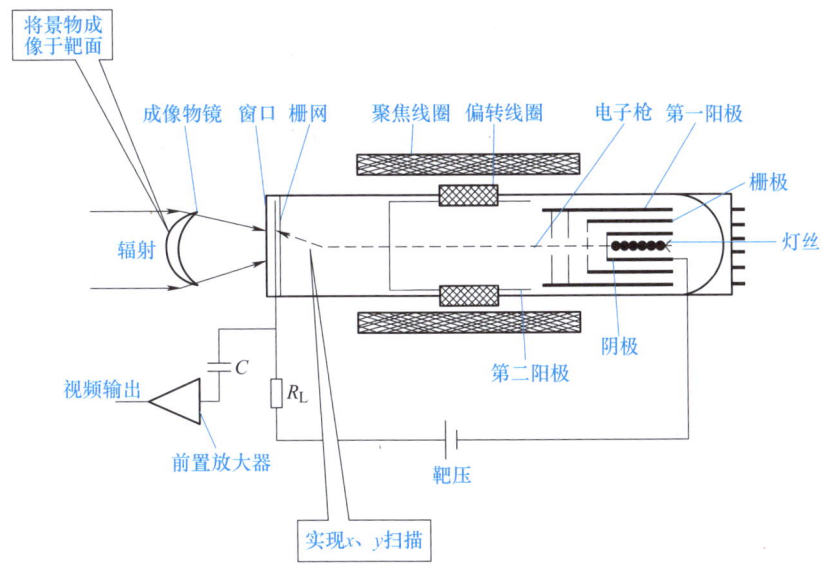

图 2.1-6 电子束摄像管的结构

2.1.1.3 固体自扫描图像分析方法

20 世纪 70 年代，固体自扫描图像传感器技术迅速发展，其中包括面阵 CCD 器件和面阵 CMOS 图像传感器等。这些设备内在集成了自扫描能力。例如，面阵 CCD 摄像器件的光敏表面能够将投射其上的光学图像转换为电荷密度分布形式的电荷图像，在驱动脉冲的控制下，依照特定规则（如电视制式）逐行输出，以形成图像信号或视频信号。自扫描成像示意如图 2.1-7 所示。面阵 CCD 适用于手机面板、PCB 等具有固定视野面积的检测应用。

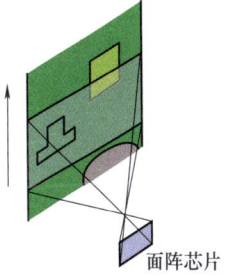

图 2.1-7 自扫描成像示意图

上述三种扫描方式中，电子束扫描方式由于电子束摄像管逐渐被固体图像传感器所取代，其应用逐渐减少。目前，光机扫描和固体自扫描技术在光电图像传感器领域占据主导地位。为了提升图像传感器的性能，也可以通过组合不同的扫描技术来实现。例如，通过将多个线阵 CCD 图像传感器或面阵图像传感器进行拼接，并结合机械扫描机构，可以构建出具有更广阔视场和更高分辨率的图像传感器，以适应复杂任务的需求。

2.1.2 图像传感器的基本技术参数

本小节介绍与光电成像器件有关的参数，主要包括扫描速度和分辨率。

1. 扫描速度

各种扫描技术对扫描速度有不同的要求。以单元光机扫描为例，其扫描速度由扫描机构在两个正交方向上的移动速度决定。例如，行扫描速度（行正程）v_{xz} 与光学图像在水平方向的尺寸 A 及行扫描时间 T_{xz} 相关，表达式为

$$v_{xz} = A/T_{xz} \tag{2.1-2}$$

同样，垂直方向的场扫描速度（场正程）v_{yz}取决于光学图像在垂直方向的尺寸B和场正程时间T_{yz}，即

$$v_{yz} = B/T_{yz} \quad (2.1\text{-}3)$$

多元光机扫描方式图像传感器的行扫描速度取决于读取一行像元所需的时间T_H与一行内的像元数N，即

$$v_{xz} = N/T_H \quad (2.1\text{-}4)$$

对应于线阵 CCD 为行积分时间的数。

垂直方向的场扫描速度，取决于光学图像在垂直方向的尺寸B和场正程时间T_{yz}，即

$$v_{yz} = B/T_{yz} \quad (2.1\text{-}5)$$

固体自扫描图像传感器在水平方向的扫描速度由传感器水平方向的像素数量与行扫描时间的比值决定；相应地，垂直方向的场扫描速度由传感器垂直方向的像素行数与场扫描时间的比值决定。

2. 分辨率

光机扫描方式图像传感器水平方向的分辨率（解像率）δ正比于机械扫描长度A与光电传感器在水平方向的长度α之比，即

$$\delta \propto \frac{A}{\alpha} \quad (2.1\text{-}6)$$

显然，传感器在水平方向的相对长度α越小，水平分辨率越高。当然水平分辨率还与成像物镜的水平分辨率有关。对于线阵 CCD 扫描方式，水平分辨率与线阵 CCD 分解图像长度A及有效像元数量有关。显然，充分利用线阵 CCD 的像元数是获得最高水平分辨率的有效措施。垂直分辨率也与光电传感器在垂直方向的长度B有关，另外，还与垂直方向的扫描长度及扫描速率有关。显然，垂直方向扫描速率越低获得的垂直分辨率越高。固体自扫描图像传感器的水平分辨率与垂直分辨率分别与器件本身在两个方向上的分辨率有关。

2.2 图像的显示与电视制式

前文已阐述通过不同扫描技术将光学图像转换为一维视频信号的过程。本节将探讨将一维视频信号重建为光学图像的技术，即图像显示技术。本节将首先阐述电视监视器的图像显示方法，然后介绍对应的电视制式。

2.2.1 电视监视器的扫描

CRT 电视监视器与 CRT 电视接收机的显示机制相同，均通过电子束激发具有余辉效应的荧光材料来实现电到光的转换，并呈现光学图像。在 CRT 监视器中，电子束在显像管的电磁偏转线圈作用下，受到洛伦兹力的作用而发生水平和垂直方向的偏转（即行扫描和场扫描），以扫描荧光屏。在电子束扫描过程中，视频输出电压调节电子束的电流强度，进而调制荧光屏的亮度，以响应视频信号。荧光屏的发光亮度与视频信号之间遵循特定的函数关系，即

$$L_v = LU_o \quad (2.2\text{-}1)$$

式中，L为与 CRT 荧光材料有关的电光转换系数；U_o为遵守电视制式的视频电压信号，在

行扫描、场扫描锯齿脉冲的作用下形成电视图像。

电视图像扫描采用逐行扫描与隔行扫描两种主要技术，这些技术能够将相机捕获的场景图像转换为一维全电视信号。CRT 接收这些全电视信号，并进行解码以提取完整的电视信息，随后分离出行、场同步控制扫描脉冲。最终，将一维全电视信号重建为图像，并在荧光屏上进行显示。此外，相机与图像显示器必须遵循相同的扫描制式，以确保图像的完整解析与准确还原。

2.2.1.1 逐行扫描

显像管内的电子枪配备有水平和垂直偏转线圈，这些线圈中流通的锯齿波电流如图 2.2-1 所示。在偏转线圈产生的磁场作用下，电子束实现水平及垂直方向的偏转，从而完成对显像管荧光屏的全面扫描。

场扫描电流的周期 T_{vt} 远大于行扫描的周期 T_{ht}，即电子束从上向下的扫描时间远大于水平方向的扫描时间，在场扫描周期中可以有几百个行扫描周期。而且，场扫描周期中电子束从上向下的扫描为场正程，场正程时间 T_{vt} 远大于电子束从下面返回初始位置的场逆程时间 T_{vr}，即 $T_{vt} \gg T_{vr}$。电子束上下扫描一个来回的时间称为场周期，场周期 $T_v = T_{vt} + T_{vr}$。场周期的倒数为场频，用 f_v 表示。

将电子束从左到右的扫描定义为行正程，该过程对应于图 2.2-1b 中的时间区间 $t_1 \sim t_2$，称为行正程扫描时间 T_{ht}。电子束从右侧返回到左侧起始位置的过程称为行逆程，即回扫。相应地，行逆程时间 T_{hr} 对应于图 2.2-1b 中的时间区间 $t_2 \sim t_3$，且 $T_{ht} \gg T_{hr}$。电子束完成一个左右扫描周期的总时长称为行周期，行周期 $T_h = T_{ht} + T_{hr}$。行频 f_h 定义为行周期的倒数。

逐行扫描图像如图 2.2-2 所示。在行扫描电流和场扫描电流的共同影响下，电子束受到水平和垂直偏转力的合成作用，从而进行扫描。鉴于电子束在水平方向的移动速度显著高于垂直方向，其在屏幕上的运动轨迹呈现为略微倾斜的"水平"直线。电子束携带的动能激发荧光屏产生光点，形成连续的光栅图案，即逐行扫描产生的光栅结构。

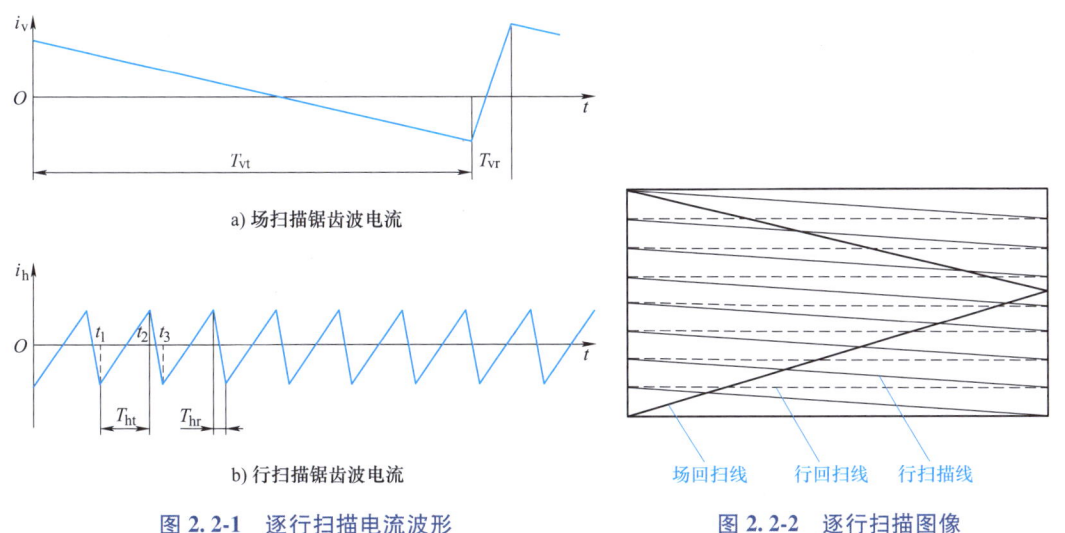

图 2.2-1　逐行扫描电流波形

图 2.2-2　逐行扫描图像

在行扫描逆程和场扫描逆程期间，为避免电子束激发荧光屏发光，需加入行消隐脉冲和场消隐脉冲，以切断电子束。实际上，为了确保图像显示质量，行消隐脉冲的持续时间通常略长于行逆程时间，场消隐脉冲的持续时间也略长于场逆程时间。

在逐行扫描系统中，每一场图像都包含整数倍的行扫描周期，以确保图像的稳定显示。这意味着场周期 $T_v = NT_h$，或者 $f_h = Nf_v$，其中 N 为正整数。逐行扫描中，帧频与场频相同。人眼无法察觉超过 48Hz 的图像闪烁，因此，为了获得稳定的图像显示，图像的刷新率必须高于 48Hz，即场频需高于 48Hz。

2.2.1.2 隔行扫描

人眼的分辨能力有一定的物理极限，这主要是由人眼的光学特性和视网膜上的感光细胞分布决定的。人眼的分辨能力通常用视敏度来表示，它与视网膜上感光细胞的密度有关。理论上，人眼的分辨率大约在 60~120 像素每度［ppi/(°)］，这取决于个体差异、照明条件、对比度和观察距离等因素。在图像扫描和显示领域，通常有一个经验法则，即图像的扫描行数至少应大于 600 行，这是基于人眼的最小可觉差（Just Noticeable Difference，JND）和观看距离来确定的。最小可觉差是指人眼能够感知到的两个物体之间的最小距离。根据瑞利判据，人眼能够分辨的最小角度大约是 1 角分（约等于 1/60°），这相当于在 1m 的距离上分辨出大约 0.3mm 的细节。也相当于在 2m 的距离上分辨出大约 0.6mm 的细节。如果将这个概念应用到电视或显示器的扫描线上，可以这样理解：为了使屏幕上的图像清晰可见，扫描线的数量需要足够多，以至于它们之间的间隔小于人眼的最小可觉差。这样，当图像在屏幕上显示时，人眼就无法分辨出单个的扫描线，从而感觉到一个连续的图像。在典型的观测距离 2m 时，对于一个宽度为 360mm 的屏幕，至少要扫描 360mm/0.6mm=600 行。

由于至少需要扫描 600 行以上，逐行扫描技术的行扫描频率需超过 29kHz 以满足人眼对图像质量的基本视觉要求。这样高的频率对摄像和显示系统提出了更高的技术挑战。为了在降低行扫描频率的同时，满足人眼对图像分辨率和闪烁感知的需求，早在 20 世纪初期，研究者便提出了隔行扫描技术。图 2.2-3 所示为隔行扫描图像示意图，通过奇数场（由 1、3、5 等奇数行组成）和偶数场（由 2、4、6 等偶数行组成）交替扫描，共同构成完整的一帧图像。人眼感知的图像

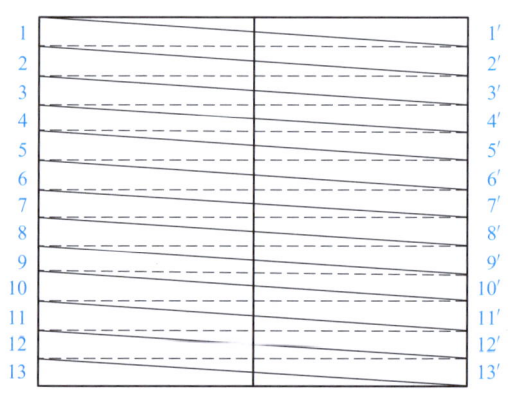

图 2.2-3 隔行扫描图像示意图

变化频率等同于场频 f_v，而人眼分辨的图像是一帧，帧行数为场行数的 2 倍。这样，既提高了图像分辨率又降低了行扫描频率，是一种很有实用价值的扫描方式。因此一直被电视和监视系统广泛采用。

均匀交错的两场光栅叠加是实现隔行扫描图像质量的基本需求，任何偏差都可能导致图像质量显著下降。因此，隔行扫描必须满足以下两个条件：第一，连续两帧图像的扫描起始点必须一致，以保证各帧扫描光栅的精确重叠；第二，相邻的奇数场和偶数场的光栅必须均匀地交错，以确保图像达到最高的清晰度。

依据第一个条件，每帧图像的扫描行数必须是整数。在假设各场扫描电流一致的情况下，为满足第二个条件，每帧图像应包含奇数行，从而导致每场扫描行数存在半行的非整数情况。我国现行的隔行扫描电视标准即规定每帧图像扫描 625 行，每场实际扫描行数为 312.5 行。

可进一步对"逐行"和"隔行"进行如下理解。逐行和隔行这两个词是指扫描输出画面的方式，扫描是指 CRT 显示器从上到下发出电子渲染画面的过程。在标准逐行扫描中，图像的每一行均被连续且完整地渲染，不存在遗漏。相对地，"隔行"扫描是一种效率更高的技术，它利用人眼对闪过速度高于 20ms 的画面能够流畅感知的特性，通过前一帧扫描奇数行、后一帧扫描偶数行（两种画面交替呈现）的方式，使得在保持视觉流畅性的同时降低了渲染设备的性能要求。

逐行扫描技术提供更优质的图像效果，但由于其画面更新是瞬时完成的，可能导致视觉切换感。相比之下，隔行扫描通过减少单次扫描行数来降低硬件成本，尽管它满足了人眼对动态图像流畅性的最低需求，但图像质量通常不及逐行扫描。隔行扫描最初是为电视而设计的，尽管 CRT 电视显示技术已被液晶显示技术所取代，但隔行扫描技术仍被某些图像采集设备采用，以减少视频拍摄时所需存储的数据量，因此市场上偶尔仍可见到隔行扫描的视频格式。

2.2.2　电视制式

图像传感器与显示器必须遵循相同的规范以确保扫描（分解）的图像能够稳定地显示，并且显示的图像与原始图像保持一致。这类规范在电视系统中得到了广泛应用，因此被称为电视制式。电视制式是一套技术标准，用于实现电视图像或声音信号的传输。电视制式的制定需基于当时的技术发展水平，同时需考虑电网对电视系统的干扰及人眼对图像的视觉感知等因素。

目前，世界上有 13 种黑白电视制式、3 大彩色电视制式，它们相互兼容，衍生出超过 30 种电视制式。在这些制式中，应用最多的是 PAL（Phase Alternation Line）、NTSC（National Television System Committee）和 SECAM（Sequential Color and Memory）三种彩色电视制式。

1. PAL 彩色电视制式

PAL 制式又称逐行倒相正交平衡调幅制式，简称 PAL 制式，由德国人 Walter Bruch 在 1967 年提出，主要用于我国及西欧各国的彩色电视系统。PAL 电视制式规定：每帧图像有 625 行，分为奇、偶场，场频为 50Hz，场周期为 20ms，场周期由正程（电子束由上向下扫描）与逆程（电子束由下到上返回的过程）组成。场正程时间为 18.4ms，场逆程时间为 1.6ms。现在有隔行扫描与逐行扫描两种方式，隔行扫描每场包含 312.5 行，每行由行正程（电子束由左向右扫描）和行逆程（电子束由右向左返回的过程）构成。行正程时间为 52μs，行逆程时间为 12μs。彩色电视系统中还有图像的伴音与色彩信息，其载频带宽为 6.5MHz。

带宽概念可从两个维度进行解释。首先，它是指信号的频带宽度，即信号所涵盖的频率成分所构成的频谱范围；其次，带宽也表征了通信线路的数据传输能力，即在特定时间内，从网络的一个节点至另一个节点所能传输的最大数据速率，该指标可类比于高速公路的最大车流量。在真空管技术背景下，带宽描述的是电子枪每秒扫描的图像点数量，单位为 MHz，反映了显示器电路可处理的频率带宽。例如，在标准 VGA（Video Graphics Array）模式下，若刷新率设定为 60Hz，则所需带宽为（640×480×60）Hz = 18.4MHz；而在分辨率为 1024×768 的情况下，若刷新率为 70Hz，则所需带宽为 55.1MHz。需注意，这些数据为理论计算值，在实际应用中，所需的带宽可能会更高。

2. NTSC 彩色电视制式

NTSC 制式又称正交平衡调幅制。该标准于 20 世纪 50 年代由美国开发，并广泛应用于北美、日本及东南亚等地区。根据 NTSC 制式规定，场频设定为 60Hz，采用隔行扫描技术，每帧图像扫描 525 行。此外，该制式下伴音与图像信号的载频带宽被界定为 4.5MHz。

3. SECAM 彩色电视制式

SECAM 制式又称行轮换调频制。该技术于 20 世纪 60 年代由法国人开发，并主要应用于法国及东欧地区。其场频为 50Hz，采用隔行扫描方式，每帧图像包含 625 行扫描线。

 习题与思考题

1. 已知人眼对高于 48Hz 的图像没有闪烁的感觉，又知根据人眼对图像的分辨能力，扫描行数至少应大于 600 行。那么可以推导出结论：对于逐行扫描方式而言，其行扫描频率必须大于 29kHz 才能保证人眼视觉对图像的最低要求。

请给出推导过程，并结合推导过程分析为什么行扫描频率必须大于 29kHz。

2. 隔行扫描中采用"两场构成一帧"的方式，是为了解决逐行扫描的什么缺点？

3. 为什么要把场景图像转换成一维时序信号？将场景图像转换成一维时序信号的方法有哪些，各有什么特点？

4. 为确保单元光电传感器扫描出来的场景图像能够在显示器上还原显示出不失真的图像，需要采用怎样的措施？

5. 电视制式的意义是什么？你所掌握的电视制式有哪些？

6. 比较隔行扫描与逐行扫描的优、缺点，试说明为什么 20 世纪初的电视机与视频监视器均采用隔行扫描制式？现在的手机与平板显示屏还采用 PAL 电视制式吗？

7. 如果某图像采集卡具有只采集一场图像的功能，试问采集隔行扫描制式的一场图像与人眼看到的自然场景的图像一致吗？为什么？如果采集的是逐行扫描制式的一场图像又会怎样？

8. 现有一只光敏面为 2mm×2mm 的光电二极管，你能否用它来采集面积为 800mm(H)×400mm(V) 的场景图像？如果不能，应该添加什么器材才能完成对上述场景图像的采集？

第 3 章 工业相机的核心——图像传感器

工业相机通过光学镜头系统将光线聚焦于感光元件的像平面上,以生成图像。工业相机的核心组件——感光元件是图像传感器。图像传感器的主要传感器技术包括电荷耦合器件(Charge Coupled Device,CCD)和互补金属氧化物半导体(Complementary Metal Oxide Semiconductor,CMOS)。本章将深入探讨 CCD 与 CMOS 的原理和工作机制,并进一步探讨如何通过这些技术获取图像信息。通过本章的学习,读者将能够理解光信号是如何被 CCD 或 CMOS 转换为电信号,并最终形成黑白或彩色图像的过程。

3.1 CCD 传感器

3.1.1 基本原理和工作过程

3.1.1.1 CCD 传感器的基本结构和工作过程

在探讨 CCD 传感器的结构及其基本工作原理时,我们以图 3.1-1 所示的线阵 CCD 传感器作为分析的起点。该 CCD 传感器由一系列光线敏感的光电探测器构成,这些探测器一般为光栅晶体管或光电二极管。对于学习工业相机成像技术这一目的而言,我们不深入探讨光电探测器内部的物理机制,而是将其简化为一种能够将光子转换为电子,并进一步将电子转换为电流的装置。每个光电探测器都有一个电荷存储上限,该上限主要受探测器尺寸的影响。当探测器暴露于光照条件下(即曝光过程),便开始累积电荷。通过转移门电路的控制,累积的电荷被顺序地转移到串行(排列的)读出寄存器中,以实现电荷的读出。在此体系结构中,每个光电探测器均与一个读出寄存器相对应,这些读出寄存器是顺序地、串行地排列在一起的。在图 3.1-1 中,也可以理解为每个光电探测器对应一个传输门,每个传输门对应一个独立的寄存器。

串行读出寄存器本身具备光敏特性,因此必须通过金属护罩进行屏蔽,以防止在读出过程中被其接收到其他光子。读出的过程是先将电荷转移到电荷转换单元,随后该单元将电荷转换为电压信号,并进行相应的电压放大处理。

转移门电路和串行读出电路都是电荷耦合器件(CCD)。可理解为,转移门电路和串行读出电路中电子转移的方式是"电子耦合"式,是通过"电荷耦合器件"来完成的。每个 CCD 最多由 4 个门组成,这些门在给定方向上传输电荷。需注意,此处所述的"门"与图

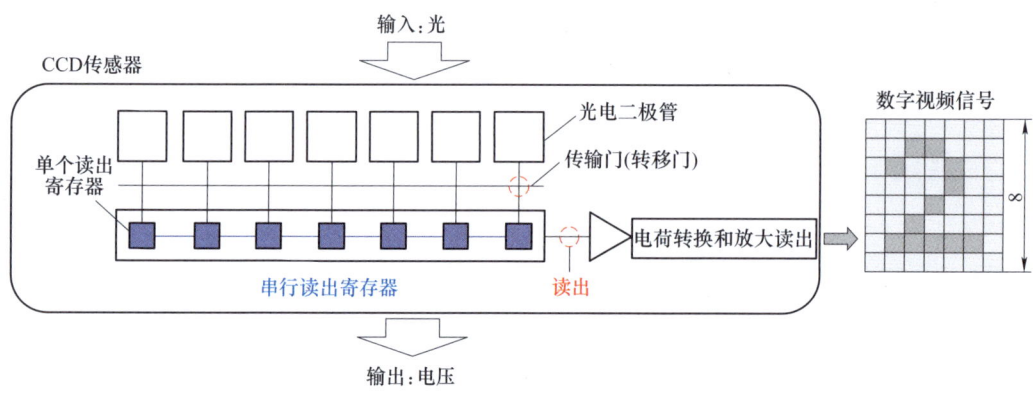

图 3.1-1 线阵 CCD 传感器（光在光电探测器中转换为电荷，转移到串行读出寄存器并通过电荷转换和放大读出。对于线性传感器，光电探测器常为光电二极管）

3.1-1 中传输门的"门"并非同一含义，也不是同一物理结构。CCD 的门是指 CCD 的电极结构有两相、三相和四相，最多是四相，即经过 4 步转移一个电荷包，称作 4 个"门"；图 3.1-1 中传输门的"门"是更宏观的开关电路的意思，或可理解为因该传输门是由 CCD 构成，而 CCD 由 2~4 个"门"构成，所以该传输电路就泛泛地称作是传输"门"电路了。那么，CCD 和门的关系，以及 CCD 和读出寄存器的关系，可简单并深刻地总结为传输门是电荷耦合的、读出寄存器也是电荷耦合的。

电荷转换为电压并放大后，就可以转换为模拟或数字视频信号。对于数字视频信号，是由模拟电压通过模/数转换器（Analog to Digital Converter，ADC）转换为数字电压的。可以理解为一个光电二极管对应一个电压值，一个光电二极管对应一个像元。"视频"信号就是连续的一帧帧图像信号。从电压转换为图像信号主要需要两个步骤：按照某个规则将电压值排列起来；不同电压值代表不同的灰度。如图 3.1-1 右侧所示，可约定规则为 8 行构成一幅图像，电压值大于 1V 为白灰色，否则为黑灰色。可以是连接 CCD 的外部电路将电压转换为视频信号，或者若干电信号可直接传到计算机上再按上述规则转换为图像即可，即这一系列的电压在上述规则下就被称为图像/视频信号。

由于大多数在可见光区域工作的传感器使用一个 CCD 架构来移动一个电荷包，因此图像传感器通常被称为 CCD 阵列。

基于上文的学习，我们可以从如下角度来理解 CCD。首先，CCD 即电荷耦合（耦合=转移）器件，突出特点是以电荷（而不是电流或电压）为信号载体。可以说 CCD 是一种特殊的结构，是由光电二极管、多个 MOS（金属-氧化物-半导体）组合的某种结构（最多 4 个 MOS）（即传输门），以及读出寄存器（也是多个 MOS 组合在一起的一串）和一些配套的外接电路（为传输门和读出寄存器供电，供电后这两者才能转移电荷）搭建成的结构（或称为设备）。

可以理解为 1 个光电二极管对应 1 个传输门，1 个传输门对应 1 个读出寄存器。1 个传输门最多由 4 个 MOS 组成，1 个读出寄存器也是最多由 4 个 MOS 组成。可以将传输门和读出寄存器的结构理解为是一模一样的，只不过在图 3.1-1 中传输门是沿着竖直方向转移电荷，而读出寄存器是沿着水平方向转移电荷。电荷的具体转移原理和步骤将在 3.1.2 节详细介绍。

电荷的转移是由外接配套电路控制的。所以 n 个光电二极管对应的一串读出寄存器中寄存器的数量也是 n 个（也可以把这 n 个读出寄存器理解为 1 个大的读出寄存器）。最终通过配套电路获得 n 个电压值，即每个光电二极管对应 1 个电压值。

在图 3.1-1 中，整个圆角矩形框部分称作一个 CCD 传感器，而并非图 3.1-1 中某个小部件是 CCD，所以整个图才叫 CCD 传感器；图 3.1-1 中传输门和读出寄存器是通过电荷耦合的，即转移电荷（而不是转移电流或电压），所以常称基于此转移电荷机理的整体（图 3.1-1 整个圆角矩形框部分）叫作 CCD 传感器。该 CCD 传感器的输入是光，输出是电压。

3.1.1.2 电子耦合设备的电荷转移方法（选读）

1. CCD 阵列

CCD 阵列是一种半导体图像传感器，其核心功能包括电荷收集、转移和转换为电压。CCD 阵列基于金属绝缘半导体（Metal Insulator Semiconductor，MIS）电容器，尤其是金属-氧化物-半导体（Metal-Oxide-Semiconductor，MOS）电容器，也称为门（或"相"）。在 CCD 中，光子激发硅基光电探测器产生电子-空穴对，电荷量与入射光的强度成正比，实现图像的空间采样。CCD 阵列通过在特定像素点收集电荷来生成图像，各像素点的电荷总和形成图像表征。电荷转移机制是 CCD 阵列的关键，涉及多个相和串行移位寄存器，其布局和数量因制造商而异。CCD 阵列广泛应用于图像捕获，但其制造过程复杂，包含 150 多个步骤。CCD 可以根据其架构（帧传输、行间传输等）或应用领域进行功能描述。为了优化成本效益、简化阵列结构及电子处理流程，这些架构通常针对特定的应用需求而定制。例如，天文摄影领域倾向于采用全帧阵列，而视频捕获系统则更常采用行间传输技术。随着技术的持续发展，图像捕获、机器视觉、科学研究及军事应用等领域之间的界限正逐渐变得模糊。

2. 光电探测（Photo Detection）

当被吸收的光子产生电子-空穴对时，光电探测过程就发生了。为使固态阵列能够有效地作为探测器使用，由光激发产生的载流子需被有效收集与存储。光吸收系数随波长的增加而减小，一些入射光子将在阵列表面反射，其余的可能在到达光活性材料之前穿过电极层和绝缘体。因此，上覆层的吸收特性、光活性材料的厚度和存储位置决定了光谱量子效率。光电探测后，读出存储的电荷。阵列架构通常针对特定应用进行优化，例如，一般图像系统的设计旨在与标准视频格式（如 EIA 170）兼容。

3. 光栅（Photo Gate）

所述光栅是光活性 MOS 电容器，其中的光生载流子存储在耗尽区中。存储容量取决于衬底掺杂、栅极电压和氧化物厚度。MOS 电容器可以具有非常大的容量。由于光栅覆盖有电极，蓝光的响应量子效率会降低。

4. CCD 阵列的操作（CCD Array Operation）

在 CCD 器件中，对栅极施加正电压导致 P 型硅中的可动正电荷空穴向接地电极方向迁移，此现象归因于同性电荷间的排斥作用。用于 P 型 Si 的金属氧化物半导体（MOS）栅极如图 3.1-2 所示，缺乏正电荷的区域定义为耗尽区（Depletion Region）。当一个能量超过带隙的光子在耗尽区内被吸收时，将产生电子-空穴对。电子保留于耗尽区，而空穴则移向接地电极。收集到的负电荷（电子）量与所施加的电压、氧化物层厚度及栅极面积成比例关系，可存储的电子总数量被称为阱容（Well Capacity）。

CCD 寄存器是由多个 MOS 栅极（Gate）构成的阵列。通过系统地、顺序地操控栅极电压，实现了电子以串联传输的方式从一个栅极依次移动到相邻栅极。在电荷转移过程中，耗尽区的相互重叠是必要的，三相 CCD 如图 3.1-3 所示。实际上，耗尽区代表的是电压梯度，只有当这些梯度相互重叠时，电荷转移才能发生。当栅极实现有效重叠时，电荷转移效率最高。采用多层多晶 Si 结构可以最小化相邻电极间的间距。缺乏此种结构会导致电荷转移效率降低。为简化描述，在本文的后续部分，该结构将通过说明或图示呈现为相邻但不重叠的栅极。

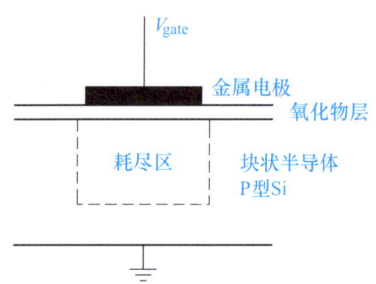

图 3.1-2　用于 P 型 Si 的金属氧化物半导体（MOS）栅极

［虽然耗尽区（充注阱）表现为一个矩形突起，但其实际形状是渐进的，即阱是由二维电压梯度形成的。］

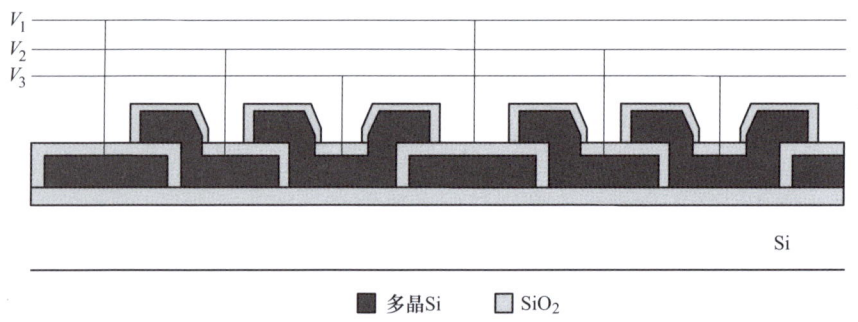

图 3.1-3　三相 CCD
（栅极必须重叠以便于有效的电荷转移）

每个栅极都有自己的控制电压，该电压随时间的变化而变化。当栅极电压较低时，栅极充当势垒；当栅极电压较高时，栅极可存储电荷。两个阱之间的电荷转移如图 3.1-4，为电荷在两个阱（阱 1 和阱 2）之间移动的过程。最初，在栅极 1 上施加电压，光电子在阱 1 中收集（见图 3.1-4b）。当对栅极 2 施加电压时，电子以瀑布的方式移动到阱 2（见图 3.1-4c）。这个过程非常迅速，电荷在两个阱中迅速平衡（见图 3.1-4d）。当栅极 1 上的电压降低时，阱电位降低，电子再次以瀑布的方式流入阱 2（见图 3.1-4e）。最后，当栅极 1 电压达到零时，所有的电子都在阱 2 中（见图 3.1-4f）。这个过程重复多次，直到电荷通过移位寄存器转移。

CCD 阵列由一系列寄存器组成，具有代表性的 3×3 阵列的 CCD 电荷转移过程如图 3.1-5 所示。电荷通过通道保持在行或列内，耗尽区仅在一个方向重叠。在每一列的末尾是一个像素的水平寄存器。这个寄存器每次收集整个水平方向一条线上的电子，然后以串行方式将电荷包传输到输出放大器。在下一行进入串行寄存器之前,必须将整个水平串行寄存器发送到感测节点。因此,所有 CCD 阵列都需要单独的垂直和水平时钟,并在这个过程创建一个表示二维图像的串行数据流。

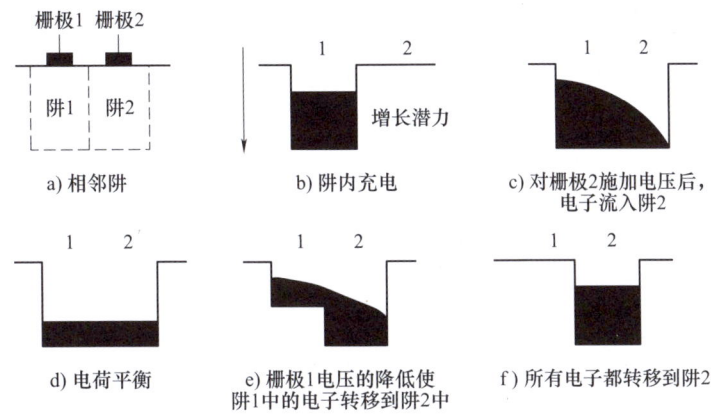

图 3.1-4　两个阱之间的电荷转移

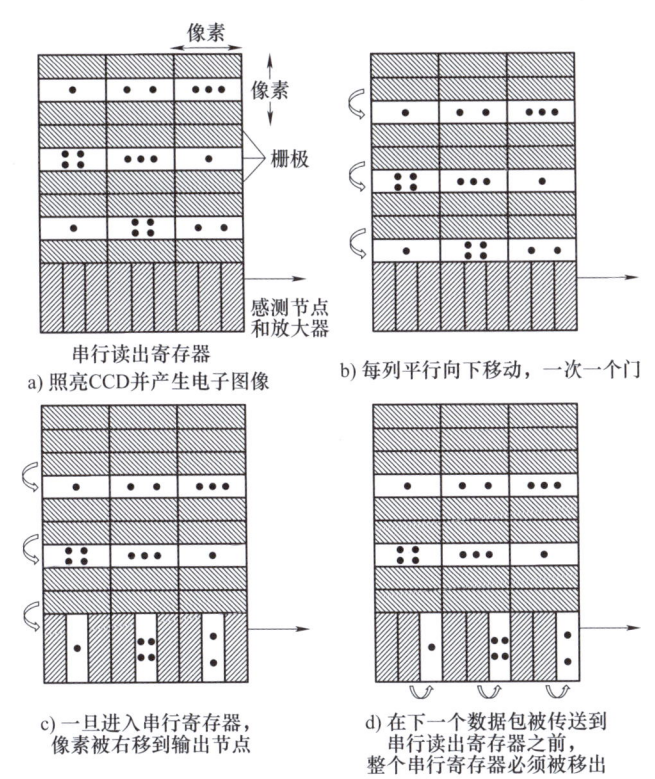

图 3.1-5　具有代表性的 3×3 阵列的 CCD 电荷转移过程

(每个像素有三个栅极,在一个像素内产生的几乎所有光电子都存储在该像素下的阱中)

虽然每个检测器区域可以使用任意数量的转移位点（栅极），但通常栅极的数量从 2~4 不等。图 3.1-6 所示为三相 CCD 中电荷的转移过程。如图 3.1-6a 所示状态，第一相①的电压为 10V，第二相②的电压为 2V，第三相③的电压为 2V。如图 3.1-6b 所示状态，第二相②的电压发生变化，由 2V 变为 10V，此时由于第一、二相电压均为 10V，不再有电势差的存在，电荷将在第一、二相所在的阱中均匀分布，表现为第二相形成新的势阱，电荷由第一相势阱向第二相势阱流动，直到两势阱中电荷量一致，如图 3.1-6c 所示状态。然后，第一相①的电压发生变化，由 10V 变为 2V，如图 3.1-6d 所示。此时由于第一、二相电压不再一致而形成了电压差，电荷从低电压（2V）的第一相势阱向高电压（10V）的第二相势阱流动，直到电荷全部流入第二相势阱，如图 3.1-6e 所示。此时对比图 3.1-6e 和图 3.1-6a 可见，电荷实现了从第一相①的势阱向第二相②的势阱的完全转移。这就是电荷转移的过程。图 3.1-6f 中 Φ_1、Φ_2、Φ_3 分别表示三个相的电压，图 3.1-6f 给出了电荷在势阱中转移所需的三个相的电压变化波形。

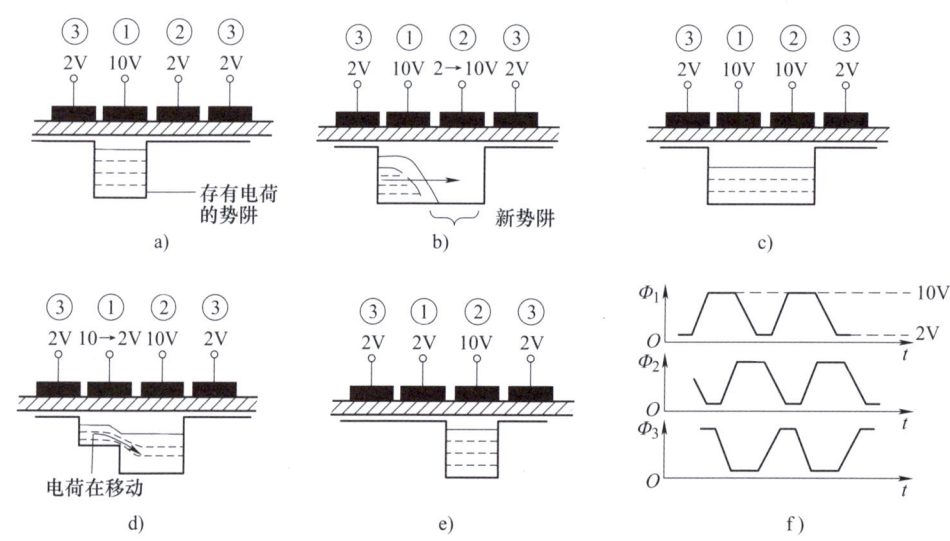

图 3.1-6 三相 CCD 中电荷的转移过程

对于四相装置，如图 3.1-7 和 3.1-8 所示。图 3.1-7 所示为四相 CCD 电荷转移的平衡状态，表示栅极切换后的稳态，电荷在阱内达到平衡，这个过程需要 $T_1 \sim T_8$ 的 8 个时钟。电荷根据时钟周期的不同而存储在两个或三个阱中。T_1 时刻，图 3.1-7 中的像素 1，电荷平均地存储在 $V_1 \sim V_3$ 的势阱中，图 3.1-8 中 T_1 时刻 V_1 为低电平、V_2 为高电平、V_3 为高电平、V_4 为高电平，由于 $V_2 \sim V_4$ 均为高电平，与 V_1 形成了电势差，因此电荷平均地存储在 $V_2 \sim V_4$ 对应的势阱中；T_2 时刻，由图 3.1-8 可见，V_1、V_3、V_4 不变，V_2 由原来的高电平变为低电平，那么就导致 V_1、V_2 之间不再有电势差，而 V_2 与 V_3 之间形成电势差，因此电荷从低电平的 V_2 势阱流入高电平的 V_3 势阱，即形成 V_1、V_2 势阱中无电荷，电荷均流入并平均分布在 V_3、V_4 势阱中的状态，同图 3.1-7 的 T_2 时刻；T_3 时刻，V_1 由低电平变为高电平，$V_2 \sim V_4$ 的电压状态保持不变，那么 V_1 与 V_3 形成了电势差，电荷将从低电平的 V_2 势阱流出到 V_3，而由于 V_1、V_3、V_4 均为高电平，因此电荷平均地分布在三者对应的势阱中。值得注意的是，

第 3 章 工业相机的核心——图像传感器

电荷总是沿着一个方向流动，在图中表示为从左向右的移动，即从像素 1 流向像素 2。所以，本时刻（T_3）中电荷已经流入到了像素 2 中，也即像素 2 的 V_1 势阱；T_4 时刻，V_3 从高电平变为低电平，其他三相电压保持不变，那么 V_3 与 V_4（高电平）形成电压差，电荷从 V_3 势阱转移到 V_4 势阱，形成像素 1 的 V_2、V_3 势阱无电荷，像素 1 的 V_4 势阱和像素 2 的 V_1 势阱有电荷的状态，如图 3.1-7 的 T_4 时刻；T_5、T_6、T_7 继续按照电压的变化电荷在势阱中流动，可以看到，T_7 时刻时电荷已从像素 1 完全移动到了像素 2；T_8 时刻则是继续开启了由像素 2 向像素 3 移动的进程。总结上面电荷移动的过程也可发现，电荷总是从低电平势阱移向高电平势阱中。

电荷通过改变栅极电压在存储点之间移动，图 3.1-8 所示为四相系统的电压波形。四相阵列需要四个独立的时钟信号来将电荷包移动到下一个像素。一个四相装置需要八个步骤将电荷从一个像素移动到下一个像素。

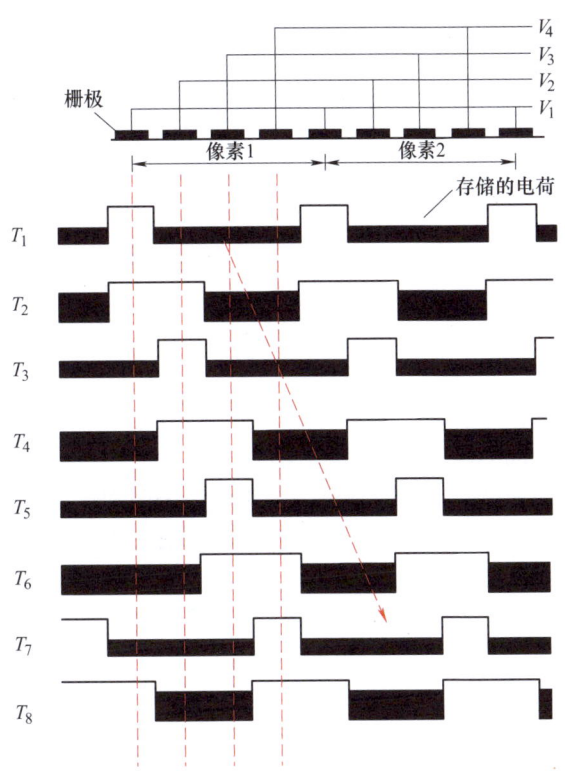

图 3.1-7 四相 CCD 电荷转移的平衡状态

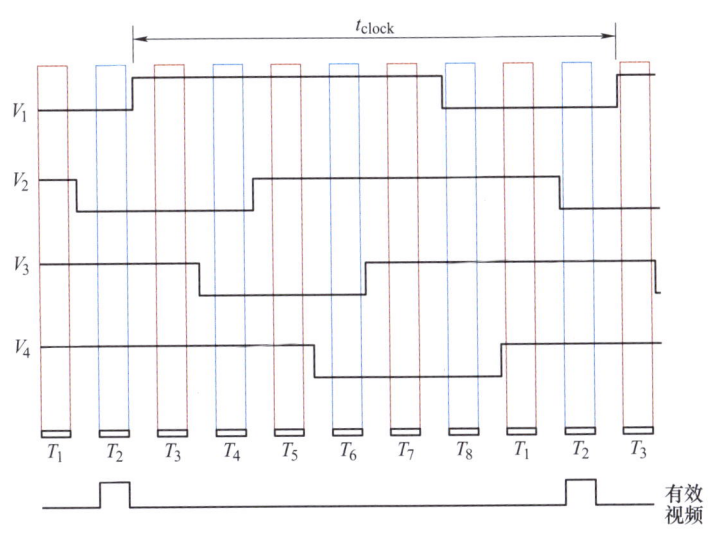

图 3.1-8 四相系统的电压波形

3.1.2 线阵 CCD 图像传感器与面阵 CCD 图像传感器

3.1.2.1 线阵 CCD 图像传感器

线阵 CCD 图像传感器仅能捕获单行像素的图像，其应用范围相对有限，故通常通过多行并排来构建二维图像。为了获取有效的图像数据，线阵 CCD 图像传感器需要相对于被测物体进行物理移动。一种实现方式是将传感器固定并移动被测物体，如在传送带上物体的上方安装传感器；另一种方式是保持被测物体静止，而让传感器相对于物体进行移动，这在印制电路板成像中是常见的做法。平板扫描仪的工作原理与之类似，这与我们在第 2 章所探讨的"多元光机扫描方式"具有一致性。

在使用线阵 CCD 图像传感器进行图像采集时，为确保所获得的像素呈矩形，传感器必须与被测物体表面保持平行，并且其运动方向需垂直于物体平面。此外，根据线阵图像传感器的分辨率，扫描频率需与相机、被测物体之间的相对运动速度相协调，以确保采集到的像素呈矩形。在假设运动速度恒定的情况下，可以保证采集到的所有像素图像具有一致性。若运动速度存在变化，则需借助编码器来同步传感器的行采集。相对运动可通过步进电机来实现。鉴于实现传感器与运动方向的完美匹配具有一定难度，某些应用场景中可能需要采用相机标定方法来确保测量的准确性。

线阵 CCD 图像传感器的线读出速度通常在 14~140kHz 的范围内，显然这会限制每行的曝光时间，因此，在进行线扫描图像采集时，需要提供高强度的照明以确保图像质量。同时，为了获得足够的进光量，镜头的光圈通常设置为较小的 F 数，即光圈开口较大。然而，光圈开口的增大会减小镜头的景深，这在一定程度上限制了景深的可调范围。因此，在设计线扫描应用系统时，参数的设定需要综合考虑，以平衡照明强度、曝光时间、光圈大小和景深之间的关系，这是一个具有挑战性的过程。

关于线读出速度，因为周期 T 的单位为秒，Hz 的定义就是每秒内发生的周期数，即频率 $f=1/T$。"线阵 CCD 图像传感器的线读出速度为 14~140kHz"意味着 $f=14$~140kHz，即一秒内可以发生（读出）14k~140k（14×10^3~140×10^3）次。即使一秒内读出最慢的 14k 次，则读出一次所需的时间 $t=1/14k=0.00007143s$，是非常快的。正因为线读出的速度非常快（<0.00007143s），同时还需要在如此短的时间内提供给光电二极管足够的亮度才能转换为足够的电荷，以便后续获得的图像能足够亮，所以线扫描应用要求非常强的照明。

3.1.2.2 面阵 CCD 图像传感器

根据电荷转移方式的不同，面阵 CCD 图像传感器可分为三类：全帧(Full Frame)型 CCD 图像传感器、帧转移(Frame Transfer)型 CCD 图像传感器和行间转移(Interline Transfer)型 CCD 图像传感器。

1. 全帧型 CCD 图像传感器

图 3.1-9 所示为全帧型 CCD 图像传感器，展示了线阵传感器向全帧型 CCD 图像传感器扩展的基本机制。在此过程中，光能首先在光电探测器内被转换为电荷，随后这些电荷按行序转移到串行读出寄存器中，并最终如同线阵传感器那般被转换成视频信号。来自 CCD 的每个光电探测器的电信号在经过电荷转换和放大读出后，立即被转换为视频信号，不存在中间的存储环节。换句话说，CCD 输出的电荷包信号直接依据特定的视频信号标准进行格式

化，以生成相应的视频信号。

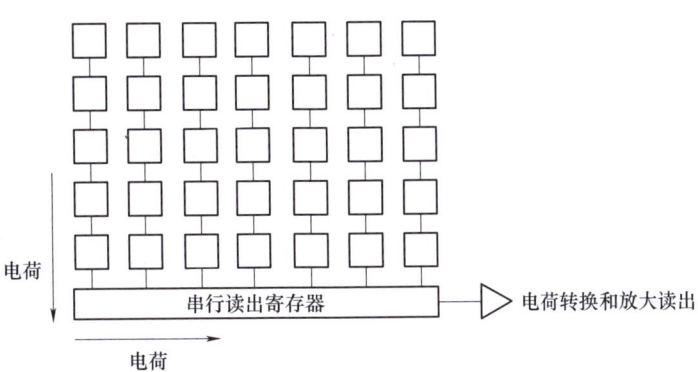

图 3.1-9 全帧型 CCD 图像传感器（光在光电探测器中转换为电荷，一行一行地转移到串行读出寄存器，然后进行电荷转换和放大读出。图中 1 个小方块代表 1 个光电二极管+1 个 MOS 管）

在读出过程中，光电传感器还在曝光，仍有电荷在积累。由于图像信息是通过逐行传输的方式从传感器中移出的，这可能导致累积的全场景观信息出现拖尾现象。为防止拖尾，需采用机械快门或闪光灯技术，这是全帧型面阵传感器在设计上的主要局限之一。机械快门是一种控制曝光时间的装置，通过机械弹簧或电子、电磁控制手段，操纵叶片或帘幕的开闭，以在特定时间内允许光线通过成像窗口。快门速度的调节范围越广，适应性越强。高速快门适用于捕捉动态场景，如运动中的物体，而慢速快门则适用于拍摄星轨等效果。闪光灯的作用在于在读出期间为传感器提供无光照环境，从而避免曝光。

全帧型 CCD 图像传感器的主要优势在于其填充因子（Fill Factor）能够实现 100% 的理论值。填充因子定义为感光元件中光敏区域的面积与传感器整体面积的比率。当填充因子达到 100%，意味着每个像素的光敏区域完全覆盖了其分配的总面积，从而最大化了对光的捕获效率，并最小化了图像的失真。

2. 帧转移型 CCD 图像传感器

为了解决全帧型传感器在图像采集过程中可能出现的拖影问题，可以采用帧转移型 CCD 图像传感器，如图 3.1-10 所示。这种传感器包含一个光敏传感器和一个覆盖有金属光屏蔽层的存储区域，图像最初在光敏传感器上形成，随后迅速转移到被光屏蔽的存储阵列中，并在适当的时机从存储阵列中读出。由于两个传感器之间的电荷转移速度非常快，通常小于 500μs，因此可以显著减少拖影现象。

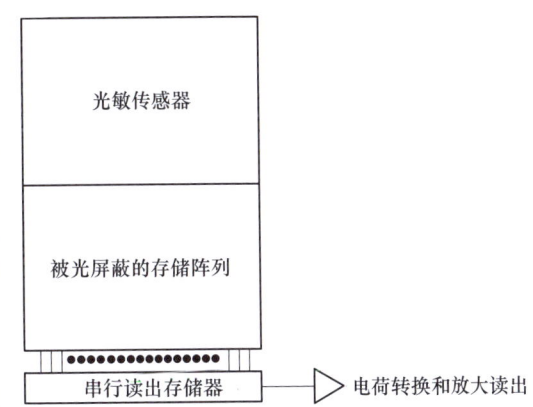

图 3.1-10 帧转移型 CCD 图像传感器（光在光敏传感器中转换为电荷，快速转移到被光屏蔽的存储阵列，从存储阵列中一行行读出）

帧转移型 CCD 图像传感器的最大优点是其填充因子也可达 100%，而且不需要机械快门或闪光灯。然而，由于在两个传感器之间传输数据的瞬间，图像仍然在曝光，因此仍然存在一定程度的拖影现象。此外，帧转移型 CCD 图像传感器通常由两个传感器组成，这导致了其成本相对较高。

由于高灵敏度（填充因子为100%）和拖影等特征，全帧型CCD图像传感器和帧转移型CCD图像传感器通常用于天文等曝光时间比读出时间长的科学研究等应用领域。

3. 行间转移型CCD图像传感器

行间转移型CCD图像传感器如图3.1-11所示，除光电探测器外，还带有垂直传输寄存器，垂直传输寄存器覆盖有不透明的金属屏蔽层。曝光后，累积的电荷通过传输门电路（图3.1-11中没有显示）转移到垂直传输寄存器，这一过程一般在小于$1\mu s$的时间内完成。随后，电荷通过垂直传输寄存器转移到串行读出寄存器，并最终形成视频信号输出。

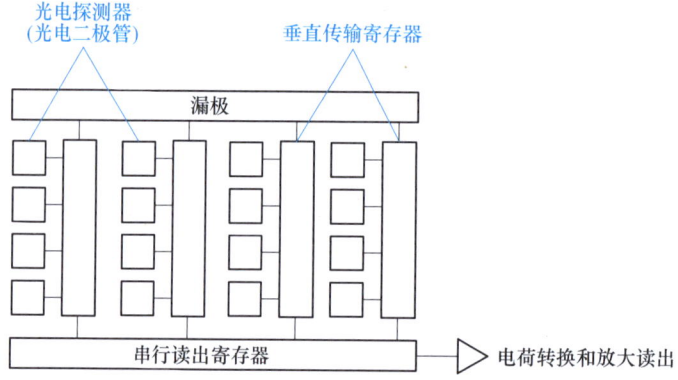

图3.1-11　行间转移型CCD图像传感器（光在光电探测器中转换为电荷，快速地传输到垂直传输寄存器，按行转移到串行读出寄存器并读出）

由于从光电二极管传输至垂直传输寄存器的速度很快，因此图像没有拖影，所以不需要机械快门和闪光灯。然而，由于垂直传输寄存器占据了传感器的一定空间，导致其填充因子可能降至20%，这可能会增加图像的失真。为了提高填充因子，通常采用微镜头技术，将光线聚焦至光敏光电二极管，行间转移型CCD图像传感器利用微镜增大填充因子如图3.1-12所示。尽管如此，填充因子仍无法达到100%的理想状态。

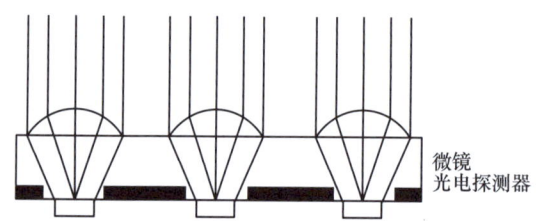

图3.1-12　行间转移型CCD图像传感器利用微镜增大填充因子（微镜使光线在光敏光电二极管上聚焦）

最后，我们将三种面阵传感器的对比列于表3.1-1。

表3.1-1　三种面阵传感器的对比

传感器类型	结构	缺点	优点
全帧型CCD图像传感器		为了避免出现拖影，必须加上机械快门或利用闪光灯	填充因子100%

（续）

传感器类型	结构	缺点	优点
帧转移型 CCD 图像传感器	光敏传感器 / 被光屏蔽的存储阵列 / 串行读出存储器 → 电荷转换和放大读出	成本高；有残留拖影	填充因子 100%；不需要机械快门或闪光灯
行间转移型 CCD 图像传感器	光电探测器（光电二极管）、垂直传输寄存器、漏极、串行读出寄存器 → 电荷转换和放大读出	填充因子可能低至 20%	不需要机械快门或闪光灯

3.1.2.3 传感器的溢流沟道

此外，CCD 传感器在设计上存在一个关键问题，即高光溢出效应。当光电探测器中的电荷累积超出其容量时，过量的电荷会溢出并渗透到邻近的探测器中，导致图像中明亮区域的信号异常增强。为了缓解这一现象，设计者在传感器中引入了溢流沟道。通过在沟道中施加适当的电势差，多余的电荷得以通过沟道引导至衬底，从而避免了不期望的电荷转移。

在 CCD 传感器的设计中，溢流沟道的位置对图像质量有显著影响。沟道可以设计在传感器平面的每个像素侧边（侧溢流沟道），或者嵌入在设备的底部（垂直溢流沟道）。侧溢流沟道通常位于垂直传输寄存器的对面。图 3.1-11 中垂直溢流沟道一定在垂直传输寄存器下面（因为没有在垂直传输寄存器的相反侧画出溢流沟道）。

在传感器上增加溢流沟道带来的一个有趣的效果是其可以用来作为相机的电子快门。将沟道处的电势置为 0，光电探测器不再充电。此时即使曝光，但由于没有电压差，MOS 无法累积电荷。然后可以将沟道的电位在曝光时间内置为高，即可以累积电荷至读出。与机械快门相比，电子快门实际上并没有"门"，而是利用了 CCD 感光系统不通电不工作的原理。在 CCD 不通电的情况下，尽管像场窗口仍然"大敞开"，但是并不能产生图像。如果在按下快门按钮时，使用电子时间电路，使 CCD 只工作"一个指定的时间长短"，就也能获得像有快门"瞬间打开"一样的效果。所以电子快门数码相机在按下快门时是"无声"的。

溢流沟道还使传感器可以在接收到外触发信号后立即开始采集图像，也就是接收到外触发信号后整个传感器可以立即复位，图像开始曝光然后正常读出。这种操作模式称作异步复

位（Asynchronous Reset）。针对数字系统的设计，经常会遇到复位电路的设计，同步复位与异步复位的区别与联系如下。

同步复位只有在时钟沿到来时复位信号才起作用，复位信号持续的时间应该超过一个时钟周期才能保证系统复位。同步复位原理如图 3.1-13 所示，复位的有效条件与 clk 的上升沿有关，当 clk 的上升沿采到复位信号 rst_n 为低时可复位；仿真波形见图 3.1-13，其中 oa 为复位后的信号。可见，复位信号拉低后，当时钟信号上升沿到来时，输出信号才复位。

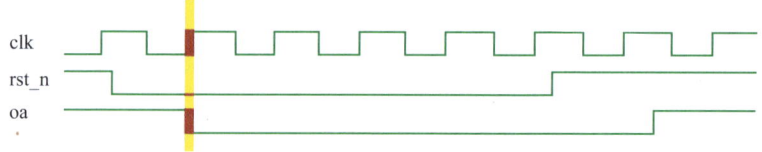

图 3.1-13　同步复位原理

异步复位原理如图 3.1-14 所示。异步复位只要有复位信号，系统马上复位；仿真波形见图 3.1-14，oa 为复位后的信号。可见，当时钟 clk 上升沿采到复位信号 rst_n 为低时可复位；同时，当遇到 rst_n 下降沿时也可复位。总而言之，异步复位方式下，只要遇到复位信号下降沿，复位就会发生。异步复位抗干扰能力差，有些噪声信号也能使系统复位，因此有时候显得不够稳定。要想设计一个好的复位，最好使用异步复位同步释放（Asynchronous Reset with Synchronous Release）。异步复位同步释放是一种在数字电路设计中常用的复位策略，特别是在 FPGA 等的设计中。这种复位策略结合了异步复位和同步释放的优点，以确保电路在复位时既快速响应，又能避免在复位信号释放时产生亚稳态。同步释放是指复位信号的释放（即复位信号变为无效）必须与时钟信号同步。这样可以确保复位信号的释放在时钟的控制下进行，避免了亚稳态的产生。

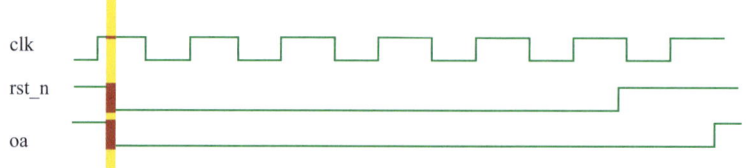

图 3.1-14　异步复位原理

3.2　CMOS 传感器

3.2.1　基本原理和工作过程

CMOS 传感器也通常采用光电二极管作为光电探测器。与 CCD 传感器的电荷转移机制不同，CMOS 传感器中，电荷的读出是通过行和列的选择性电路直接进行的，允许随机访问，类似于随机存取存储器（Random Access Memory，RAM）的操作方式。CMOS 传感器如图 3.2-1 所示，每个像素点均集成有一个独立的放大器，这类传感器也被称为主动像素传感器（Active Pixel Sensor，APS）或有源像素传感器。由于 CMOS 传感器通常用于数字视频输出，图像数据通过并行的模/数转换器（ADC）阵列转换为数字信号。然而，由于放大器和选择电路占据了像素的大部分区域，导致 CMOS 传感器的填充因子较低，与行间转移型 CCD 传感器相似。为了提高填充因子并减少图像失真，常在 CMOS 传感器上集成微镜头。

CMOS 传感器的一个优点是具备随机读取功能，这一特性便于实现对图像的特定矩形感兴趣区域（Region of Interest，ROI）的读取，该技术通常称为"开窗"。相较于 CCD 传感

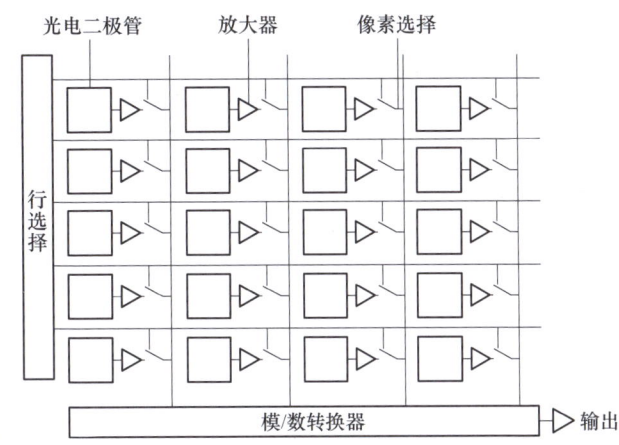

图 3.2-1　CMOS 传感器（光电二极管将光转换为电荷，通过行和列选择电路，CMOS 传感器的每行可以选择直接读出）

器，CMOS 传感器在某些应用场景中因此而展现出显著优势，特别是在较小的 ROI 读取时，CMOS 传感器能够提供更高的帧率。尽管 CCD 传感器理论上也能实现 ROI 读取，但其读出机制要求必须先转移并丢弃 ROI 上方和下方的所有行数据。由于数据的丢弃速度通常快于读出速度，这种机制也能在一定程度上提升帧率。然而，通常在水平方向上缩小感兴趣区域并不会增加帧率，因为在 CCD 传感器中，电荷必须通过电荷转换单元进行转移，这意味着电荷依然需要顺序通过每个像素单元进行垂直传输才能完成读出。

CMOS 传感器另一个优点就是可以在传感器上实现并行模/数转换。这就使 CMOS 传感器即使不使用 ROI 也能具有较高的帧率。而且还可以在每个像素上集成模/数转换电路以进一步提高读出速度。这种传感器又称数字像素传感器（Digital Pixel Sensors，DPS）。

CMOS 传感器具备独立读取每行的能力，因此获取图像的一个直接方法是对每一行进行依次曝光和读出，这与 CCD 传感器中整个像素区域同步曝光的方式不同。对于连续的图像行，曝光与读出时间可以部分重叠，即当一行正在读出时，下一行已经开始曝光，这种机制称为滚动快门（Rolling Shutter）。这种读出机制导致图像的第一行与最后一行之间存在显著的采集时间差异，如图 3.2-2a 所示，这在捕获运动物体时会导致图像变形。对于动态物体的成像，必须采用具有全局曝光（Global Shutter）功能的传感器。全局曝光

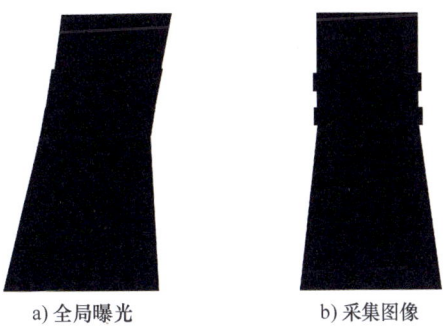

a) 全局曝光　　　　b) 采集图像

图 3.2-2　对于运动物体使用行曝光的比较
（使用行曝光会使被测物有明显的变形）

传感器为每个像素配备了独立的存储区，这会降低传感器的填充因子，如图 3.2-2b 所示，全局曝光能够为运动物体提供准确的成像。此外，CMOS 传感器的结构设计允许其通过外部触发信号以异步复位的方式轻松实现图像采集。

与 CCD 传感器相似，迄今为止所讨论的 CMOS 传感器的积分（Integrating）类型均是线性响应（Linear Response），这一特性对于精确的边缘检测至关重要，其中"线性"一词在物理上指的是电荷累积与图像亮度之间的正比例关系。对理想的对称边缘剖面应用非线性灰

度值响应曲线后的结果如图 3.2-3 所示。

　　对于像在线焊接检测这类应用，被测物体的亮度变化可能达到六个数量级或更多，为了能够在单幅灰度图像中同时展现这种极大的亮度差异，需要采用非线性灰度响应。为此，研发了具有对数响应（Logarithmic Response）特性的 CMOS 传感器以及线性-对数混合响应的 CMOS 传感器。这通常是通过将光电传感器产生的光电流反馈到具有对数电流-电压特性的电阻器上实现的，从而使传感器变为非积分型（Non-Integrating），即实现非线性响应。

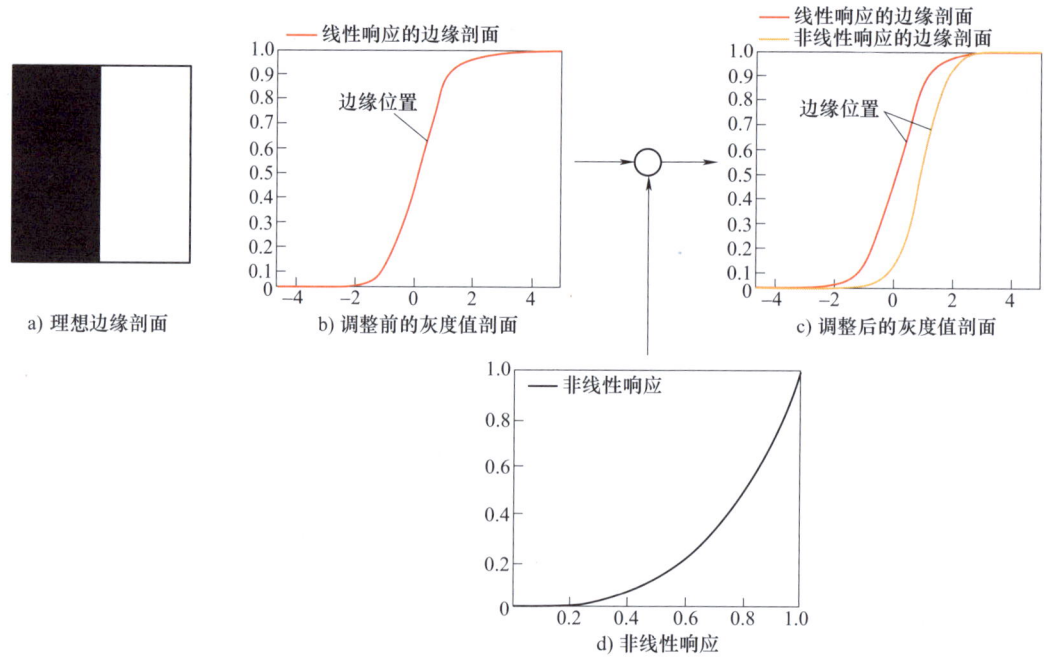

图 3.2-3　对理想的对称边缘剖面应用非线性灰度值响应曲线后的结果
（注意非线性响应严重影响了边缘位置）

　　为了便于对 CMOS 传感器与 CCD 传感器进行比较，将两种传感器的外观分别抽象为如图 3.2-4 和图 3.2-5 所示的电路结构。由图 3.2-4 左侧可见，CCD 传感器的电压转换必须在

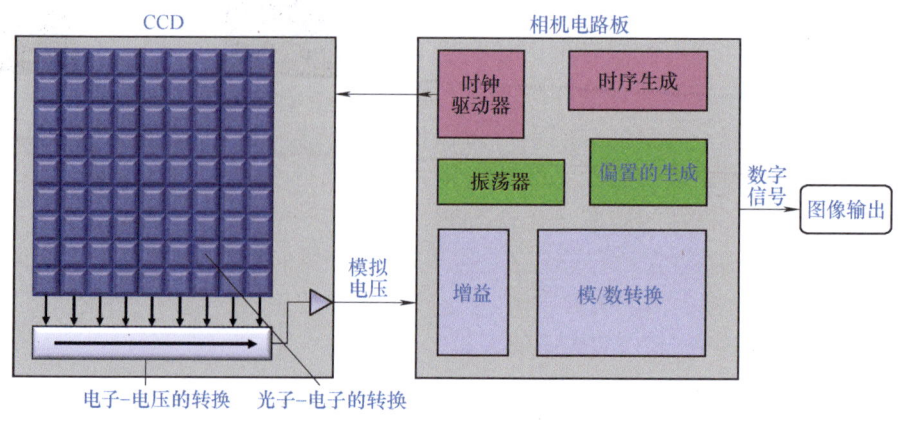

图 3.2-4　CCD 传感器外观抽象电路结构

42

电荷传输到水平移位寄存器后。由图 3.2-4 左侧可见，各个像元内包含感光元件和电压转换器，可以在像元内把光子转换成电压。

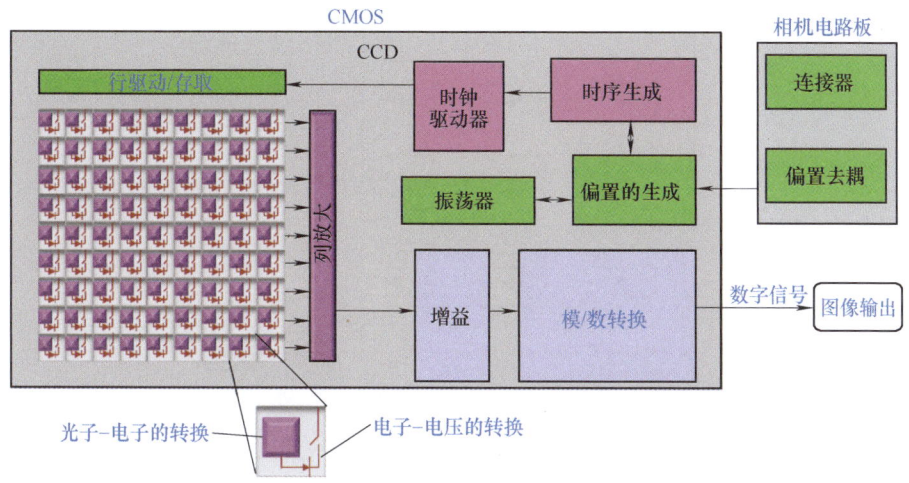

图 3.2-5　CMOS 传感器外观抽象电路结构

忽略图 3.2-5 的相机电路板部分，只关注感光部分，有如图 3.2-6 所示的行间转移型 CCD 传感器示意图。CCD 本质上是一个大阵列的半导体"桶"，可以将传入的光子转换为电子并保持累积的电荷。这些电荷可以被垂直移位寄存器向下传输到水平移位寄存器，水平移位寄存器将电荷转换为电压并输出。图 3.2-7 所示为 CMOS 传感器示意图。CMOS 设计不是传输电荷"桶"，而是立即将电荷转换为电压，并在微线上输出电压。

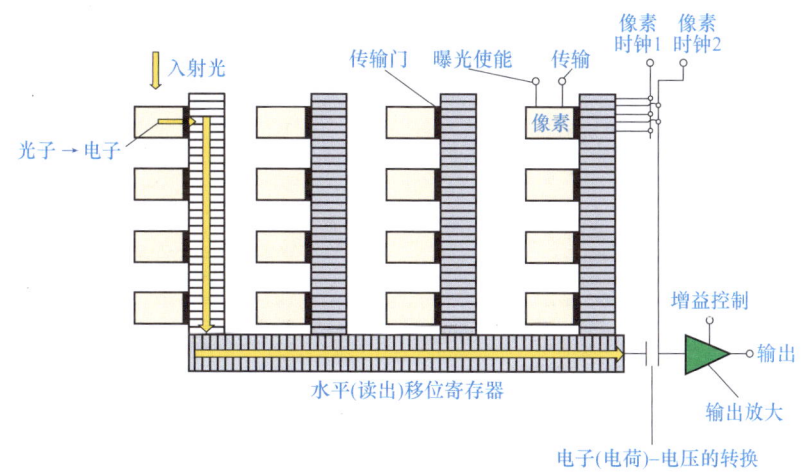

图 3.2-6　行间转移型 CCD 传感器示意图

CMOS 芯片中，将光能转化为电信号的电子元件直接集成在芯片表面，因此电子元件能够快速地读取成像数据。CCD 芯片中像素使用完整的芯片表面以捕捉光线，并且无需在芯片表面上安装任何转换电子元件，这使表面拥有更多的像素空间，可以捕捉更多的光线。但正是由于这个特性，CCD 读取数据没有 CMOS 快。

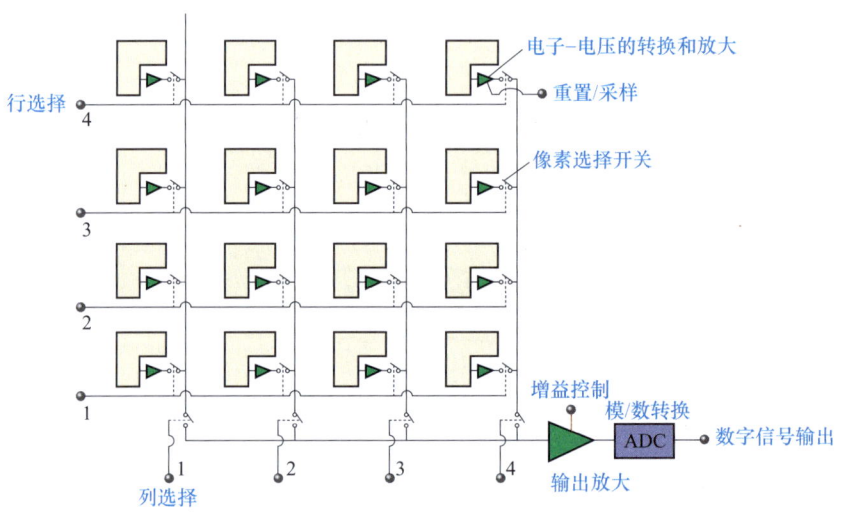

图 3.2-7　CMOS 传感器示意图

3.2.2　像素单元的电路结构与成像性能

CMOS 图像传感器的像素阵列由大量相同的像素单元组成，这些相同的像素单元是传感器的关键部分。通常会根据像素单元电路结构中所包含的 MOS 晶体管的数量将 CMOS 命名为 3T CMOS、4T CMOS、5T CMOS 等。而不同电路结构的像素单元，会使 CMOS 传感器拥有不同的曝光成像性能。

曝光方式包括卷帘快门和全局快门。卷帘快门与全局快门的区别如图 3.2-8 所示。卷帘快门对称滚动快门或行曝光，这种快门的特点就是 CMOS 像素（二极管）渐次曝光，也就是 CMOS 一个接一个地曝光，这样的好处是可以达到更高的帧率，但坏处就是被摄主体快速移动时，会出现部分曝光、斜坡图形、晃动等现象。如图 3.2-8a 所示，曝光过程从芯片的

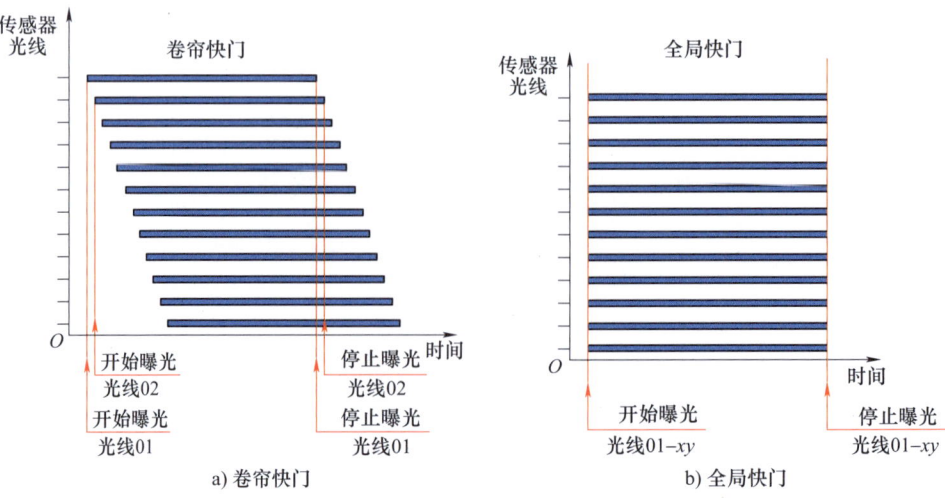

图 3.2-8　卷帘快门与全局快门的区别

44

第一行开始,并按顺序逐行进行,一旦第一行曝光完成,便立刻开始数据读出,待数据完全传输后,下一行随即进入读出阶段,该过程循环进行。全局快门(Global Shutter)的特点是整幅场景在同一时间完成曝光,传感器所有像素点(二极管)同时收集光线,同时曝光。与卷帘快门相比,全局快门无需逐行执行曝光。CCD 传感器即是采用此种同步曝光的工作方式。如图 3.2-8b 所示,芯片上的所有行像素同时开始曝光,且每行像素的曝光开始和结束时间一致;曝光过程结束后,数据随即逐行进行读出。

CMOS 像素单元的 3T (3 Trnasistor) 结构是指在像素单元中,除一个光二极管外,还包括一个重置(Reset) MOS 管、一个源极跟随器(Source Follower)MOS 管和一个行选择 MOS 管,也即一个光二极管加 3 个 MOS 管,3T CMOS 像素单元电路结构如图 3.2-9 所示。由 3T 结构像素单元构成的 CMOS 传感器常称为 3T CMOS。3T CMOS 每个像素都有一个放大器,主动驱动列数据总线,电荷转换效率(Charge Conversion Efficiency,CCE)高,无内部电荷转移,不能进行相关双采样(Correlated Double Sampling,CDS),复位噪声高。3T CMOS 是一种低成本解决方案,是低端 CMOS 最常用的结构。3T CMOS 在电子卷帘快门(Electronic Rolling Shutter,ERS)曝光时,拍摄运动物体时图像会变形,因此只能抓拍静止物体。在全局曝光下,使用频闪灯配合可以抓拍运动物体,在低成本检测领域中应用广泛。

4T CMOS 像素单元电路结构较 3T CMOS 复杂,如图 3.2-10 所示。其性能较高,可在像素内进行电荷转移,可消除复位噪声;4T CMOS 的同步快门工作过程原理如图 3.2-11 所示,采用全局快门方式从而消除运动伪影,可以实现转移型 CCD 的抓拍运动物体的功能,在工业场合应用广泛。

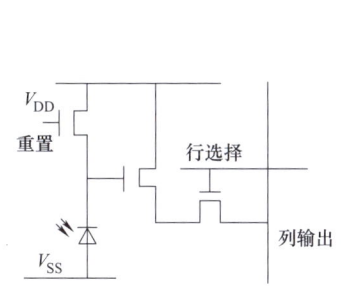
图 3.2-9　3T CMOS 像素单元电路结构
(其中 V_{DD} 表示电源电压,V_{SS} 表示电源负极)

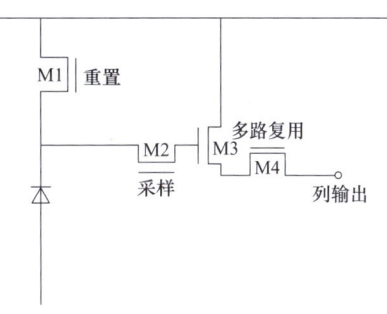
图 3.2-10　4T CMOS 像素单元电路结构

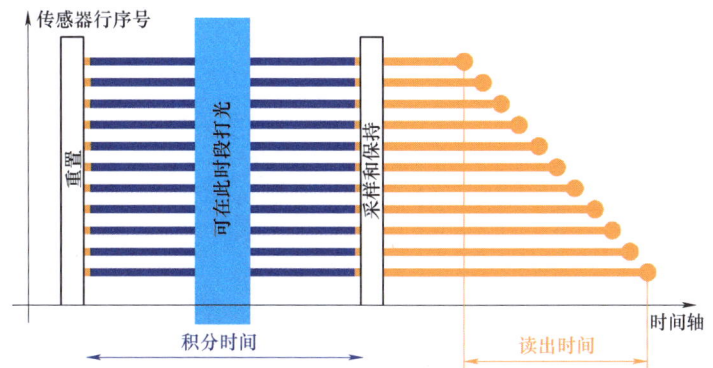
图 3.2-11　4T CMOS 的同步快门工作过程原理

5T CMOS 像素单元电路结构较 4T CMOS 复杂，如图 3.2-12 所示。其在像素内电荷转移，增加了开关来独立复位光场，可实现全局快门与电子曝光控制，相当于 CCD 线间传输（Interline Transfer，ILT）技术的功能，也即垂直转移型 CCD 的功能，可在输出上一场图像的同时曝光下一场图像，从而实现高速成像，5T CMOS 的同步快门工作过程原理如图 3.2-13 所示，在高速成像领域应用较广。

6T CMOS 像素单元电路结构如图 3.2-14 所示，它是一种像素内具有采样保持功能的 3T 像元结构，其性能与 5T CMOS 的对比见表 3.2-1。

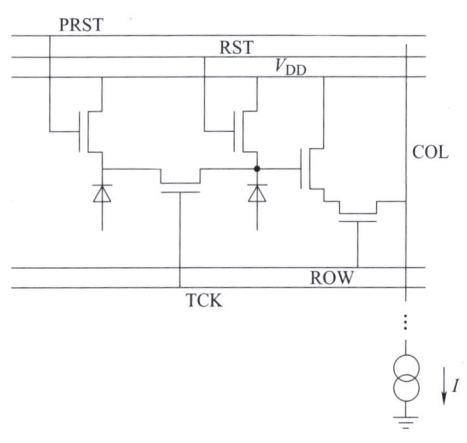

图 3.2-12　5T CMOS 像素单元电路结构

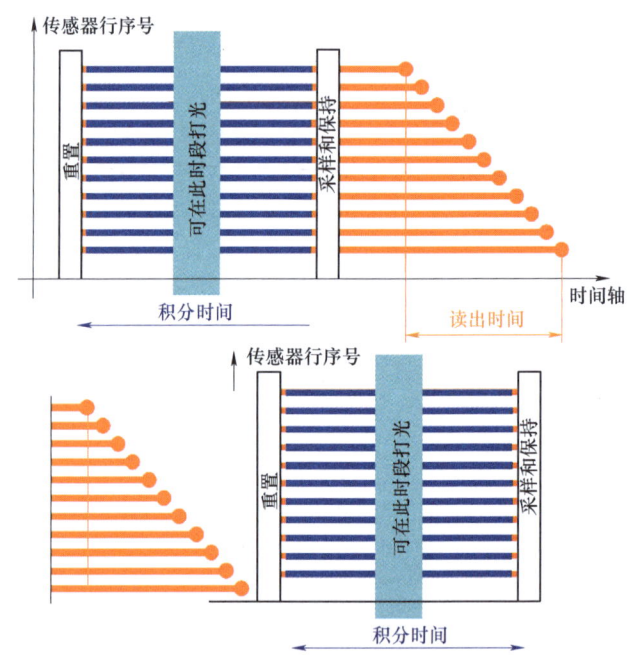

图 3.2-13　5T CMOS 的同步快门工作过程原理

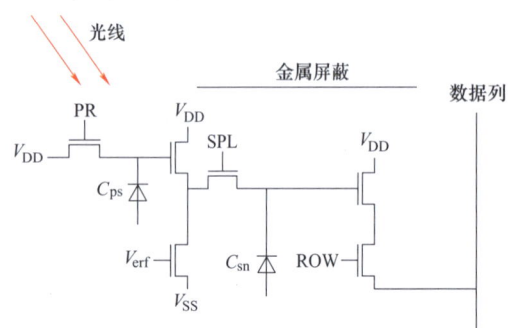

图 3.2-14　6T CMOS 像素单元电路结构

表 3.2-1　5T CMOS 与 6T CMOS（如对于 6m 像素）的性能对比

指标	5T PPD	6T PPD
量子效率	60%	50%
读出噪声	60el	65el
PRNU	1.5%	2%
FPN	100el	300el
电压波动	1V	0.5V
功率	100%	120%

其中，PPD（Pinned Photodiode）表示固定光电二极管，el 为电子（Electron）的缩写。

3.3 彩色工业相机

CCD 传感器与 CMOS 传感器均能感应从近紫外（约为 200nm）到可见光（380~780nm）直至近红外（约为 1100nm）的光谱范围。各传感器依据其光谱响应函数对入射光辐射进行响应。传感器产生的灰度值反映了其感应的所有波长范围内入射光的累积效应，这一效应是根据传感器的光谱响应特性计算得出的。图 3.3-1 展示了典型的 CCD 传感器、CMOS 传感器与人眼在日光下的光谱响应曲线。表 3.3-1 列出了人眼对七种颜色光的敏感光谱范围。

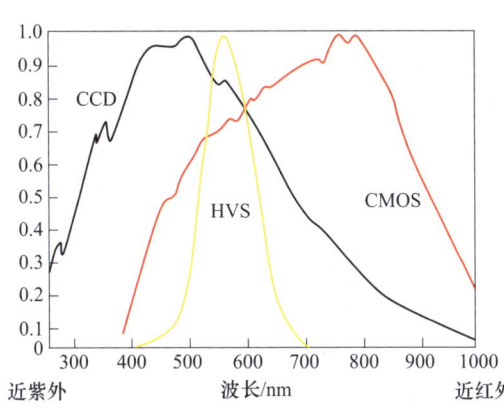

图 3.3-1 典型的 CCD 传感器、CMOS 传感器和人眼在日光下的光谱响应曲线
（由于作过归一化，所以最大响应为 1）

表 3.3-1 人眼对七种颜色光的敏感光谱范围

颜色光	波长范围/nm
红光	625~740
橙光	590~610
黄光	570~585
绿光	492~577
青光	420~440
蓝光	440~475
紫光	380~420

由图 3.3-1 可见，传感器的光谱响应范围要比人眼范围大很多。一方面，在特定应用中，可以采用红外闪光灯配合红外通过滤镜以抑制可见光，使得仅有红外光照射到传感器上，由于人眼对红外光不敏感，因此在使用红外照明时无需进行屏蔽；另一方面，尽管传感器对紫外光也有响应，但常见镜头材料（玻璃）会阻挡紫外光，故通常无需额外的滤光片来滤除紫外光，当需要感应紫外光时，则需使用特制的镜头。图 3.3-1 同样表明，人眼对绿光的敏感度最高。值得注意的是，不同型号的传感器其光谱响应曲线不一样，不同传感器对颜色感知的差别很大，这导致不同相机输出颜色存在色差。而人与人之间的光谱响应曲线非常接近，两个人之间的色彩感知基本相同。

3.3.1 单芯片彩色相机

由于 CCD 传感器和 CMOS 传感器对于整个可见光波段全部都有响应，所以无法产生彩色图像。为了产生彩色图像，必须在传感器前方配备彩色滤镜阵列（Color Filter Array，CFA），以便每个光电探测器仅接收特定波长范围的光。由于这种传感器仅使用一个芯片得到彩色信息，所以称作单芯片（Single Chip）相机。

图 3.3-2 展示了常见的拜耳（Bayer）阵列，由 Bryce Bayer 于 1976 年发明，目前仍是市

场上应用最广泛的彩色滤镜阵列。该阵列由红、蓝、绿三种滤波器组成,每种滤波器对应人眼敏感的三基色之一。鉴于人眼对绿光的敏感度最高,因此绿色滤波器在阵列中的采样频率是红色和蓝色滤波器的两倍。

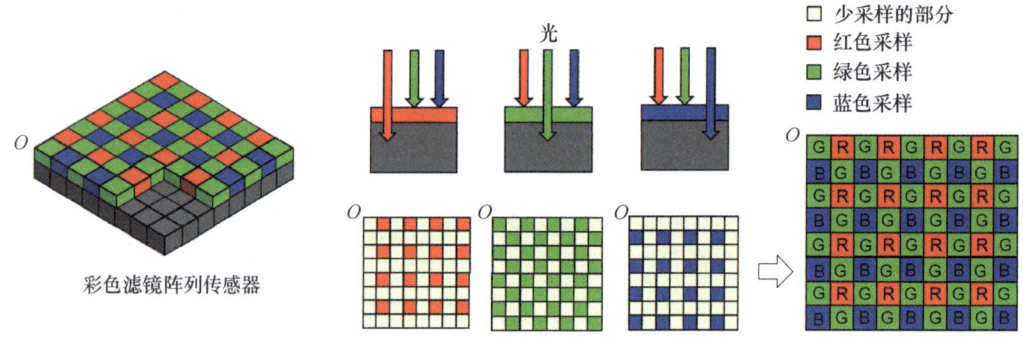

图 3.3-2 常见的拜耳阵列

(单芯片彩色相机传感器前加有彩色滤镜阵列,使得特定波长范围的光到达各个光电传感器)

单芯片彩色相机传感器前加有拜耳阵列,使得特定波长范围的光到达各个光电传感器。为了得到传感器全分辨率下的每种颜色,少采样的部分需要通过称作颜色插值的处理来重建,即去马赛克(Demosaicing)处理。那么,什么是去马赛克?如图 3.3-3 所示的 Bayer 图为红绿蓝三种滤镜下采集的亮度数据,该数据未做任何

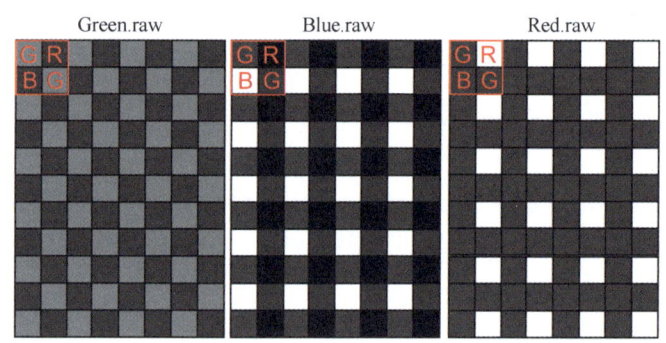

图 3.3-3 Bayer 图

其他处理,因此也常称为原始(Raw)数据,这三幅图像被称为 Bayer 图。可以看出,在 Bayer 图中,每一个像素都只有 B、G、R 数据中的一个,图像呈马赛克状,所以就需要利用插值来补充其他两个通道的颜色信息,才能形成一幅正常的全彩色图像,即去马赛克处理。

去马赛克(也称为颜色重建)的最简单、常用的方法是最近邻插值法和双线性插值法。

1. 最近邻插值法

最近邻插值法(Nearest Neighbor)是最简单的灰度值插值方法,也称作零阶插值。最近邻插值法使变换后像素的灰度值等于距它最近的输入像素的灰度值。其坐标变换计算公式如下:

$$s_X = d_X \times (s_W/d_W) \qquad (3.3\text{-}1)$$

$$s_Y = d_Y \times (s_H/d_H) \qquad (3.3\text{-}2)$$

式中,d_X 与 d_Y 分别为目标图像的某个像素的横、纵坐标;d_W 与 d_H 分别为目标图像的长与宽;s_W 与 s_H 分别为原图像的宽度与高度;s_X 与 s_Y 分别为目标图像在该点 (d_X, d_Y) 对应的

原图像的坐标。

如果是放大图像，$s_W/d_W < 1$，d_X 将同比例映射到原图像的 s_X 中；如果 $s_W/d_W = 1$，就相当于复制了图片。最近邻插值法如图 3.3-4 所示，假设一个 2×2 像素的图片采用最近邻插值法，需要放大到 4×4 像素的图片，那么右图的"?"处该为多少。根据上述原理分析，右图为经

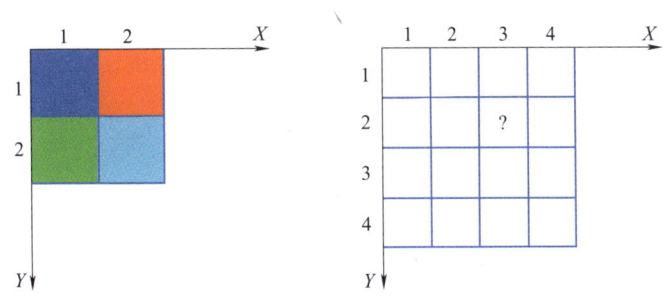

图 3.3-4 最近邻插值法计算示例

过放大后的目标图像，"?"处的坐标为（3，2），根据公式计算可得到

$$s_X = 3 \times (2/4) = 1.5 \tag{3.3-3}$$

$$s_Y = 2 \times (2/4) = 1 \tag{3.3-4}$$

故"?"处的像素应该为原图像中的（1.5，1）像素的值，但是像素坐标没有小数，一般采用四舍五入取最邻，所以最终的结果为（2，1），对应原图像的橙色。其他位置类比，得到放大后的图像为图 3.3-5 所示的最近邻插值法计算效果图。

2. 双线性插值法

双线性插值法也称一阶插值算法，它是利用了待求像素点在源图像中四个最近邻像素之间的相关性，通过两次线性插值得到待求像素点的值。假设映射回源图像中的待求像素坐标点为 $(i + u, j + v)$，其中 $u, v \in (0, 1)$，双线性插值法利用该点周围四个相邻像素点 $f(i, j)$、$f(i + 1, j)$、$f(i, j + 1)$、$f(i + 1, j + 1)$ 计算得到，其中 $f(i, j)$ 为图像在 (i, j) 处的像素值，双线性插值法计算原理如图 3.3-6 所示。

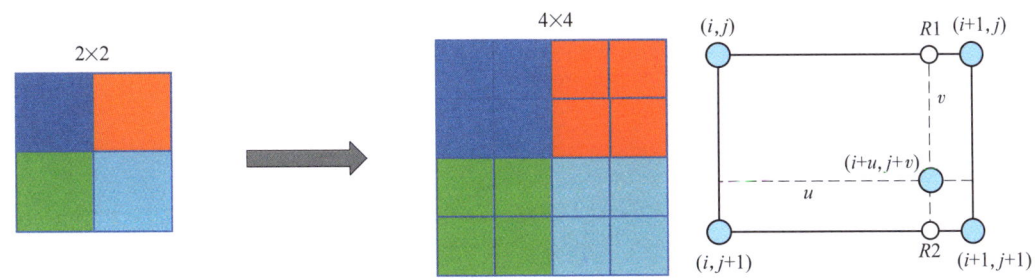

图 3.3-5 最近邻插值法计算效果图　　图 3.3-6 双线性插值法计算原理

双线性插值法的计算过程如下。先在水平方向上进行线性内插，由 $f(i, j)$ 和 $f(i + 1, j)$ 内插得到 R1 点的值，即

$$f(R1) = (1 - u)f(i,j) + uf(i + 1,j) \tag{3.3-5}$$

由 $f(i, j + 1)$ 和 $f(i + 1, j + 1)$ 内插得到 R2 点的值，即

$$f(R2) = (1 - u)f(i,j + 1) + uf(i + 1,j + 1) \tag{3.3-6}$$

再由 $R1$ 和 $R2$ 点在竖直方向上线性内插得到 $f(i+u,j+v)$，即
$$f(i+u,j+v) = (1-v)f(R1) + vf(R2) \tag{3.3-7}$$

当然，双线性插值法的结果不受插值顺序的影响，无论是先在垂直方向再在水平方向进行插值，还是先水平后垂直，最终结果均相同。相较于最近邻插值法，双线性插值法的图像质量显著提升，因为最近邻插值法仅考虑单个邻近像素，而双线性插值法则综合了四个邻近像素的信息。然而，这种方法增加了计算复杂度。图 3.3-7 展示了利用双线性插值法进行颜色插值的过程。通过插值补充缺失的颜色通道信息后，依据颜色合成原理，重建出完整的彩色图像。

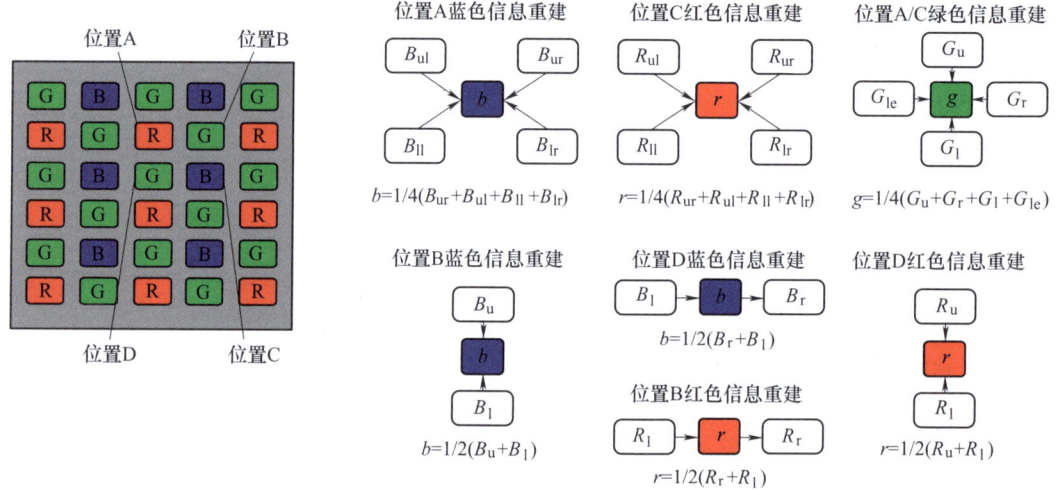

图 3.3-7　利用双线性插值法进行颜色插值的过程

根据上述原理，采用不同的插值方法，得到的图像效果将是不同的。此外需要了解的是，通过插值进行颜色重建（去马赛克）会使图像产生彩条等明显的人为的颜色缺陷。因此，颜色插值的新方法正是目前的热门课题。采用 Bayer 格式获取彩色图像的优点是降低数据传输量；缺点是分辨率的损失，会导致颜色失真。

3.3.2　其他彩色成像方案

除了上节所述的单芯片彩色成像方法之外，还有两种获得彩色图像的方法——三芯片相机和 Foveon X3 直接图像传感器。单芯片彩色成像方案目前被大部分工业相机所采用。在工业应用中，三芯片相机可能用于需要极高色彩精度和动态范围的场景，如高质量的产品检查、颜色分析、医学成像等。不过，由于成本和体积的限制，它们在工业领域的应用可能不如单芯片相机普遍。虽然 Foveon X3 直接图像传感器在色彩准确性和图像锐度上有其独特的优势，因此在某些特定领域（如高端摄影）有一定的应用，但它目前在工业相机领域的应用并不广泛。因此，对于学习工业相机原理而言，本节只需作为了解即可。

1. 三芯片相机

图 3.3-8 展示了三芯片相机的工作原理。来自镜头的光线经分光器件或棱镜分束后，分别投射到三个独立的传感器上，每个传感器前方均配备有特定波段的滤光片，此类相机被称

第 3 章　工业相机的核心——图像传感器

为三芯片相机。由于该结构能够完整捕获红、绿、蓝三基色，无需通过去马赛克进行估算，因此可以避免单芯片相机的图像失真问题。然而，由于需要采用三个传感器，并且这些传感器的位置需要精确校准，三芯片相机的成本较单芯片相机显著提高。此外，与单芯片相机相比，其传输的数据量也相应增加。

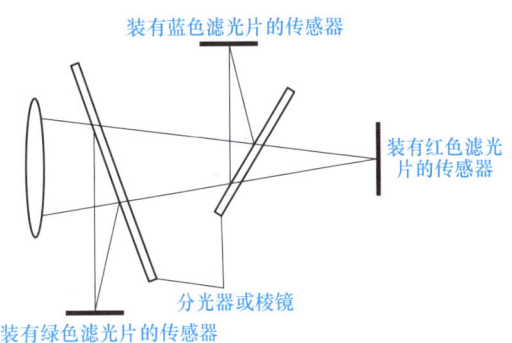

图 3.3-8　三芯片相机的工作原理
（在三芯片相机中，来自镜头的光线被分光器或棱镜分成三束光后到达具有不同滤光片的三个传感器上。）

2. Foveon X3 直接图像传感器

Foveon X3 直接图像传感器（Direct Image Sensor）是全球第一款可以在一个像素上捕捉全部色彩的图像传感器。通常采用 CCD 或者 CMOS 的数字相机是在同一像素上只可记录 RGB 三种颜色中的一种，而 Foveon X3 采用三层感光元件，每层记录 RGB 的其中一个颜色通道，其工作原理如图 3.3-9 所示。Foveon X3 是一种 CMOS 感光元件，由 Foveon 公司开发，目前 Foveon X3 感光元件常用在 Sigma 数码相机上。

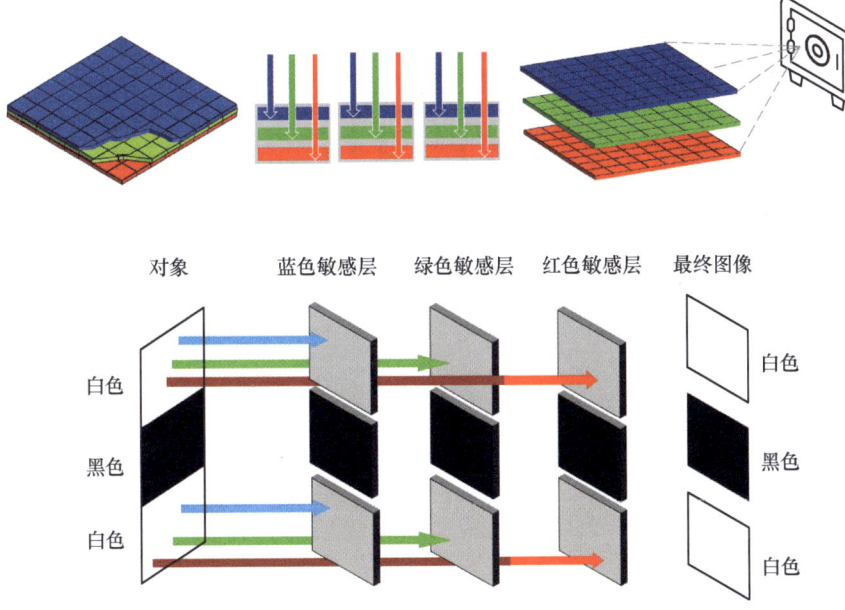

图 3.3-9　Foveon X3 直接图像传感器的工作原理

Foveon X3 的感光原理如图 3.3-10 所示，Foveon X3 传感器利用可见光的不同波长拥有不同的穿透力的原理，在每个像素点上构建了三层感光元件。该结构使得传感器能够同时检测红色、蓝色和绿色光波的强度，从而提供比传统感光元件更精确和真实的色彩再现。由于不同波长的光具有不同的穿透能力，较短波长的光（如蓝光和紫光）穿透力相对较弱，而较长波长的光（如黄光和红光）则表现出更强的穿透力。利用这一特性，Foveon X3 传感器在硅基板上实现了不同深度的感光层，分别对应蓝、绿、红三层，以检测和记录不同波长的

51

光强度。最终，通过图像处理器对这些数据进行分析和计算，得出三原色的强度值，从而确保色彩的精确还原。在色彩精度方面，Foveon X3 传感器超越了所有传统感光元件。

鉴于硅晶圆的厚度仅为 5μm，其对聚焦及色差的影响极小。然而由于波长较长的光波抵达最内层的红色探测器时会稍微衰减，可能会导致与传统 CCD/CMOS 比起来，Foveon X3 对波长较长的光波锐利程度欠佳。

Foveon X3 与传统 Bayer CCD/COMS 感光元件的对比如图 3.3-11 所示。传统的 CCD/CMOS 在一个像素点上仅能捕获 RGB 三色光波中的一种，通过每个像素上方的彩色滤光片过滤特定颜色的光波，由下方的感测器检测其强度。通常红、蓝和绿色像素的比例大约是 1∶1∶2，这些马赛克样式的三原色数据最终由图像处理器进行去马赛克处理。由于仅记录了 1/3 的信息，图像处理器必须通过插值算法估算出丢失的信息，即将邻近像素的数据混合以产生近似的颜色。这种处理方式在图像的边缘区域（尤其是在颜色变化剧烈的地方）可能会产生伪色或模糊。

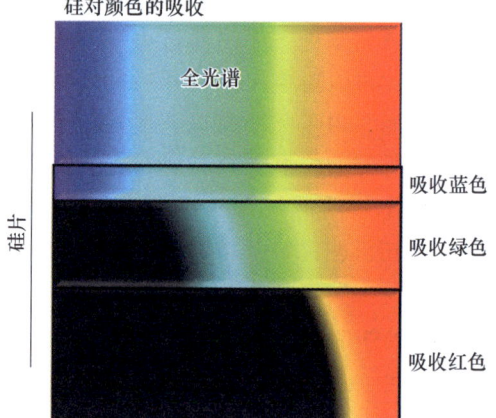

图 3.3-10 Foveon X3 感光原理

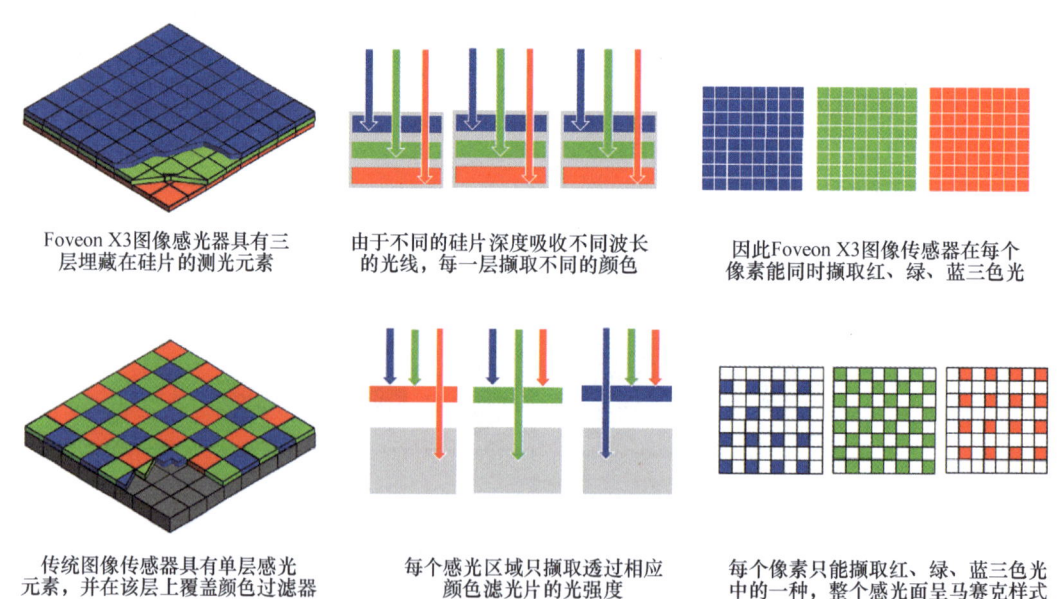

图 3.3-11 Foveon X3 与传统 Bayer CCD/CMOS 感光元件对比

Foveon X3 感光元件中的每个像素都可以完整地探测三原色的强度，这导致了 Foveon X3 与传统 Bayer CCD/CMOS 感光元件的根本差异。Foveon X3 在一个像素上通过不同的深度来感应色彩，最表面一层感应蓝色、第二层可以感应绿色、第三层感应红色。它是根据硅对不同波长光线的吸收效应来达到一个像素感应全部色彩信息，目前已经有了使用这种技术的

CMOS 图像传感器，其应用产品是"Sigma SD9"数码相机。Foveon X3 的三个感光层在不同的深度撷取 RGB 色光，可以确保 100%的 RGB 色光都被撷取。这种分层感光的设计使得 Foveon X3 传感器在色彩还原和细节表现上具有优势，同时由于不必像传统传感器需进行颜色插值处理，可以避免不必要的纹状效应等。

Foveon X3 这项革新技术可以提供更加锐利的图像、更好的色彩，比起以前的图像传感器，X3 是第一款通过内置硅光电传感器来检测色彩的。Foveon X3 的技术对于传统半导体感光技术来说有很大的突破，也有颠覆传统技术的效果，有很好的前景。

1. 彩色相机与黑白相机在传感器结构上的主要区别有哪些？
2. 简述 CCD 和门的关系，以及 CCD 和读出寄存器的关系。
3. 电荷转换单元是将每个读出寄存器的电荷单独转换为一个电压值吗，还是将一串读出寄存器中的电荷转换为一个电压值？
4. 什么是"视频"信号？如何从电压转换为视频信号？是谁将电压转换为视频信号的？
5. CCD 线阵传感器的线读出速度主要与什么有关？
6. 图 3-1 是 BGGR Bayer 模式图像示意图，*处表示缺失的像素。请通过线性插值的方式计算*处缺失的绿色（或蓝色）像素的值。

```
B G B G B G
G * G * G *
B G B G B G
G * G * G *
B G B G B G
```

图 3-1　BGGR Bayer 模式图像示意图

7. 通过 Bayer 格式去马赛克获得的图像存在颜色失真/颜色假象（Color Artifacts）的原因是什么？
8. 正文中图 3.3-1 表示了典型彩色 CCD 和 CMOS 传感器的光谱响应曲线，可见其在近红外（800～1100nm）是敏感的，这会使图像产生不希望的颜色，因此必须加上红外滤光片。请分析为什么不希望在近红外波长处敏感？
9. CCD 传感器和 CMOS 传感器的主要区别是什么？为什么 CMOS 相比于 CCD 能够有更大的帧率？
10. 简述 3T、4T、5T CMOS 的快门方式有何不同。
11. 列举相机产生彩色图像的三种方式，并说明各方式下彩色图像的产生原理。
12. 简述传感器尺寸与镜头尺寸配合的规则。

第 4 章 工业相机的性能

工业相机原理

在选择适用于特定应用的工业相机时,首要任务是比较不同相机的性能指标。在机器视觉领域,与传感器噪声相关的因素尤为关键。本章将深入探讨相机传感器的噪声问题,并依据 EMVA1288 标准进行详细分析。

4.1 灰度值的产生过程及噪声

4.1.1 灰度值的产生过程

一幅图像的灰度值的产生过程如图 4.1-1 所示,主要可分为如下 4 个步骤:

1)在曝光期间,有 n_p 个光子落到传感器的区域内(包括光线不敏感区域),使 CCD 产生 n_e 个电子-空穴对(对于 CMOS 来讲,将消灭 n_e 个电子-空穴对)。每个光子产生或消灭的电子-空穴对的比率称作量子效率 η。此时受到暗噪声影响,会产生 n_d 个噪声电子-空穴对,则共得到 $n_{ed} = n_e + n_d$ 个电子-空穴对。

2)n_{ed} 个电子-空穴对形成电荷,然后转换为电压。

3)电压被放大。

4)电压通过模/数转换来产生灰度值 y。模/数转换的过程中会存在量化噪声 σ^q。

图 4.1-2 所示为单像素产生过程的数字模型。值得注意的是,灰度值 y 与整个系统的增益 K 有关。K 越小,y 值将整体偏小;反之,K 越大,则 y 值将整体偏大。系统增益 K 是 2)~4)共同的放大倍数(或称为共同参数),而不仅是 3)中电压放大的参数。图 4.1-1 中灰度值的产生过程是假设相机直接产生数字信号。对于模拟相机,可以认为整个系统由相机和图像采集卡组成。不同的噪声将使得真正得到的灰度值发生改变。

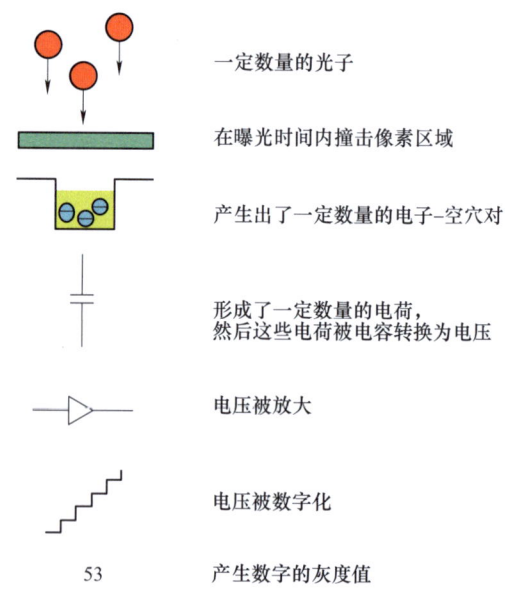

图 4.1-1 一幅图像的灰度值的产生过程

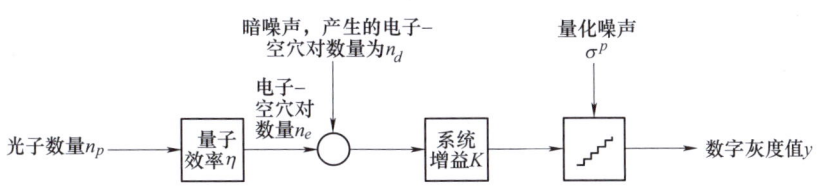

图 4.1-2 单像素产生过程的数字模型

在灰度值的产生过程中，涉及如下若干重要的传感器参数或概念。

1. 满阱容量

在工业相机中，满阱容量（Full Well Capacity，FWC）表示图像传感器中一个像素所能收集并容纳的电子个数的极限。当像素收集的电子数量达到此极限值时，再多的电子也无法被有效存储，会导致饱和现象，图像的亮度不再随入射光强的增加而增加。FWC 是衡量图像传感器性能的一个重要参数，它直接关系到传感器的动态范围和信噪比。FWC 的数值常以千个电子（kilo-electrons）为单位来表示，记为"ke⁻"。例如，如果一个传感器的 FWC 是 12.4ke⁻，那么它的满阱容量就是 12400 个电子。

2. ADC 分辨率

在工业相机中，ADC 分辨率指的是模/数转换器的分辨率。ADC 是将模拟信号转换为数字信号的设备，其分辨率定义了 ADC 能够区分的最小信号变化的能力，通常用位数（bit）来表示。ADC 分辨率决定了相机可以捕获的图像的动态范围和灰度级别。例如，一个 12bit 的 ADC 可以提供 2^{12}（4096）个不同的灰度级别。分辨率越高，相机能够区分的灰度级别就越多，图像的细节也就越丰富。在工业相机的规格说明中，ADC 分辨率是一个重要的参数，它直接影响到图像质量和相机的性能。

3. 动态范围

在工业相机中，动态范围（Dynamic Range，DR）是指相机能够捕捉的从最暗到最亮的细节的范围。它通常用来描述相机在单帧内可以记录的最亮和最暗的影调之间的比率。动态范围越大，相机能够捕捉的明暗细节就越多，尤其在高对比度的场景中，能够更好地保留亮部和暗部的细节。

4. 最大信噪比

信噪比（Signal to Noise Ratio，SNR）是衡量相机性能的一个重要参数，它描述了图像中有效信号与背景噪声的比值。信噪比越高，表示相机在捕捉图像时产生的噪声越少，图像质量越好。最大信噪比（SNR Max）的值是在实验室条件下或者在相机制造商规定的最优工作点下测得的，它代表了相机在理想情况下的性能表现。在实际应用中，根据环境光线、被摄物体的反射率等因素的不同，实际的信噪比可能会低于这个最大值。

5. 暗信号

在工业相机中，暗信号（Dark Signal）是指在没有光照的情况下，图像传感器由于热电子发射或其他物理过程产生的信号。这种信号是传感器在完全黑暗条件下的输出。暗信号的大小直接影响到相机在低光照条件下的性能，尤其是在长时间曝光或高灵敏度设置下。

在工业相机中，"LSB"是"Least Significant Bit"（最低有效位）的缩写，它代表了 ADC 能够区分的最小信号变化量。当"LSB"后面跟了一个下标"10"，它通常表示的是

10bitADC 的最低有效位，即在 10bit 分辨率下，ADC 能够区分的最小信号变化量。当与时间单位"/s"（每秒）结合时，如"LSB_{10}/s"表示的是暗电流噪声的速率，即每秒钟由于暗电流产生的噪声相当于多少个 10bitADC 的最低有效位的变化。这个单位用来量化在没有光照的情况下，传感器由于热电子发射或其他物理过程产生的信号噪声，并且这个噪声是以 10bitADC 的 LSB 为单位来量的。

例如，如果一个工业相机的暗信号是 $1\ LSB_{10}/s$，这意味着在完全黑暗的条件下，每个像素每秒会产生相当于一个 10bitADC 最低有效位变化的噪声。这个参数对于评估相机在低光照条件下的性能非常重要，因为它影响到了图像的噪声水平和质量。一个较低的"LSB_{10}/s"值意味着相机在黑暗条件下产生的噪声较少，从而能够提供更清晰的图像。

6. 灵敏度

在工业相机中，灵敏度（Sensitivity）描述了相机对光线的响应能力。灵敏度高的相机能够在较低的光照条件下捕捉到更多的细节，产生较少的噪声，从而提供更清晰的图像。灵敏度与以下几个因素有关：

1）量子效率（Quantum Efficiency，QE）。量子效率越高，相机对光的灵敏度就越高。

2）填充因子（Fill Factor）。填充因子越高，意味着更多的光线被用于生成图像，从而提高了灵敏度。

3）暗电流（Dark Current）。这是在没有光照的情况下，传感器产生的电流。暗电流越低，传感器的灵敏度越高，因为它减少了在低光照条件下产生的噪声。

4）信噪比（Signal to Noise Ratio，SNR）。信噪比越高，相机的灵敏度越好。

5）动态范围（Dynamic Range）。动态范围越宽，相机在高对比度场景下的灵敏度越好。

6）像元尺寸（Pixel Size）。像元尺寸越大，每个像素能够收集的光子就越多，从而提高了灵敏度。

在实际应用中，工业相机的灵敏度通常通过最小光照度、光谱曲线等参数来描述。这些参数帮助用户了解相机在特定应用场景下的性能表现。在工业相机的参数中，"Lux·s"通常是照度（Luminance）的单位，即勒克斯（Lux）和秒（s）的组合。这里的"Lux"是光度学的国际单位，表示单位面积上的光通量，而"s"代表时间，即秒。因此，"Lux·s"这个单位通常用来表示在一秒钟内单位面积上所接收到的光通量。在工业相机的灵敏度（Sensitivity）参数中，"Lux·s"可以用来表示相机在特定照度下，每秒钟能够响应的光照量。例如，一个工业相机的灵敏度可能被表述为"100mV/Lux·s"，这意味着在 1 Lux 的照度下，相机每秒钟能产生 100mV 的电压响应。

在 4.1.2 节介绍噪声产生的过程中，将会更详细地说明这些概念或参数对工业相机性能的影响。

4.1.2 传感器的噪声

工业相机的传感器噪声可分为热噪声和空间噪声两类，如图 4.1-3 所示。在上一节介绍灰度值产生的过程中，已经涉及的噪声包括暗噪声和读出噪声（量化噪声）。结合图 4.1-2 和图 4.1-3 可见，显然上一节所提的"暗噪声"实际上是指暗电流噪声。而实际中很多文献均将暗电流噪声简称为暗噪声，读者应注意辨别。

4.1.2.1 热噪声

热噪声的构成可表述为"热噪声=光子噪声+暗噪声",而系统增益会对这些噪声进行放大。

1. 光子噪声的产生原理

首先,光子并不是等时间间隔到达传感器的,根据量子力学原理,它们遵循泊松分布[见公式(4.1-1)]而随机到达。这种光子的随时间不一致性称作光子噪声。光子是光的离散"粒子",其到达传感器的随机性是其本质特征,导致光敏元件阵列接收到的光子数量呈现随机波动。光子撞击图像传感器产生电子的原理示意如图4.1-4。

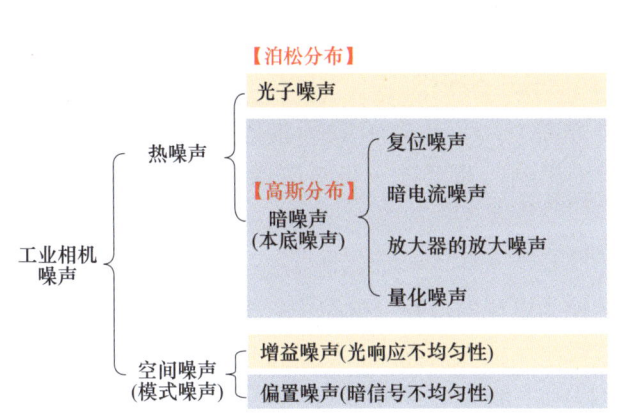

图 4.1-3 工业相机的传感器噪声分类

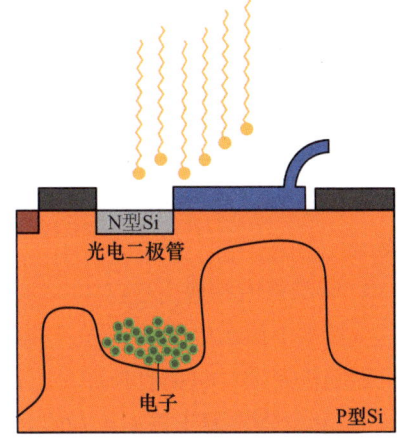

图 4.1-4 光子撞击图像传感器产生电子的原理示意图

$$P(x=k) = \frac{e^{-\lambda}\lambda^k}{k!} \tag{4.1-1}$$

式中,若随机变量 x 只取非负整数值 $k = 0, 1, 2, \cdots$,则随机变量 x 的分布称为泊松分布,记作 $P(\lambda)$。泊松分布 $P(\lambda)$ 中只有一个参数 λ,它既是泊松分布的均值,也是泊松分布的方差。光子随机到达的泊松分布曲线如图 4.1-5 所示。

光子噪声使用泊松分布波形的方差 σ_p^2 来表示(σ_p 为标准差)。对于泊松分布,σ_p^2 与到达像素的光子数量的均值 μ_p 完全一致,即 $\sigma_p^2 = \mu_p$,$\sigma_p = \sqrt{\mu_p}$。这也意味着光线具有固定的信噪比 SNR_p。

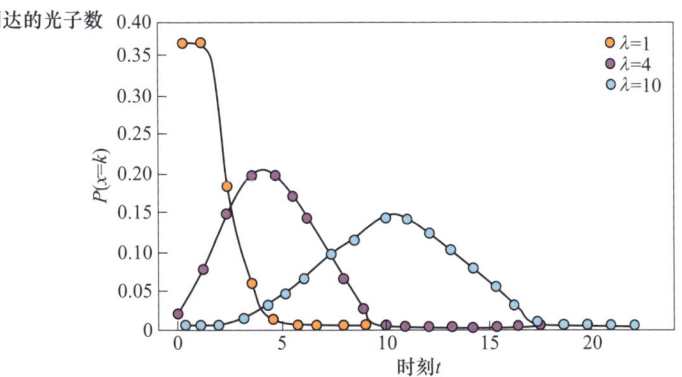

图 4.1-5 光子随机到达的泊松分布曲线

$$SNR_p = \frac{\mu_p}{\sigma_p} = \sqrt{\mu_p} \qquad (4.1\text{-}2)$$

由此可见，越强的光线会得到更好的图像。因为光线越强，光子数越多，μ_p 越大，$\sqrt{\mu_p}$ 越大，则 SNR_p 越大，即信噪比越大。

2. 光子噪声对图像灰度产生的影响

曝光期间，每个光子产生电子的概率为 η（即上文中所述的量子效率 η，也即下文所述的"总的量子效率"）。η 值取决于传感器的填充因子（包括由于使用微镜而提高的部分）和传感器材料及光线的波长。填充因子的量子效率与传感器材料的量子效率（传感器材料与光线波长共同作用下的量子效率）相乘，称作总的量子效率 η。因此电子数 $n_e = \eta n_p$ 也是泊松分布的，其中 n_p 是光子数。在该泊松分布中，$\mu_e = \eta \mu_p$，μ_e 是电子数均值，μ_p 是光子数均值。

$$\sigma_e^2 = \mu_e = \eta \mu_p^2 = \eta \sigma_p^2 \qquad (4.1\text{-}3)$$

式中，σ_e^2 是电子数标准差的平方（即方差）；σ_p^2 是光子数标准差的平方（即方差）。式（4.1-3）即为光子噪声对电子数量产生影响，乃至进一步对图像灰度产生影响的数学证据。

3. 暗噪声的构成

从像素中读出电荷的过程，即电荷转换为电压的过程。电路中的多种影响也会造成读出电压的随机浮动，包括复位噪声、暗电流噪声、放大器噪声，以及量化噪声。

1）复位噪声源于像素电荷在读取过程中未能完全复位至初始状态。采用双采样技术，即通过测量并减去读出后像素的残余电压，可有效消除此类噪声。

2）暗电流噪声是由于热也会激发生成电子-空穴而产生的。这一问题通常在长时间曝光时比较严重。在机器视觉应用中常可以忽略不计，当这一噪声成为问题时，相机必须制冷。

3）放大器会产生放大噪声。

4）量化噪声。电压通过模/数转换器转换为数字，会加上量化噪声，量化噪声也归于暗噪声。

上述四种基本噪声即使在无光照条件下也固有存在，共同构成了所谓的本底噪声（Noise Floor）或暗噪声。这种暗噪声可以通过具有均值 μ_d 和方差 μ_d^2 的高斯分布来模型化。

4. 系统增益 K 的影响

将电荷转换为数字的过程可用转换因子为 K 的模型表示，K 称作整个系统的增益，也就是 $1/K$ 个电子可以转换为数字为 1 的灰度。灰度的均值 μ_y 可表示为

$$\mu_y = K(\eta \mu_p + \mu_d) = K(\mu_e + \mu_d) \qquad (4.1\text{-}4)$$

式中，η 为总量子效率，即每个光子产生电子的概率；μ_p 是光子数均值；μ 是暗噪声导致的电子数的均值；$\mu_e = \eta \mu_p$，μ_e 是电子数均值；$\mu_e + \mu_d$ 即为总的电子数。假设各噪声源是随机且独立的，则有

$$\sigma_y^2 = K^2(\eta \sigma_p^2 + \sigma_d^2) = K^2(\eta \mu_p + \sigma_d^2) \qquad (4.1\text{-}5)$$

式中，σ_y^2 是灰度值标准差的平方；σ_p^2 是光子数的平方；σ_d^2 为暗噪声导致的电子数方差；μ_p 是光子数的均值。那么可以得到的结论是，增益 K 越大，图像越亮，噪声越强。

以上噪声源，包括光子噪声和暗噪声称作热噪声，可以通过长时间平均去掉。

4.1.2.2 空间噪声

空间噪声的第一个成因是每个像素的暗电流不完全一样，这一现象称为偏置噪声、固定模式噪声或暗信号不均匀性（Dark Signal NonUniformity，DSNU）；第二个成因是每个像素对于光线的响应不是完全一致的，称作增益噪声或光响应不均匀性（Photo Response NonUniformity，PRUN）。

CMOS 传感器由于每个像素都有自己的放大器，这使得每个像素的增益（此增益并非系统增益 K，只是放大器的增益）和偏移量不同，因此通常有较大的空间噪声。空间噪声可以用与光线无关的变量 σ_o^2 和与光线有关的变量 $\sigma_g^2 = S_g^2 \eta^2 \mu_p^2$ 表示。其中 S_g^2 是增益噪声的变量系数。偏置噪声和增益噪声均会被系统增益 K 放大。

传感器的总噪声是以上各种噪声的合成，见式（4.1-6），其中括号内的前两项为热噪声，后两项为空间噪声。

$$\sigma_y^2 = K^2(\eta\mu_p + \sigma_d^2 + S_g^2\eta^2\mu_p^2 + \sigma_o^2) \tag{4.1-6}$$

对于特定的照明 μ_p，信噪比可由式（4.1-7）表述。其中系统增益 K 在分子、分母中均有出现，最后被抵消。

$$SNR = \frac{\eta\mu_p}{\sqrt{\eta\mu_p + \sigma_d^2 + S_g^2\eta^2\mu_p^2 + \sigma_o^2}} \tag{4.1-7}$$

对于一些 CMOS 传感器，SNR 中主要是增益噪声，即空间噪声中与增益有关的部分，所以，式（4.1-7）成为

$$SNR \approx \frac{\eta\mu_p}{\sqrt{S_g^2\eta^2\mu_p^2}} = \frac{\eta\mu_p}{S_g\eta\mu_p} = \frac{1}{S_g} = \frac{\eta\mu_p}{\sigma_g} \tag{4.1-8}$$

SNR 常以分贝（dB）表示。

$$SNR_{\text{dB}} = 20\log SNR \tag{4.1-9}$$

式中，log 是以 10 为底的对数。SNR 也可以用有效位数表示。

$$SNR_{\text{bit}} = \lg SNR \tag{4.1-10}$$

式中，lg 是以 2 为底的对数。

根据式（4.1-8），当照明 μ_p 增加时，无论 σ_g 为何值（σ_g 必定为一个固定值），SNR 均会随 μ_p 增加，且在像素达到饱和前会达到最大值，此时的光强记为 $\mu_{p.\text{sat}}$。

另外一个值得注意的相机指标是在忽略空间噪声的情况下，且当采集图像时光线非常少时，即 $\eta\mu_p \ll \sigma_d^2 (= \mu_d)$，其中 σ_d^2 是暗噪声的方差，式（4.1-7）分母中的 $\eta\mu_p$ 项及 $S_g^2\eta^2\mu_p^2 + \sigma_o^2$ 项可忽略不计。此时 SNR 可表示为

$$SNR = \frac{\eta\mu_p}{\sqrt{\sigma_d^2}} = \eta\mu_p/\sigma_d \tag{4.1-11}$$

$SNR = 1$ 时的光强 $\mu_{p.\text{min}}$ 常被认为是可以探测到的最小光强，称作绝对灵敏度。

$$\mu_{p.\text{min}} = \sigma_d/\eta \tag{4.1-12}$$

据此，可以得出相机的动态范围为

$$DYN = \frac{\mu_{p.\text{sat}}}{\mu_{p.\text{min}}} \tag{4.1-13}$$

式中，$\mu_{p.\text{sat}}$ 为像素达到饱和前的最大光强。

与 SNR 一样，动态范围也常用分贝或有效位数表示。请注意以上为输入的动态范围（称作 DYN_{in}）。对于具有线性响应的传感器，其与输出动态范围一致。对于非线性传感器，将会有不同的输出动态范围。

此外必须指出，前述分析均以单一波长的光为基础。对于白光或其他多色光混合的光线，量子效率 η 需视为波长的函数，即 $\eta = \eta(\lambda)$。

4.2　EMVA1288 标准与传感器性能评价

1. EMVA1288 标准

EMVA1288 标准是由欧洲机器视觉协会（European Machine Vision Association，EMVA）制定的，用于统一测量、计算和呈现机器视觉应用中使用的相机和图像传感器的规范参数和特性数据的标准。

EMVA1288 标准涉及的测量参数包括灵敏度、信噪比、暗电流等。量子效率、暗噪声、绝对灵敏度阈值及暗信号不均匀性是 EMVA1288 标准中的四项典型指标。EMVA1288 旨在为机器视觉行业提供一个统一的方法来测量各项参数，从而比较相机和图像传感器的性能。该标准分为不同的部分，每部分针对一组规范参数，并假设传感器或相机在特定边界条件下的物理行为。

EMVA1288 标准自 2005 年发布以来，不断更新完善，目前已更新至 4.0 版本。4.0 版本分为 Linear（线性版）与 General（通用版）两个版本，其中 Linear 版适用于具有线性响应且可关闭所有预处理功能的相机性能测试，而 General 版适用于测量非线性响应的相机或具有未知预处理功能的相机。EMVA1288 标准得到了 G3（全球机器视觉标准协调倡议）的支持，并且该标准文档对公众免费提供。

EMVA1288 标准对于机器视觉工程师来说是一个重要的工具，有助于他们快速、全面且一致地获取相机和传感器的规范信息，从而进行相机性能比较和系统性能计算。

2. 传感器性能评价

有如下两个传感器，并给出了基于 EMVA1288 标准测量得到的若干参数，请考虑这两者谁的性能更好。

传感器一：对于像素尺寸为 $6.45\mu m \times 6.45\mu m$ 的 CCD 传感器，其噪声特性参数为 $\eta = 0.54$，$\sigma_d = 9$，$\mu_{e.\text{sat}} = 19000$（即 $\mu_{p.\text{sat}} = \mu_{e.\text{sat}}/\eta = 35185$），$\sigma_o = 1.6$，$S_g = 0.007$。整个系统增益的倒数 $1/K = 4.7$。

传感器二：对于像素尺寸为 $9.2\mu m \times 9.2\mu m$ 的 CMOS 传感器，其噪声特性参数为 $\eta = 0.32$，$\sigma_d = 121$，$\mu_{e.\text{sat}} = 53000$（即 $\mu_{p.\text{sat}} = 165625$），$\sigma_o = 44.8$，以及 $S_g = 0.011$。整个系统增益的倒数 $1/K = 56.5$。

其中，$\mu_{e.\text{sat}}$ 的单位为电子，$\mu_{p.\text{sat}}$ 的单位为光子；$1/K$ 以一个灰度值对应的电子数来表示；其他值没有单位。

下面对上述两个传感器的性能进行分析。

1) 首先分析传感器指标——SNR。图 4.2-1 所示为 CCD 和 CMOS 传感器比较，表示了对于式（4.1-7）含空间噪声和不含空间噪声时不同光子数的 SNR，光子的数量用有效位来表示，SNR 以分贝（dB）或有效位（bit）表示。由图 4.2-1 可见，空间噪声会大大减小 SNR，特别是对 CMOS 影响更大。CCD 比 CMOS 要更灵敏，所以 CCD 的曲线在 CMOS 的左边，即 CCD 在光子数为 4 时即可探测到光线，而 CMOS 需要 8 个光子。因此可得结论，对于指标 SNR，显然 CCD 优于 CMOS。

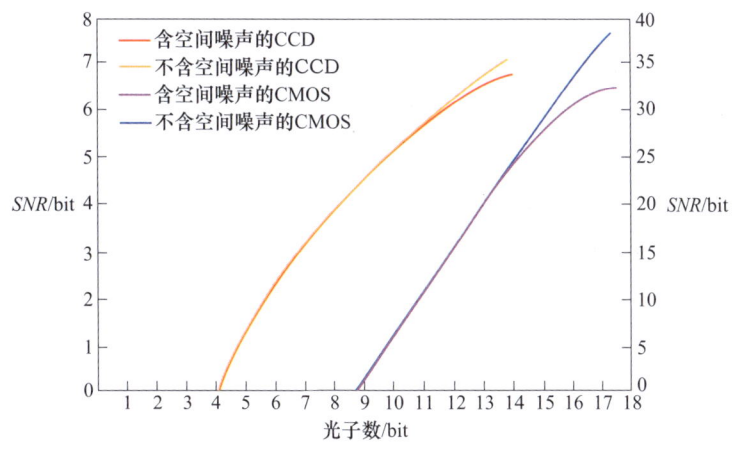

图 4.2-1　CCD 和 CMOS 传感器比较 ［图形显示了二者在式（4.1-7）中含空间噪声和不含空间噪声的 SNR。曲线一直画到传感器达到饱和］

2) 接着分析传感器指标——绝对灵敏度。对于式（4.1-12）中的绝对灵敏度，即可探测到的最小光强，可通过给定的参数计算出 CCD 的绝对灵敏度为 17，而 CMOS 的绝对灵敏度为 378。因此可得结论，对于绝对灵敏度，显然 CCD 优于 CMOS。

3) 分析指标动态范围。对于式（4.1-13）中的动态范围，CCD 为 11.0bit（$DYN = 2069 > 2048 = 2^{11}$），而 CMOS 为 8.8bit［$DYN = 438$，$256(2^8) < 438 < 512(2^9)$］，其中的"bit"指的是二进制位。因此可得结论，对于指标动态范围，显然 CCD 优于 CMOS。

将上述两个传感器的各项性能指标综合对比列于表 4.2-1，综合评判谁的性能更好。表 4.2-1 中的量子效率、暗噪声是已知性能参数，根据这两项的参数值和式（4.1-12）可计算得到表中第三项绝对灵敏度值（即传感器可探测到的最小光强）；空间噪声 σ_o 和 S_g 是给定的已知参数，可根据两者相加的和得到表中第四项暗信号不均匀性。这样，表中的前四项即为 EMVA1288 标准的四项传感器典型性能参数。利用给定性能参数 $\mu_{e.sat}$ 和 η，可得到 $\mu_{p.sat} = \mu_{e.sat}/\eta$，那么利用 $\mu_{p.sat}$ 和表中计算所得的绝对灵敏度值 $\mu_{p.min}$，根据式（4.1-13），可计算得到表中第五项动态范围 DYN。最后根据式（4.1-7）计算得到信噪比 SNR 的值。根据上文在含空间噪声和不含空间噪声的 SNR 曲线的对比，得到 CCD 的 SNR 性能更优。实际上 SNR 是前述参数指标的综合反应。那么，由表 4.2-1 可见，CCD 的任何一项性能都要优于 CMOS，因此可得结论，这两个传感器对比，CCD 的性能更好。

表 4.2-1　CCD 与 CMOS 传感器的各项性能指标综合对比

类型	量子效率 η	暗噪声 σ_d	绝对灵敏度值	暗信号不均匀性（空间噪声 $\sigma_o + S_g$）	动态范围 DYN	信噪比 SNR
CCD	0.54	9	17	$\sigma_o = 1.6$, $S_g = 0.007$	11bit	优
CMOS	0.32	121	378	$\sigma_o = 44.8$, $S_g = 0.011$	8.8bit	差

 习题与思考题

1. 请解释量子效率是如何影响相机对微弱光线的响应能力的。
2. 在设计低光环境下使用的相机时，量子效率的重要性体现在哪些方面？
3. 暗噪声是如何影响图像质量的？请举例说明。
4. 请思考暗信号不均匀性是如何影响相机成像的均匀性的。
5. 在相机制造过程中，如何通过技术手段来减少暗噪声，从而提高相机的性能？
6. 请分析暗噪声与暗信号的不均匀性的关系。
7. 请结合正文中图 4.1-1 描述灰度值产生的物理过程，及其涉及的噪声。
8. 请结合平场校正的原理和过程，分析平场校正是对暗噪声的校正还是对空间噪声的校正？
9. 请分别辨析"热噪声""暗噪声""光子噪声""空间噪声"的区别。
10. 请说明暗噪声的具体构成。

第5章 工业相机的参数和工作模式

上一章深入探讨了传感器的性能指标,本章将从工业相机的整体视角出发,详细阐述相机的核心参数指标和工作模式。在参数指标方面,将详细讨论以下几个关键技术参数:传感器的尺寸规格、像元尺寸、图像分辨率、光学接口标准、刷新率与曝光控制、像素深度和像素格式、光谱响应特性及可变增益范围,这些参数共同决定了工业相机的性能表现。在工作模式方面,将从两个维度进行深入分析:首先是相机的采集画幅状态,即相机在不同工作状态下的图像捕获模式;其次是相机的触发机制,这涉及相机如何响应外部信号以启动图像采集过程。通过对这两个方面的探讨,可以使读者更好地理解工业相机在实际应用中的适用场景。

5.1 基本参数

5.1.1 传感器尺寸、像元与分辨率

5.1.1.1 传感器尺寸的定义与表示方式

CCD 和 CMOS 传感器有多种生产尺寸,常以 in[⊖] 表示,表 5.1-1 为典型传感器尺寸及 640×480 分辨率时对应的像素间距,这种分类是延续了当电视机使用视频摄像管(Video Camera Tubes)时的分类方法。

表 5.1-1 典型传感器尺寸及 640×480 分辨率时对应的像素间距

尺寸/in	宽度/mm	长度/mm	对角线长度/mm	像素间距/μm
1	12.8	9.6	16	20
2/3	8.8	6.6	11	13.8
1/2	6.4	4.8	8	10
1/3	4.8	3.6	6	7.5
1/4	3.2	2.4	4	5

⊖ 1in = 0.0254m。

图像传感器尺寸与视频摄像管的原理示意如图 5.1-1 所示。回顾摄像管的原理，摄像管是将光的图像转换为电视信号的电子束管。摄像管在电视传输系统中的作用是将被摄景物图像分割成若干小单元（像素），顺序将各像素的亮度转换成与之成正比例的随时间变化的电脉冲信号。这种电脉冲信号便于传输，输送到电视机或显视器可再还原成光的图像，也可将电脉冲信号记录在磁带或记忆器件中。表 5.1-1 中传感器对角线长度是摄像管的外接圆直径大小。摄像管有效的像平面大约是这一尺寸的 2/3，因此表 5.1-1 中传感器对角线长度大约是传感器标称尺寸（表中第一列）的 2/3。有个简单的方法可以记住这些数据，就是传感器的宽度大约是传感器标称尺寸的一半，表 5.1-1 中对角线的值 16、11、8…可由式（5.1-1）~式（5.1-3）计算得出。可见，1in 图像传感器的对角线长度约为 16mm，而不是人们通常认为的 25.4mm。在工业相机领域，1in 图像传感器其对角线长度为 16mm 已成为历史传承的标准。

$$16 \Rightarrow 25 \times 1 \times \frac{2}{3} \approx 16.666 \tag{5.1-1}$$

$$11 \Rightarrow 25 \times \frac{2}{3} \times \frac{2}{3} \approx 11.111 \tag{5.1-2}$$

$$8 \Rightarrow 25 \times \frac{1}{2} \times \frac{2}{3} \approx 8.333 \tag{5.1-3}$$

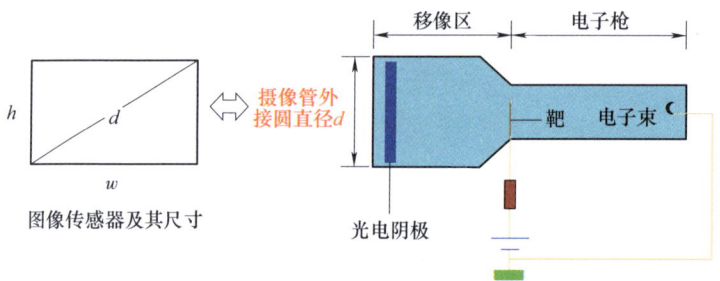

图 5.1-1　图像传感器尺寸与视频摄像管的原理示意图

表 5.1-1 中还列出了对于 640×480 图像大小的像素间距。当传感器分辨率提高，像素间距就会相应减小。如当图像尺寸为 1280×960 时，像素间距减小一半。CCD 和 CMOS 传感器可产生不同的分辨率，从 640×480~4008×2672，甚至更高。通常情况下都符合某种模拟视频信号标准，如 RS-170：640×480，CCIR：768×576；或符合某种计算机显卡的分辨率，如 VGA：640×480，XGA：1024×768，SXGA：1280×1024，UXGA：1600×1200，QXGA：2048×1536 等。

从光学系统的角度，相机图像传感器的感光区域尺寸又被称为靶面尺寸。靶面大小与成像质量息息相关，通常情况下，当像元尺寸等其他条件一定时，靶面越大，相机的分辨率越高，成像清晰度越好。在像素总数不变的情况下，相机传感器尺寸越大，对噪声的控制能力越强。绝大多数模拟相机的传感器的长、宽比例是 4∶3($H∶V$)，数码相机的长、宽比例则包括多种，如表 5.1-1 中的 1in、2/3in、1/2in、1/3in、1/4in 等，对应图形如图 5.1-2 所示。相机的靶面尺寸也叫感光芯片尺寸或图像传感器感光区域的面积大小，这个尺寸直接决定了整个系统的物理放大率。

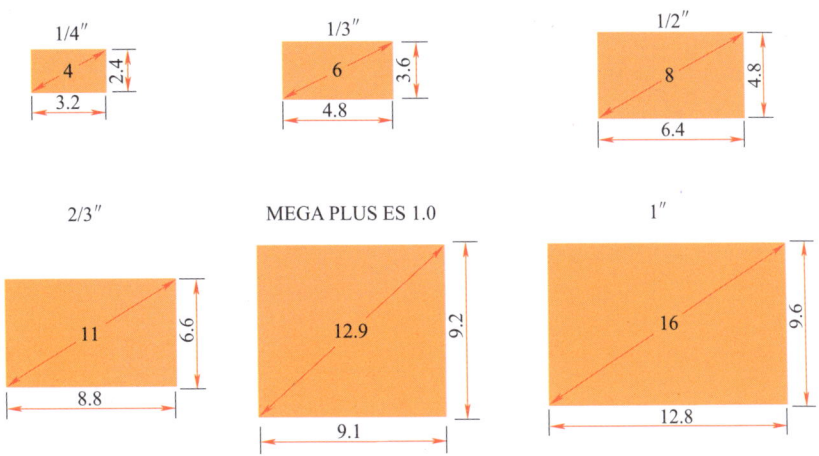

图 5.1-2 相机常用的靶面尺寸（单位：mm）

在工业相机中，图像传感器感光区域的对角线长度又常被称为光学格式（Optical Format，OF）。光学格式是为相机选择合适镜头时的一个重要参数，因为它决定了镜头能够覆盖的传感器区域。在选择适配传感器的镜头时，必须确保镜头的成像圆尺寸与传感器的尺寸相匹配，如图5.1-3 所示。这意味着镜头的光学尺寸应等同于或略大于传感器的尺寸，以便最大化镜头的性能。如果镜头的光学尺寸小于传感器的尺寸，将导致传感器边缘区域无法接收到光线，造成传感器有效面积及潜在分辨率的损失。例如，1/2in 靶面的镜头不适用于 2/3in 的传感器。

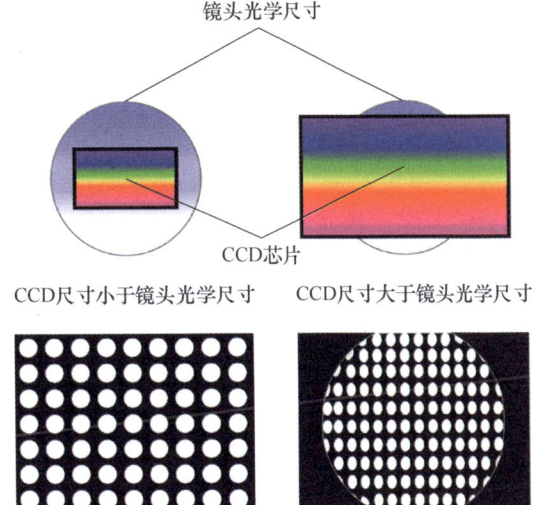

图 5.1-3 镜头的成像圆尺寸与传感器的尺寸相匹配

大多数工业镜头都是根据传感器的光学格式来分类的，这将在本章的5.1.2节进行详细介绍。

5.1.1.2 像元与像素

像元是感光元件上的基本感光单元，即相机识别的图像上的最小单元。从传感器硬件结构的角度，该最小单元称为"像元"，从数字图像的角度，该最小单元称为"像素"。图像上的像素与 CCD 或 CMOS 传感器上的感光单元（像元）是一一对应的，像元与像素如图 5.1-4 所示，每个像元拥有自己独立的灰度值。在日常表述中，"像元"与"像素"这两个概念常被混用。但应注意，"像元"描述的是传感器硬件物理结构，而"像素"描述的是数字图像中的图像最小表征单元。

像元尺寸是工业相机的重要参数之一，常表示为 Pixel Size($H×V$)[μm]，指芯片像元阵

工业相机原理

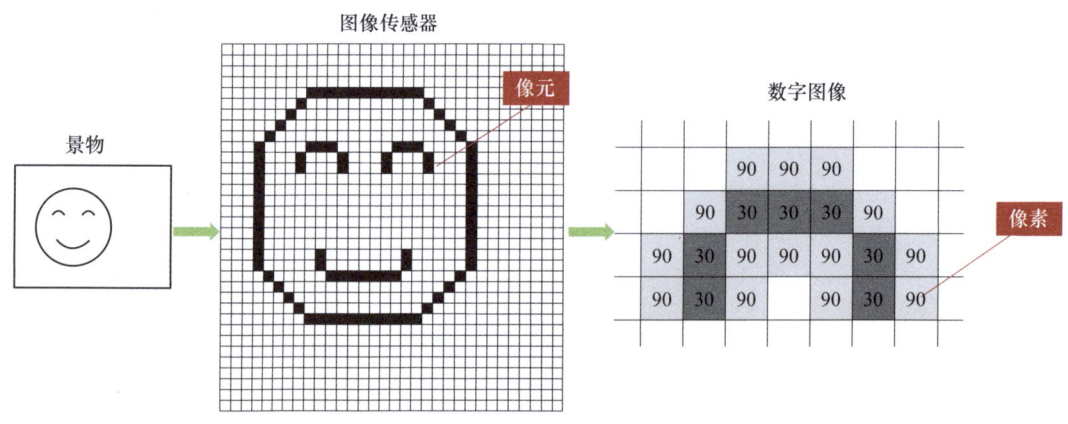

图 5.1-4　像元与像素

列上每个像元的实际物理尺寸，传感器上像元阵列如图 5.1-5 所示，其中 H、V 分别表示像元的长、宽，但通常的像元为正方形，长、宽相等。通常情况下，芯片的像元尺寸越大，单个像元能够接收到的光子就越多，该芯片的感光性能也就越强。在同样的光照条件和曝光时间下，大像元尺寸的芯片可以产生更多的电荷数量，可以使得图像的亮度更高。常见尺寸如 14μm×14μm、10μm×10μm、9μm×9μm、7μm×7μm、6.45μm×6.45μm、5.3μm×5.3μm、3.5μm×3.5μm 等。

一般来说，像元尺寸越小，工艺制造难度越大。像元尺寸从某种程度上反映了芯片对光的响应能力。像元尺寸越大，能接收到的光子数量越多，在同等光照条件和同等曝光时间内，产生的电荷数量越多。对于弱光成像场景，像元尺寸是芯片灵敏度的一种表征。像元尺寸与相机其他性能参数的关系如下：

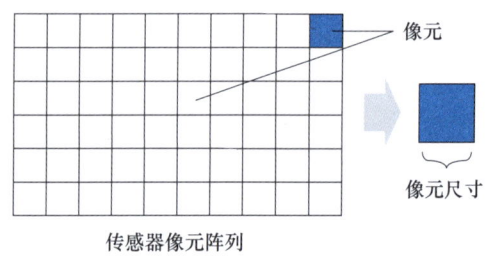

图 5.1-5　传感器上的像元阵列

1）像元尺寸就是每个像素的面积，一般单位为 μm。

2）单个像素面积越小，单位面积内的像素数量越多，相机的分辨率增加，利于小缺陷的成像和检测，增大小缺陷区域的像素数量。

3）随着像素面积的变小，满阱能力（每个像素能够储存的电荷数量）也随之减小，造成相机的动态范围的降低。

4）像元大小和像元数（分辨率）共同决定了相机成像靶面的大小。

5.1.1.3　分辨率

分辨率（Pixel Resolution）是相机每次采集图像的像素点数，也是相机芯片靶面排列的像元数量。通常面阵相机的分辨率用水平和垂直分辨率两个数字表示，如 2592（H）×1944（V），前面的数字表示每行的像元数量，即共有 2592 个像元，后面的数字表示像元的行数，即 1944 行，这就是常说的 500 万像素的相机。分辨率也以像素个数表示，如 500 万像素、1000 万像素。目前常见的工业面阵相机涵盖 0.3~604MP 级别的分辨率（其中，M 表示兆，1M = 1024k = 1024×10³；P 为 Pixel 的缩写）。表 5.1-2 给出了常见相机的像素数与分辨率的对应。对于线阵相机而言，其像元排布与面阵相机不同，芯片排布以横向为主，纵向为单行或数行，常见工业线阵相机包含 2k、4k、8k 及 16k 分辨率，能够满足多样化的市场需求。

表 5.1-2　常见相机的像素数与分辨率的对应

30 万像素	130 万像素	200 万像素	500 万像素	1000 万像素	2000 万像素
656(H)×492(V)	1292(H)×964(V)	1628(H)×1236(V)	2592(H)×1944(V)	3840(H)×2748(V)	5120(H)×3840(V)

分辨率是工业相机最关键的参数之一，主要用于描述相机对被摄物的分辨能力。分辨率影响采集图像的质量，在对同样大的视场（景物范围）成像时，分辨率越高，对细节的展示越明显。图 5.1-6 所示为不同分辨率对景物细节的表达能力不同，左图为较高分辨率，对景物细节的表达能力更强；右图为较低分辨率，对景物细节的表达能力相对较弱。

视野（Field of View，FOV），又称场景或视场，就是相机所能看到的现实场景的物理部分，即相机捕获图像所对应的现实场景的物理尺寸。相机的视野如图 5.1-7 所示，相机的视野大小为 64mm×48mm。需要注意，相机视野的大小是与镜头有关的。因此，严格意义上讲，视野并非为相机的参数。

图 5.1-6　不同分辨率对景物细节的表达能力不同

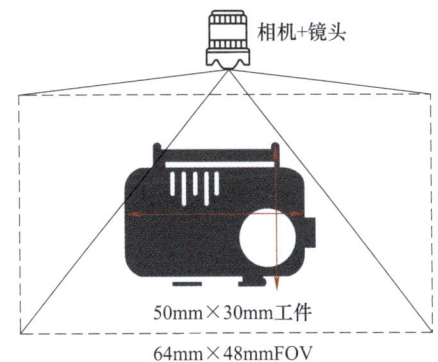

图 5.1-7　相机的视野

视野、像素和分辨率在成像过程中的关系如图 5.1-8 所示。视野范围的景物光线通过镜头进入相机即可建立图像。感光芯片（CCD 或 CMOS）将光能转换为数字信息（即像素）。像素是数字图像的最小的一部分，相机分辨率以像素为单位。感光芯片所转换的结果图像中像素的总数量即为感光芯片的分辨率，也即相机的分辨率。

在学习了上述概念后，下面对工业视觉检测中的三个常见、易混淆的参数指标——精度、像素精度、测量精度进行辨析，三者的概念和区别如下：

1）精度，是能够分辨的最小物理尺寸值，常用单位为 mm。
2）像素精度，是图像上的一个像素可表示的物理距离，常用单位为 mm/Pixel。
3）测量精度，是视觉系统能够检测的最小物理尺寸，常用单位为 mm。

在视觉检测系统设计、分析和使用中常会涉及上述三个参数，请注意区分。

5.1.2　光学接口

工业相机与镜头之间的接口称为光学接口。光学接口的口径和螺纹是有国际标准的，一

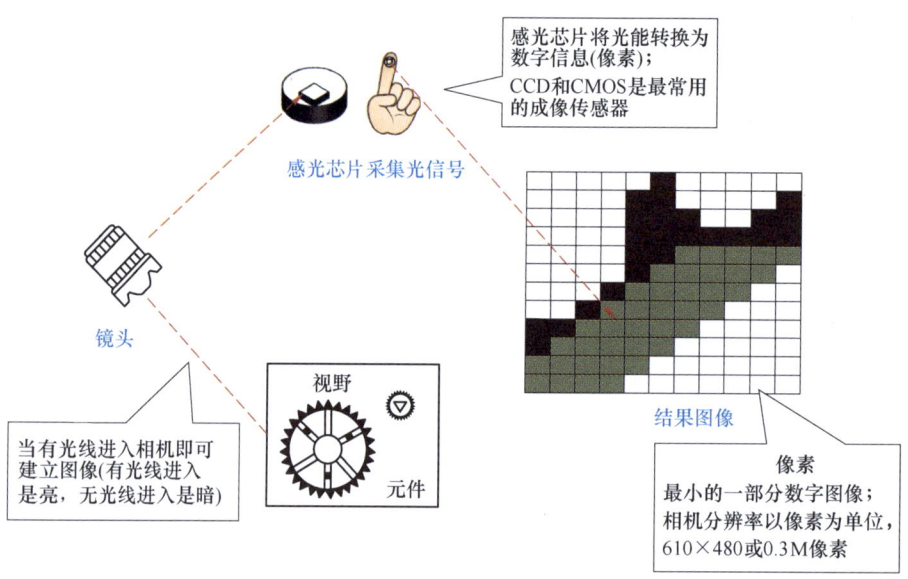

图 5.1-8 视野、像素和分辨率在成像过程中的关系

一般有 C 口、CS 口、M12 口、M42 口、F 口、M58 口、M72 口等。光学接口有两种机械操作方式,分别为卡口和螺口。卡口方式用于 F 口;螺口方式用于 C 口、CS 口和 S 口。光学接口及其参数如图 5.1-9 所示,相机安装面到传感器的光学距离称为法兰距,不同的接口有不同的法兰距标准。不同光学接口的物理尺寸不同。只有当传感器所在相机的光学接口与镜头接口一致时,两者才能装配起来。表 5.1-3 给出了常见的不同光学接口的参数。

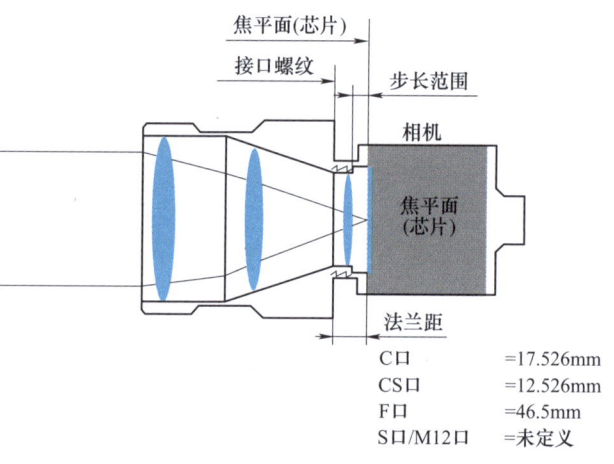

图 5.1-9 光学接口及其参数

表 5.1-3 常见的不同光学接口的参数

接口类型	法兰距	口径及螺纹
C 口	17.526mm	1-32UNF
CS 口	12.526mm	1-32UNF
F 口	46.5mm	内径 47mm
M12/M42/M58/M72 口	无固定标准	M12*P0.5/M42*P1.0/M58*P0.75/M72*P0.75

表中,UNF 是统一螺纹细牙代号,一般用于高强度螺纹紧固件。例如,"3/8-24UNF-2A",表示公称直径 3/8in,每 in24 个牙,公差等级为 2A 精度的细牙外螺纹。又如"3/8-24UNF-2B",表示公称直径 3/8in,每 in24 个牙,公差等级为 2B 精度的细牙内螺纹。与

UNF 类似的口径、螺纹代号还有 UN 和 UNC。UN 为统一螺纹代号，是美制螺纹。UNC 是统一螺纹粗牙代号，一般用于大量生产的紧固件。那么以表中 C 口为例，"1-32UNF"表示公称直径为 1in，每 in32 个牙的螺纹。

C 口多用于工业相机，是最常用的工业镜头接口，C 口是相机镜头的标准螺口连接方式，该螺纹的标称直径为 1in（24.5mm），其螺距为 1/32in。此接口的法兰距为 17.526mm（0.69in）。CS 口多用于监控相机，CS 口与 C 口相比只是其法兰距不同，为 12.526mm（0.493in），CS 口相机可通过使用一个 5mm 适配器（见图 5.1-10）来与 C 口镜头组合使用。F 口多用于单反相机及大靶面芯片尺寸或者线阵相机，F 口也称为"F 卡口"，是相机镜头的卡口连接方式，最初由 Nikon 公司推出，F 卡口的法兰距为 46.5mm，此连接方式适合匹配 4/3″芯片，这种芯片对于 C 口来说则尺寸过大。M12 口也称 S 口，常用于板集相机，螺纹为 M12×0.5mm，即其直径仅 12mm，主要用于将非常小的镜头装接到相机上，它们适用于小型芯片（小于 1/2″）。M42 口多用于大靶面的工业相机。

图 5.1-10 C/CS 口适配器（5mm 接圈）

传感器与镜头的配合共包括两个方面：一方面为传感器尺寸与镜头成像圆尺寸（也称为镜头光学尺寸，或镜头靶面尺寸）的配合；另一方面为传感器所在相机的光学接口的尺寸与镜头接口尺寸的配合，主要在于两者的物理接口的口径和螺纹的匹配。

5.1.3 刷新率和曝光

5.1.3.1 刷新率

工业相机的刷新率（Refresh Rate）是指相机每秒可采集和传输图像的速率。对于面阵相机，一般用每秒采集的帧数，即帧率来表征，单位为 fps（Frame Per Second）或"赫兹"（Hz）。如 30fps 表示相机在 1s 内最多能采集 30 帧图像。对于线阵相机，通常用每秒采集的行数即行频来衡量，常用单位为 Hz 或 kHz。如 12kHz 表示相机在 1s 内最多能采集 12000 行图像数据。帧率（行频）的公式表示如下：

$$帧率(行频) = \frac{相机每秒出图数(帧或行)}{单帧(行)出图所耗时间(s)} \tag{5.1-4}$$

相机的最大帧率是指面阵相机每秒钟能够采集并输出的最大帧数。相机的最大行频是指线阵相机每秒钟能够输出的最大行数。帧率（行频）很大程度上受限于相机的数据传输接口和硬件网络环境。相机帧率（行频）的选择取决于现场对拍摄速率的要求，并非越高越好。在相机实际工作中，可以选择设置相机在最大帧率（行频）以下的任何帧率（行频）工作。输出帧率的选择要按照实际需要或使用的帧率，需要的帧率决定于检测要求，帧率必须大于等于检测的频率。例如，在实时监控或观察的场景中，输出帧率的设置应大于 25fps，这是因为人类眼睛的特殊生理结构，此现象称之为视觉暂留。这也就是为什么电影胶片是一帧一帧拍摄出来，然后快速播放的。又例如，在自动检测的场景中，输出帧率的设置应大于要求的每秒钟检测工件的个数；在高速记录和检测场合则需要更高的输出帧率，如观测电弧形状、乒乓球轨迹等场景。

5.1.3.2 曝光时间

曝光时间（Exposure Time）指相机传感器对光线敏感并记录图像的时间段，即像元感光的时间，也称为快门速度（Shutter Speed）、快门时间。从相机机械结构角度，快门速度就是控制快门使芯片曝光的时间。传统相机是通过机械快门对照射在底片上的光进行遮光动作实现曝光控制。CCD 或 CMOS 相机是利用电子快门实现曝光控制的。电子快门的原理是，虽然照射在传感器上的光不断地发生着光电转换，但电子快门使得传感器只存储一定曝光时间内的信号电荷，然后进行输出。

工业相机中的曝光时间和帧率是两个相互关联的参数，它们之间的关系对图像的质量和相机的性能有着重要影响。以面阵相机为例，两者的基本数学关系可以表示成：曝光时间=1/帧率。例如，如果相机的帧率是30fps，那么快门时间就是1/30s，即大约33.3ms。在实际应用中，如果曝光时间增加，而读出时间保持不变，那么帧率会下降，因为相机需要更多的时间来完成每一帧的曝光和读出过程。相反，如果减少曝光时间，相机可以在相同时间内读取更多的帧，从而提高帧率。设置最佳的帧率和曝光时间需要在实际应用所需的帧数和获得足够光量以获得清晰图像质量之间找到平衡。不同的应用场景可能需要不同的帧率和曝光时间设置。

曝光时间及两次曝光之间的间隔，可以通过外部信号控制，也可以依赖传感器内部的时钟信号控制。多数传感器使用分压器来产生较慢的时钟供内部曝光使用。传感器通常有最小曝光时间的定义，以及可能曝光时间之间的步骤间隔。如某款相机手册中给出的曝光时间为"15.625μs to 10sec, in steps of 15.625μs"，这表明该相机最小曝光时间为 15.625μs，最大曝光时间为10s，曝光时间按照间隔为15.625μs 的倍数进行调整。不同的相机曝光上、下限及调整间隔是不同的。在相同外部条件下，曝光时间越长，图像亮度越高，但相应的刷新率会降低。曝光时间与相机的光圈、光线强度等的关系示意如图 5.1-11 所示。光线的强度可类比于水压，水压越大，水桶集满水的用时越短；相机的光圈可类比于水龙头开关，水龙头开得越大，水桶集满水的用时越短；光线可类比于水，正确曝光所需的光量相当于水桶的容

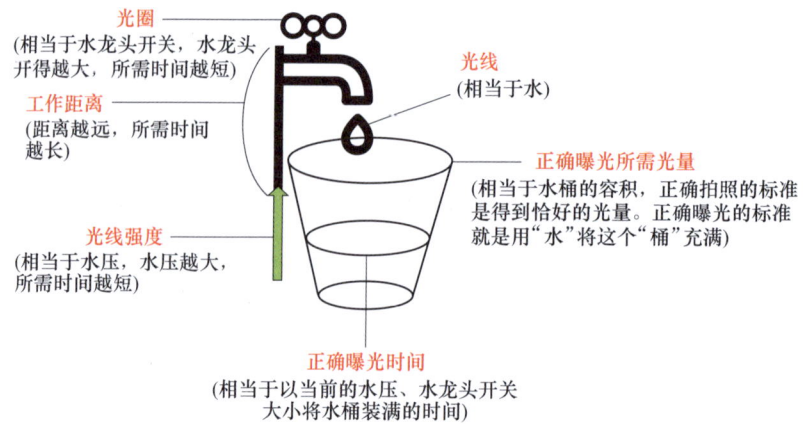

图 5.1-11　曝光时间与相机的光圈、光线强度等的关系示意图

积,而正确曝光时间相当于以当前的水压、水龙头开关大小将水桶装满所需的时间。

第4章已经介绍过相机传感器曝光后产生电子,进而转换为电荷、电压等被外部电路进一步读出,进而形成数字图像信号。相机的曝光时间与电荷/电压的读出过程,两者之间的协同工作方式共分为两种模式:非重叠(Non Overlapped)模式和重叠(Overlapped)模式。非重叠模式下,相机在开始下一帧图像的曝光前必须完成当前帧的曝光和读出过程。因此,一帧图像的周期(Frame Period)大于曝光时间加上读出时间(Frame Period>Exposure Time+Readout Time)。重叠模式下,相机在读取当前帧数据的同时开始下一帧的曝光,这样可以在单位时间内采集更多的图像,提高帧率。一帧图像的周期小于或等于曝光时间加上读出时间(Frame Period≤Exposure Time+Readout Time)。

可见,除了曝光时间外,相机的帧率还受到传感器读出速度的影响。实际上,帧率还受到其他因素的影响,如相机的数据处理能力、图像分辨率等。因此曝光时间和帧率之间的关系是复杂的,需要根据具体的应用需求和相机的性能来调整,以达到最佳的图像质量和相机性能。

关于相机曝光,还有如下常见术语或场景。超短曝光,是指在一些飞拍应用中曝光不够短会导致图像拖影,因此需要工业相机具备在极短的曝光时间内成像的特性,通过超短曝光控制,可实现高速运动物体抓拍,获得优质成像效果。最短曝光时间,可通过如下准则确定,在曝光时间 ΔT 内,物体成的像在感光面上移动的距离不超过一个像素时的 ΔT 的最大取值,即为清晰成像所需的最短曝光时间。最短曝光时间 T_{exp} 的计算公式可总结如下:

$$T_{exp} < 视野宽度/(图像宽度 \times 物体该方向移动速度) \quad (5.1-5)$$

或

$$T_{exp} < 视野高度/(图像高度 \times 物体该方向移动速度) \quad (5.1-6)$$

下面通过例子来理解最短曝光时间。例如,对100mm的物体,要求分辨精度到0.1mm,那么需要1000像素的分辨率,即每一个像素对应物体的物空间长度是0.1mm,那么最短曝光时间是多少呢?依据上述准则,曝光时间 ΔT 内物体运动的距离应该不超过0.1mm,假设物体运动的速度为 $V=1\text{m/s}$,设曝光时间为 T_{exp},那么有 $VT_{exp}<0.1\text{mm}$,则 $T_{exp}<100\mu\text{s}$,即最短曝光时间允许的最大取值为 $100\mu\text{s}$。

5.1.3.3 曝光方式/快门方式

相机传感器的曝光有两种方式,分为帧曝光和行曝光。从快门的角度,这两种曝光方式又分为称为全局曝光(全局快门,Global Shutter)和卷帘曝光(卷帘快门,Rolling Shutter)。帧曝光和行曝光都是针对面阵相机而言的,一般只有CMOS的芯片分为帧曝光和行曝光,而CCD芯片全部为帧曝光。

帧曝光方式下,传感器上所有像素同时曝光,所以拍摄运动的物体不会产生变形。理论上最小的曝光时间即是通过全局曝光方式产生的。行曝光方式下,光圈打开后芯片像元按顺序逐行曝光,单行曝光时间最小但是整体曝光时间变长。由于所有行不能同时曝光,所以拍摄运动的物体会产生变形或拖影,但拍摄静止的物体时两种曝光方式没有差别。行曝光与全局曝光拍摄运动物体的效果对比如图5.1-12所示。

5.1.4 像素深度与像素格式

5.1.4.1 像素深度

像素深度(Bits Per Pixel,BPP),也称为位深(Bit Depth),在工业相机手册中通常表示为 Digitization，单位为 bit，是工业相机的重要参数。Digitization 为 10bit 意味着相机的模/数转换器能够将模拟信号转换为具有 10 位深度的数字信号。位深是描述相机传感器能够捕获的灰度级别的一个参数，它定义了从最暗到最亮的灰阶数。具体来说，10bit 的位深意味着相机可以区分 2^{10}（1024）个不同的灰度级别。这比 8bit 相机的 256（2^8）个灰度级别提供了更多的细节和动态范围，使得图像能够更精细地表现明暗变化，尤其是在高对比度或低光照的条件下。10bit 的位深可以提供更平滑的灰度过渡，减少图像的带状噪声，

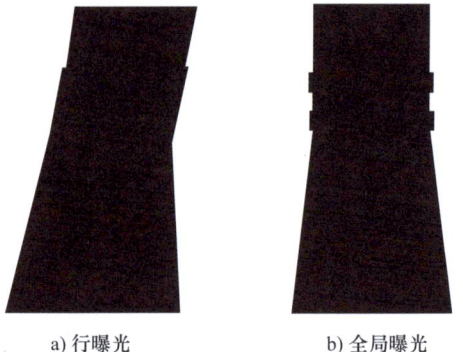

a) 行曝光　　　　b) 全局曝光

图 5.1-12　行曝光与全局曝光拍摄运动物体的效果对比

提高图像质量，这对于精确的图像分析和处理非常重要。然而，更高的位深也意味着数据量更大，因此需要更高的数据传输速率和更大的存储空间。

在工业相机的技术规格中，"Supported bit resolutions［bit/Pixel］"指的是相机实际支持的每像素的位深（Bit Depth）。与参数 Digitization 的区别在于，Digitization 的值是 Supported bit resolutions 可取值的上限。例如，某款相机的 Digitization 为 10bit，而该相机的 Supported bit resolutions 为 8bit/Pixel 或 10bit/Pixel。在该例子中，受到 Digitization 的限制，Supported bit resolutions 的值只可能小于 10bit/Pixel。而 Supported bit resolutions 具体为多少，是在相机出厂前已经规定好的，用户不能改变，只能在给定的选项中选择。一旦选定好 Supported bit resolutions 的具体位数之后，工业相机所捕获的图像的位深也将固定，那么每个像素的颜色在计算机中用多少比特位表示也即将固定。

像素位深也被称为图像深度。当像素位深越大时，其表示单个像素的位数越大，它能表达的灰阶范围就越大，所显示出的图像深度就越深，16bit 与 8bit 的位深对比如图 5.1-13 所示。一般工业相机常提供 8bit、10bit、12bit 等的位深。具

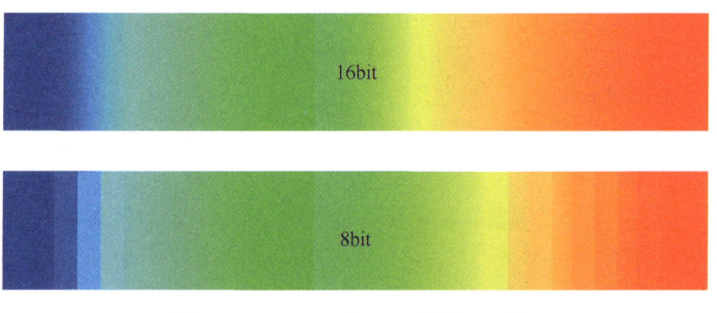

图 5.1-13　16bit 与 8bit 的位深对比

体来说，像素深度为 1bit、8bit、16bit、24bit、32bit 时其含义和机理如下。

1）像素深度为 1bit，说明用 1 个二进制位来表示颜色，称为单色显示，如某些 LED 显示屏。

2）像素深度为 8bit，说明用 8 个二进制位来表示颜色，此时能表示 256 种颜色，此表示方式称为灰度显示。此时是黑白的，没有彩色，其把纯白到纯黑分别对应 255 到 0，中间的数值对应不同的灰，如以前的黑白电视机。

3）像素深度为 16bit，说明用 16 个二进制位表示颜色，此时能表示 65536 种颜色。此时可以彩色显示，如 RGB565 的颜色分布，先用 5bit 二进制表示红色、用 6bit 二进制表示绿色、再用 5bit 二进制表示蓝色。这种红、绿、蓝的排布方式是人为规定的。所以也可以是

BGR565，即先用 5bit 二进制表示蓝色，再用 6bit 二进制表示绿色，最后再用 5bit 二进制表示红色。这种人为规定的填充像素深度的方式就称为像素格式。显然，同一像素深度可以有不同的像素格式。

这种红绿蓝都有的颜色表示法是一种模拟自然界中所有颜色的表示方式。但是因为 RGB 的颜色表达本身二进制位数不够多，导致红绿蓝三种颜色的分布不够细致，所以这样显示的彩色失真比较重，人眼能明显看到显示得不真实。

4）像素深度为 24bit，说明用 24 个二进制位来表示颜色，此时能表示 16777216 种颜色。这种表示方式和 16bit 色原理是一样的，只是 RGB 三种颜色各自的精度都更高了，R、G、B 三分量可以各用 8bit 表示，所以该像素格式称为 RGB888 或 RGB24。此时颜色比 RGB565 更加真实细腻，虽然说比自然界无数种颜色还是少了很多，不过由于人眼的不理想性而几乎不能区分 1677 万种颜色和无数种颜色的差别，因此就把此 RGB888 的表示方法叫作真彩色。相应地，RGB565 就是假彩色或失真彩色。

5）像素深度为 32bit，说明总共用 32bit 二进制来表示颜色，其中 24bit 表示红绿蓝三元色，即仍是 RGB888 分布，剩下 8bit 表示透明度，此显色方式就叫 ARGB，其中 A 是希腊字母阿尔法，表示透明度，现在计算机中一般都用 ARGB 的像素格式进行颜色表示。

5.1.4.2 像素格式

像素格式（Pixel Format）又称为图像格式或图像模式，是人为规定的用来填充像素深度的，如像素深度为 16 说明用 16bit 二进制表示一个像素，那么像素格式将会说明到底是用怎样的数据形式来对 16bit 数据进行填充。人为可以规定 RGB565 格式，也可以规定 BGR565 格式。像素格式是对像素色彩分量大小和排列方式的综合说明。像素格式说明了每个像素所使用的总位数（即像素深度）及用于存储像素色彩的红、绿、蓝和阿尔法（A）分量的位数及这些位数据的排列顺序。像素位深的不同必然会导致像素格式的不同，而相同的像素位深也可以具有不同的像素格式。

像素格式可分为黑白像素格式和彩色像素格式两大类。工业相机支持的常用像素格式见表 5.1-4。常见的黑白像素格式有 Mono8/10/10 Packed/12/12 Packed；常见的彩色像素格式有 Bayer8/10/10 Packed/12/12 Packed、YUV422/YUV422 Packed，以及 RGB8 Packed/BGR8 Packed。

表 5.1-4 工业相机支持的常用像素格式

相机种类	像素格式	细分	说明
黑白相机	Mono	Mono8、Mono10、Mono12、Mono10 Packed、Mono12 Packed	—
彩色相机	Bayer	Bayer8、Bayer10、Bayer12、Bayer10 Packed、Bayer12 Packed	Bayer 根据传感器遮挡层排列不同，分为 BG、GR、GB、BR 四种
彩色相机	YUV	YUV422、YUV422 Packed	—
彩色相机	RGB	RGB8 Packed、BGR8 Packed	两者的区别为 R、B 排列是相反的

1. 黑白像素格式

Mono8 像素格式中每个像素在内存中占用 8bit/Pixel，即灰度值最大为 $2^8 - 1 = 255$。Mono8 的像素格式如图 5.1-14 所示，为一个 3000×2000 分辨率（即 600 万像素）的 Mono8 图像。该 Mono8 图像第一行部分灰度值用十进制表示分别为 0，36，73，109，…，146，182，219，255。对应二进制表示为 0000 0000，0010 0100，0100 1001，0110 1101，…，1111 1111。由此可见，Mono8 就是每个像素在内存中占用 8bit。

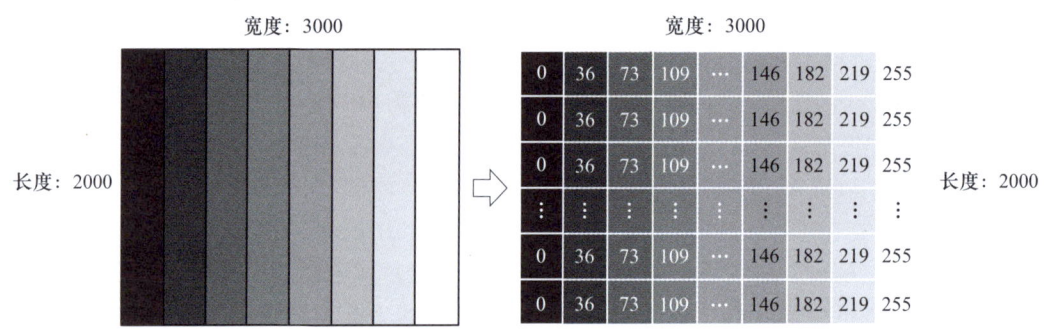

图 5.1-14　Mono8 的像素格式

Mono10 像素格式的像素在内存中占用 16bit，但实际只有 10bit 是有意义的，后面 6 位都补 0，起对齐作用。灰度值最大为 $2^{10} - 1 = 1023$。Mono10 Packed 像素格式是去掉 Mono10 补 0 的高四位，该像素在内存中也占用 10bit/Pixel。如图 5.1-15 所示为

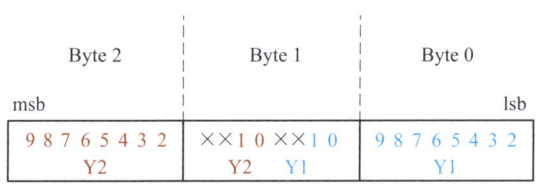

图 5.1-15　Mono10 的像素格式

Mono10 的像素格式，两个 10 位像素 Y1 和 Y2 被打包成 Byte 0、Byte 1 和 Byte 2 的 24 位。其中 lsb 是 "Least Significant Bit" 的缩写，即最低有效位；msb 是 "Most Significant Bit"，即最高有效位。

Mono12 像素格式中每个像素在内存中占用 16bit/Pixel，但实际只有 12bit 是有意义的，高 4 位补 0，起对齐作用。灰度值最大为 $2^{12} - 1 = 4095$，Mono12 的像素格式如图 5.1-16 所示。该 Mono12 图像的第一行灰度值用十进制表示为 0，1183，591，1759，…，2351，2927，3519，4095；二进制表示为 0000 0000 0000 0000，0000 0100 1001 1111，0000 0010 0100 1111，0000 0110 1101 1111，…，0000 1111 1111 1111。

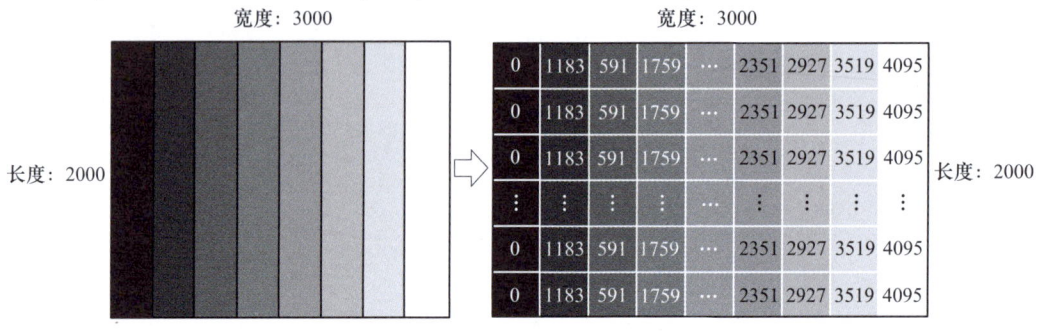

图 5.1-16　Mono12 的像素格式

Mono12 Packed 像素格式是去掉 Mono12 格式中补 0 的高四位，该像素在内存中占用 12bit/Pixel。Mono10 Packed、Mono12 Packed 这种 Packed 类数据与 Mono10、Mono12 没有本质区别，其差异在于在数据排列方面，16bit 数据存储，原来补 0 的位置，被下一帧图像数据填充；其优点就是节约了传输带宽，缺点在于增加了解码的难度。

2. 彩色像素 Bayer 格式

前面章节中已经学习了相机是如何通过 Bayer 滤镜捕获彩色的。Bayer 格式图像也称为 RAW 图像。Bayer 模式是一种通过排列红、绿、蓝滤色阵列及插值算法来捕捉彩色图像的技术。Bayer 格式图像是由一个仅包含红、绿、蓝三种颜色中的一种的滤色阵列构成的，其中每个像素只能感知一种颜色的光。这种滤色阵列的排列方式通常遵循一种固定的模式，如 BGGR、RGGB 或者类似的方式。Bayer 模式下图像的排列方式通常用 4 个字母的缩写来表示，其中每个字母代表一个颜色通道（红、绿、蓝）。以下是一些常见的 Bayer 模式排列方式的说明，4 种 Bayer 排列方式如图 5.1-17 所示。

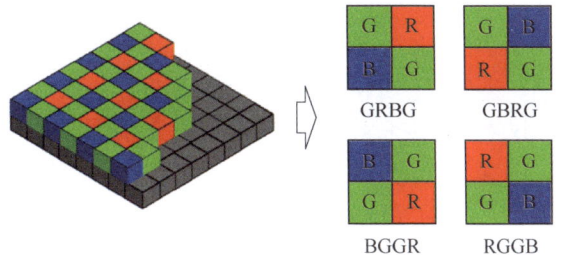

图 5.1-17　4 种 Bayer 排列方式

1）RGGB/BayerRG：在 RGGB Bayer 模式中，第一行的第一个像素是红色（R），第一行的第二个像素是绿色（G），第二行的第一个像素是绿色（G），第二行的第二个像素是蓝色（B）。这种排列方式在许多传感器中被广泛使用。

2）GRBG/BayerGR：在 GRBG Bayer 模式中，第一行的第一个像素是绿色（G），第一行的第二个像素是红色（R），第二行的第一个像素是蓝色（B），第二行的第二个像素是绿色（G）。这种排列方式也常见于许多传感器中。

3）BGGR/BayerBG：在 BGGR Bayer 模式中，第一行的第一个像素是蓝色（B），第一行的第二个像素是绿色（G），第二行的第一个像素是绿色（G），第二行的第二个像素是红色（R）。这种排列方式也是常见的。

4）GBRG/BayerGB：在 GBRG Bayer 模式中，第一行的第一个像素是绿色（G），第一行的第二个像素是蓝色（B），第二行的第一个像素是红色（R），第二行的第二个像素是绿色（G）。这也是一种常见的排列方式。

通过规律性地排列不同颜色的滤光点，就能在传感器上有规律地获得不同颜色的光强值，也就是 R、G、B 的灰度值。当然，相机实现彩色图像原理不止这一种，但是出于成本、生产技术等因素，目前所能接触到的大部分工业相机，其原始数据都是由 Bayer 转换产生的。

常用的 Bayer 像素格式包括 Bayer8、Bayer10、Bayer12，分别代表 8bit、10bit、12bit 的彩色相机原始数据格式。传感器采样最原始的数据是 Bayer12，而 Bayer8、Bayer10 都是由 Bayer12 下采样得到的。另外常见的 Bayer10 Packed、Bayer12 Packed 格式与 Mono10 Packed，Mono12 Packed 原理类似。图 5.1-18 所示为 Bayer10 Packed 的［10 位 GRBG（绿-红-蓝-绿）拜耳模式］像素格式，其中两个 10 位的颜色

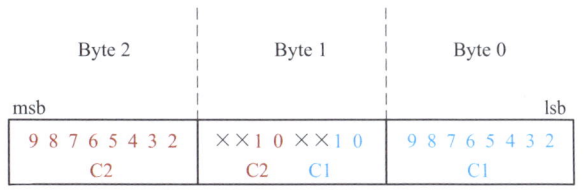

图 5.1-18　Bayer10 Packed 的像素格式

分量（C1 和 C2）被打包成 24 位。

Bayer 像素格式转 RGB 像素格式的原理如图 5.1-19 所示。其中阴影部分的值将由插值算法计算获得，括号中的数字表示 R、G 和 B 通道的值所在的 Bayer 模式上的位置。

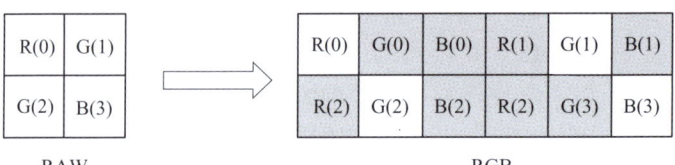

图 5.1-19　Bayer 像素格式转 RGB 像素格式的原理

3. 彩色像素 RGB 格式

红、绿、蓝三种颜色可以混合成世界上所有的颜色，彩色图像中每个点由 R、G、B 三个分量组成。上一小节已经对 RGB565 和 RGB888（RGB24）的像素格式进行了简单介绍。这里以 RGB24 为例，对其图像像素数据的存储方式进行进一步说明，如图 5.1-20 所示，从图中可以看出，RGB24 依次存储了每个像素点的 R、G、B 信息。常用的 BMP 文件中存储的就是 RGB 格式的像素数据。

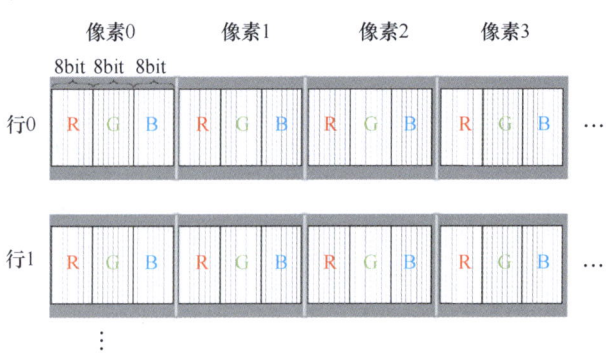

图 5.1-20　RGB24 图像像素数据的存储方式

4. 彩色像素 YUV 格式

与我们熟知的 RGB 类似，YUV 也是一种颜色编码方法，主要用于电视系统及模拟视频领域，它将亮度信息（Y）与色彩信息（UV）分离，没有 UV 信息一样可以显示完整的图像，只不过是黑白的，这样的设计很好地解决了彩色电视机与黑白电视的兼容问题。并且 YUV 不像 RGB 那样要求三个独立的视频信号同时传输，所以用 YUV 方式传输占用极少的频宽。YUV 分为三个分量，Y 表示明亮度（Luminance 或 Luma），也即灰度值；U（Cb）表示色度（Chrominance）；V（Cr）表示浓度（Chroma）。YUV 是种颜色编码方法，也是一种色彩空间；YCbCr 是对色彩采样的格式。YUV 与 YCbCr 具有概念上的细微差别，但常混淆使用，对于理解工业相机原理来说，不会产生影响。

YUV 是彩色电视为了兼容黑白电视而发展起来的。在现代彩色电视系统中，通常采用三管彩色摄影机或彩色 CCD 摄影机进行取像，然后把取得的彩色图像信号经分色、分别放大校正后得到 RGB，再经过矩阵变换电路得到亮度信号 Y 和两个色差信号 R-Y（即 U）、B-Y（即 V），然后对这三个信号分别进行编码。Y 就是所谓的流明（Luminance），表示光的浓度且为非线性，使用伽马修正（Gamma Correction）编码处理，而 Cb 和 Cr 则为蓝色和红色的浓度偏移量成分，即 Cb 和 Cr 只是两个色差信号，分别代表蓝色与红色相对于绿色的分量。

YUV 是由 Bayer 数据先转换为 RGB，然后 RGB 转换为 YUV 数据得到的。相关实验表明，人眼对亮度敏感而对色度不敏感。因而可以将亮度信息和色度信息分离，并对色度信息采用更"狠"一点的压缩方案，从而提高压缩效率。可以理解为，YUV 图像格式是对原始 RGB 图像信息的采样，根据采样方式或格式的不同，命名为 YUV444、YUV422 等，数据排列分为 UYVY 与 YUYV 两种，它们都是 16bit 存储的。YUV 格式中，Y 只包含亮度信息，而 UV 只包含色度信息。下面对各不同的 YUV 格式进行详细介绍。

1）YUV444。YUV444 是对 YUV 三个分量进行 4：4：4 采样，意味着 Y、U、V 三个分量的采样比例相同。可直观理解为每 4 个像素里的数据有 4 个 Y、4 个 U、4 个 V，即每个像素里面的 YUV 信息都是全的。因此在生成的图像里，每个像素的三个分量信息完整，都是 8bit，也即一个字节。假设有 4 个像素的图像数据［Y0 U0 V0/Y1 U1 V1/Y2 U2 V2/Y3 U3 V3］，那么 YUV444 的采样流码将为［Y0 U0 V0/Y1 U1 V1/Y2 U2 V2/Y3 U3 V3］，全部采样，YUV444 采样如图 5.1-21 所示。对于分辨率为 w×h 的图像，其 Y、U、V 分量的大小均为 w×h。

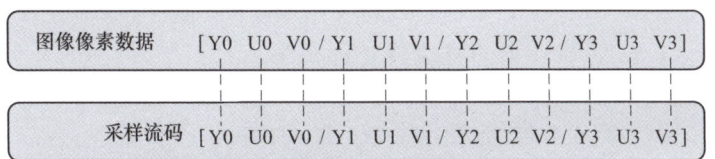

图 5.1-21　YUV444 采样

通过 YUV444 采样的图像大小和 RGB 颜色模型的图像大小是一样的。例如，一张 1280×720 大小的图片，在 YUV 4：4：4 采样时的大小为

（1280 × 720 × 8 + 1280 × 720 × 8 + 1280 × 720 × 8）/8/1024/1024 = 2.64MB

(5.1-7)

从色彩采样的格式角度对 YUV444 格式采样压缩的另一种理解，即 YCbCr 4：4：4 采样图像示意如图 5.1-22 所示，YCbCr 4：4：4 表示第一、二排全部 8 个像素都记录原来的颜色信息，也就是未经过压缩。

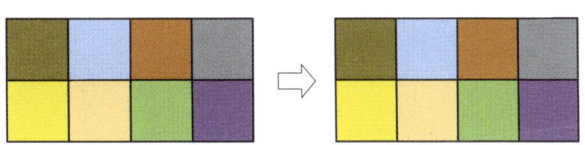

图 5.1-22　YCbCr 4：4：4 采样图像示意图

2）YUV422。YUV 4：2：2 采样，意味着 U、V 分量是 Y 分量采样的一半，Y 分量和 U、V 分量按照 2：1 的比例采样。如果水平方向有 10 个像素点，那么采样了 10 个 Y 分量，而将只采样 5 个 U 分量和 5 个 V 分量。YUV 4：2：2 采样如图 5.1-23 所示，其中，每采样过一个像素点，都会采样其 Y 分量，而 U、V 分量就会间隔一个采集一个。

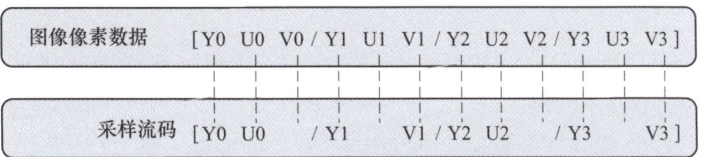

图 5.1-23　YUV 4：2：2 采样

因此 "4：2：2" 的意思是每 4 个像素里面有 4 个 Y、2 个 U、2 个 V。对于分辨率为 w×h 的图像，其 Y 分量的大小为 w×h，U、V 分量的大小均为 w×h/2。

一张 1280×720 大小的图片，在 YUV 4：2：2 采样时的大小将减小为

（1280 × 720 × 8 +（1280 × 720）/2 × 8 +（1280 × 720）/2 × 8）/8/1024/1024 = 1.76MB

(5.1-8)

77

可以看到，YUV 422 采样的图像比 RGB 模型图像节省了 1/3 的存储空间，在传输时占用的带宽也会随之减少。

从色彩采样的格式角度对其的另一种理解，即 YCbCr 4∶2∶2 采样图像示意如图 5.1-24 所示，第一排和第二排都只记录两个像素颜色信息，第一、二排的 2、4 像素的颜色信息不记录，

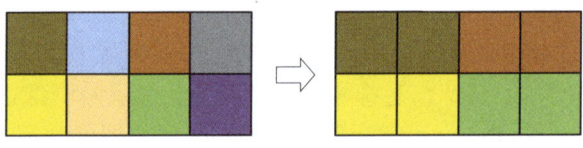

图 5.1-24　YCbCr 4∶2∶2 采样图像示意图

而是用相邻的来代替，8 个像素只记录了 4 个像素的色彩信息，节省了带宽。

3) YUV420。YUV 4∶2∶0 采样，并不是指只采样 U 分量而不采样 V 分量，而是指在每一行扫描时，只扫描一种色度分量（U 或者 V），和 Y 分量按照 2∶1 的方式采样。比如，第一行扫描时，Y、U 按照 2∶1 的方式采样，那么第二行扫描时，Y、V 分量按照 2∶1 的方式采样。对于每个色度分量来说，它的水平方向和竖直方向的采样和 Y 分量相比都是 2∶1，YUV 4∶2∶0 采样如图 5.1-25 所示。其中，每采样过一个像素点，都会采样其 Y 分量，而 U、V 分量就会间隔一行按照 2∶1 进行采样。之所以称为 4∶2∶0，是由于每 4 个像素中有 4 个 Y、2 个 U、0 个 V，而下一行的四个像素中有 4 个 Y、0 个 U、2 个 V。

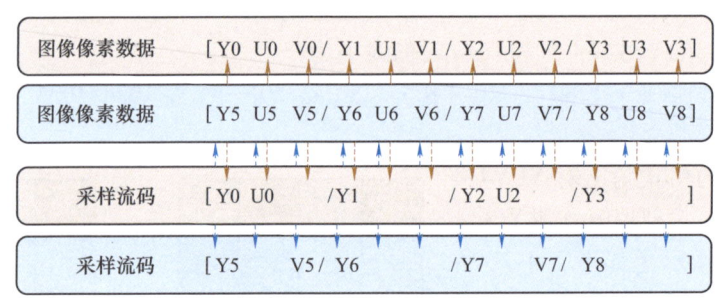

图 5.1-25　YUV 4∶2∶0 采样

对于分辨率为 $w \times h$ 的图像，其 Y 分量的大小为 $w \times h$，U、V 分量的大小均为 $w \times h/4$。一张 1280×720 大小的图片，在 YUV 4∶2∶0 采样时的大小为

$$(1280 \times 720 \times 8 + (1280 \times 720)/4 \times 8 + (1280 \times 720)/4 \times 8)/8/1024/1024 = 1.32\text{MB}$$
(5.1-9)

可以看到 YUV420 采样的图像比 RGB 模型图像节省了一半的存储空间，因此它也是比较主流的采样方式。

从色彩采样的格式角度对其的另一种理解，即 YCbCr 4∶2∶0 采样图像示意如图 5.1-26 所示。第一排只记录两个像素颜色信息，第二排的颜色信息不记录，而是用第一排来代替，8 个像素只记录了 2 个像素的色彩信息，更加节省了带宽。

此外，YUV 的数据填充方式有两大类：Planar 和 Packed。对于 Planar 的 YUV 格式，先连续存储所有像素点的 Y，紧接着存储所有像素点的 U，随后是所有像素点的 V。对于 Packed 的

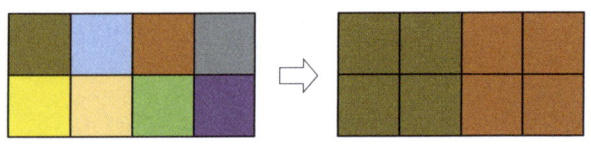

图 5.1-26　YCbCr 4∶2∶0 采样图像示意图

YUV 格式，每个像素点的 Y、U、V 是连续交叉存储的。

5.1.5 光谱响应

光谱响应（Spectral Response）特性是指芯片对于不同波段光线的响应能力，通常用光谱响应曲线来表征，图 5.1-27 所示为图像传感器芯片的典型响应曲线，主要集中在可见光范围。光谱响应曲线也是量子效率曲线（Quantum Efficiency Curves），图 5.1-27 中的纵轴也可理解为传感器对红、绿、蓝三种光线，以及白光光线的量子效率。基于第 4 章的学习可知，量子效率越高，传感器的光电转化效率越高，传感器性能越好。

此外还有专门对长波红外、短波红外及紫外线的传感器芯片。长波红外采集 8~14μm 的电磁波，

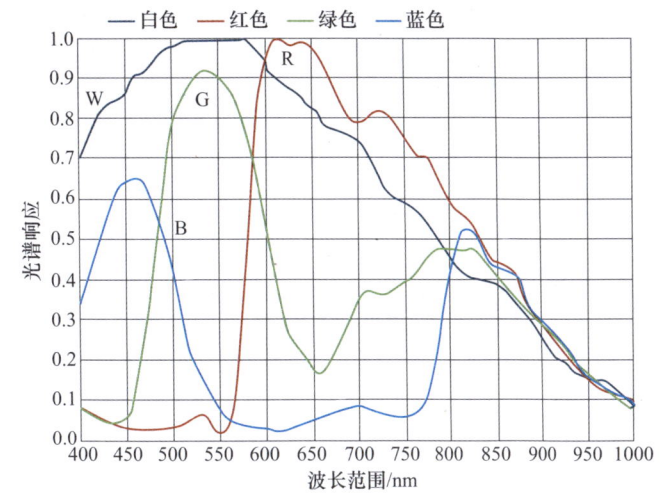

图 5.1-27 图像传感器芯片的典型响应曲线

采用热辐射原理成像。物体的热辐射能力与物体材料特性和表面温度有关，温度越高，辐射的能量越大，具有高灵敏度、更少的大气吸收、更高的信噪比，对于可见光背景干扰不敏感。长波红外效果和短波红外效果如图 5.1-28 所示。图 5.1-28a 为利用长波红外相机对装了半杯热水的水杯进行成像的效果，可明显观察到水杯中水平面的位置。长波红外相机利用物体发射的红外辐射进行成像，不依赖外部光源，因此可以在全黑条件下工作，适用于温度监测和热分析。

短波红外采集 0.9~1.7μm 的电磁波，这个波段位于近红外（NIR）和长波红外（LWIR）之间，被称为大气透明窗口，因为在这个波段内，大气对红外辐射的吸收很小。其工作原理基于热辐射现象和红外辐射与物体之间相互作用的特性。与长波红外相机相比，短波红外相机能够提供对比度较强的高分辨率图像，这对于分类和检验是非常重要的。短波红外相机能够捕捉到在可见光下无法看到的特性，因为不同材料在不同波长下的表现可能完全不同。图 5.1-28b 为利用短波红外相机对手背进行成像的效果。可以明显观察到手背的静脉血管。

5.1.6 可变增益范围

增益（Gain）是指相机在接收到的原始光信号基础上进行放大的程度，以提高图像的亮度或信噪比。增益值影响图像传感器由光生成图像这一过程中的模/数转换过程，并作为输出信号的乘法器。

可变增益范围（Variable Gain Range，VGR），以分贝（dB）为单位，是工业相机的重要参数之一。这个参数表明相机可以通过调整增益来改变图像的亮度，从而适应不同的光照条件。例如，如果一个工业相机的 VGR 是 0~18dB，这意味着相机可以将信号放大 0~18

工 业 相 机 原 理

 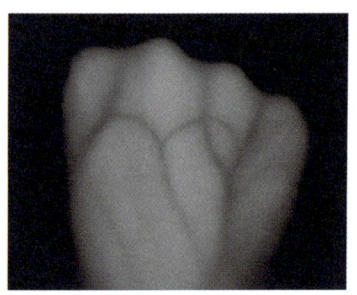

a) 长波红外效果(图中为装了半杯热水的水杯)　　b) 短波红外效果(图中为手背静脉)

图 5.1-28　长波红外效果和短波红外效果

倍。增益的增加可以提高图像的亮度，但也可能会增加图像的噪声。因此，选择合适的增益设置对于在不同的光照条件下获得高质量的图像至关重要。

Auto Exposure-Auto Gain（AEAG）是相机对于曝光和增益的一种处理模式，是指自动曝光和自动增益控制功能的组合。这是一种自动调节相机参数以适应不同光照条件的功能，目的是在各种环境光线下都能获得最佳图像质量。自动曝光（Auto Exposure，AE）功能会根据环境光线的变化自动调整相机的曝光参数，如曝光时间（快门速度）、光圈大小等，以保持图像的亮度在一定的目标范围内。曝光时间的调整可以是连续的或分步的，取决于相机的硬件和软件能力。自动曝光的目的是防止图像过曝（过亮）或欠曝（过暗），确保图像中的细节可见。自动增益（Auto Gain，AG）会自动调整相机传感器的增益设置，以增强图像信号的强度。增益分为模拟增益（Analog Gain）和数字增益（Digital Gain）。模拟增益在信号的模拟阶段放大，而数字增益在信号数字化后放大。增益的调整可以帮助在低光照条件下提高图像的亮度，但过高的增益可能会增加图像的噪声。

AEAG 功能通常一起工作，以实现最佳的图像效果。例如，如果环境光线较弱，自动曝光可能会增加曝光时间，而自动增益则提高传感器的增益，以确保图像亮度。AEAG 算法会根据图像的直方图、亮度统计或其他图像质量指标来动态调整曝光和增益参数。相机可能会提供不同的 AEAG 控制策略，如优先保持曝光时间不变而调整增益，或者优先保持增益不变而调整曝光时间。也可以设置这两个参数对算法的贡献之比（曝光优先级）。这些策略可以根据拍摄场景的不同需求进行选择，如在需要捕捉快速运动的场景中，可能需要优先保持较短的曝光时间。总地来说，AEAG 是工业相机中用于自动调整曝光和增益以适应不同光照条件的重要功能，它有助于在各种环境下获得高质量的图像。

5.2　工作模式

相机的工作模式可以从图像采集的画幅状态和图像采集的触发方式两个方面分类描述。从采集的画幅状态方面，包括感兴趣区域（Region of Interest，ROI）和下采样（DownSampling）两类。从图像采集的触发方式方面，包括软触发和硬触发两类。

5.2.1 相机采集的画幅状态

默认情况下，相机以全分辨率和全画幅工作。此外，相机也可以工作在 ROI 和下采样模式。ROI 即为相机的感兴趣区域，一般工业相机均可通过设置感兴趣区域的宽、高，从图像中选择出一个区域作为成像区域，从而减少处理时间。相机成像画幅中的 ROI 如图 5.2-1 所示，相机全画幅大小为 1024×1280，可以设置 ROI 区域宽 480、高 640，使相机工作在 480×640 模式，从而捕获大小为 480×640 的图像。通过水平和垂直方向设置偏置 Offset_x、Offset_y 可以挪动感兴趣区域在成像画幅中的位置。

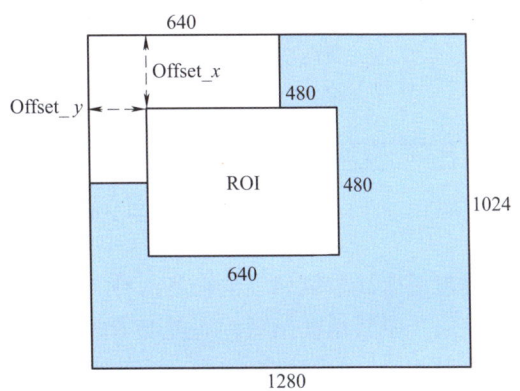

图 5.2-1 相机成像画幅中的 ROI

下采样描述了在不影响传感器物理尺寸的情况下降低图像分辨率的可能性。与 ROI 不同，下采样不裁剪图像。下采样可以通过两种方式实现，分频（Binning）和跳频（Skipping）。

Binning 又分为水平方向和垂直方向。水平方向 Binning 是将相邻行的电荷加在一起读出，垂直方向 Binning 是将相邻列的电荷加在一起读出。Binning 将几个像素联合起来作为一个像素使用，提高灵敏度，输出速度，降低分辨率。下采样的原理如图 5.2-2 所示，当采用 2∶2 Binning 时，图像的纵横比并不改变，图像的解析度将减少 75%。当选择 Skipping 时，每 n 个像素中只使用一个来创建输出图像。例如，使用 2×2 垂直 Skipping，每行和每列中都进行间隔采样，即行、列方向每 2 个像素（共 4 个像素）采样 1 个，导致图像具有原始垂直分辨率的一半。Skipping 是一种更快的下采样模式，图 5.2-2 中 2×2 Binning 获得 4 个像素的累加，而 2×2 Skipping 获得左上角像素。

图 5.2-2 下采样的原理

图 5.2-3 是 ROI 中的 Partial Scan 与下采样中 Binning 的原理对比。Partial Scan 是 ROI 的一种特例，只在图像列方向采集部分行，行方向全部采集，目的也是通过减少图像的关注区域，减少采集时间，提高帧率。可见 Binning 可采集全部的图像信息，而 ROI 只采集特定部分的图像信息。

5.2.2 相机的触发方式

相机的采集模式可根据对相机的触发方式来划分。相机的触发方式分为内触发和外触发两类，相机采集模式分类见表 5.2-1。内触发是指相机内部信号触发相机拍照，相机的内触

工 业 相 机 原 理

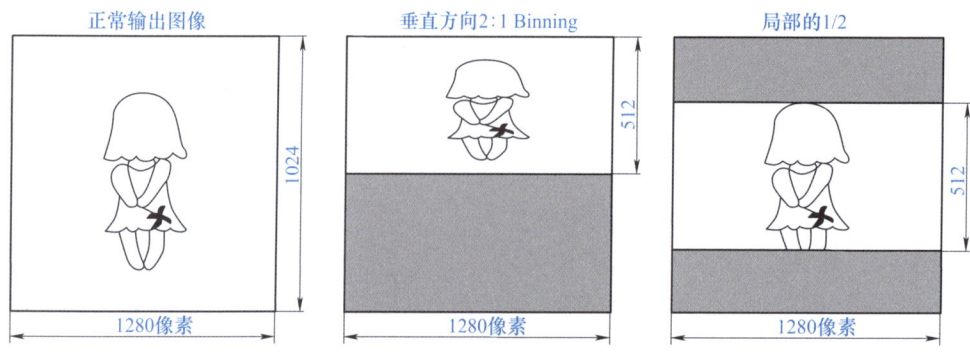

图 5.2-3 ROI 中的 Partial Scan 与下采样中 Binning 的原理对比

发采集包括连续采集和单帧采集两种。外触发包括软触发和硬触发两种方式。软触发是由软件触发信号控制相机拍照，通过取图软件或视觉处理软件触发相机拍照取图；硬触发是由外部硬件设备信号控制相机拍照，一般工业相机都内置了物理I/O，通过I/O触发相机拍照取图的方式叫作相机硬件触发。内触发采集和外触发采集的区别是后者需要发送触发命令才能够采集到图像信息。

上述对相机采集模式的分类是按照是否触发进行的。此外，还可以从相机输出图像是动态还是静态，将相机的采集模式分为连续模式和触发模式（均为单帧采集），见表 5.2-1。连续模式下，相机将输出动态图。触发模式下，图像采集不连续，要依赖触发信号的使能。由于触发是一种被动模式，触发模式下相机进入准备状态，触发信号产生后，相机才会开始曝光、输出图像。虽然，当触发信号频次足够高时相机的图像采集呈动态连续的样式，但从机理上并不属于连续采集模式。

表 5.2-1 相机采集模式分类

采 集 模 式			触发信号来源
内触发	连续采集	√	相机内部
	单帧采集	√	相机内部
外触发	连续采集	×	相机外部
	单帧采集	√	相机外部

通常，工业相机有两个用于数据传输的物理接口，如图 5.2-4 所示，一个为图像数据接口，用于将相机采集的图像传输给计算机等图像处理单元；另一个为控制信号接口——I/O 接口，可根据相机中的不同事件源通过I/O接口进行信号输出，如往外部设备（光源、执行机构）输出信号（电压），从而控制外部设备进行动作。也可通过I/O接口从外部设备输入信号（如相机触发信号）给相机，通常也可以设置信号时长、延时等。具体将在第 8 章进行详细介绍。

图 5.2-4 工业相机的两个物理接口
（数据接口和 I/O 接口）

硬触发从如何对外部硬件设备信号进行利用的角度又可分为三类：沿触发（Edge Pre Select，EPS），脉冲宽度触发（Pulse Width Control，PWC），以及帧延时读出触发（Frame Delay Readout，FDR）。硬触发的三种控制方式如图 5.2-5 所示，沿触发自触发信号下降沿开始曝光，曝光时间为事先设定的常数；脉冲宽度触发，自触发信号下降沿开始曝光，曝光时间由触发信号脉宽控制；帧延时读出触发，自触发信号下降沿开始曝光，曝光时间为事先设定的常数，延迟输出至下一触发信号的下降沿。

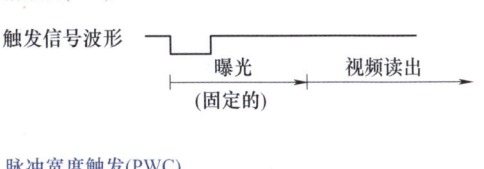

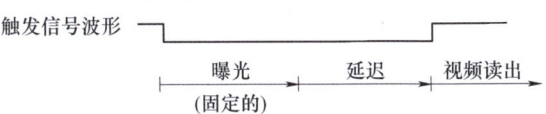

图 5.2-5　硬触发的三种控制方式

习题与思考题

1. 有图 5-1 所示的相机视场与分辨率，请计算测量精度——像素分辨率（mm/Pixel）（也称像素精度）。

2. 有下面的检测要求，请对工业相机进行选型。
  1）检测任务：尺寸测量。
  2）产品大小：60mm×50mm。
  3）精度要求：0.1mm。
  4）工作方式：流水线作业。
  5）检测速度：10 件/秒。

3. 请思考像素格式与图像格式的区别。

4. 怎样理解 YUV 图像格式是对原始 RGB 图像信息的采样。

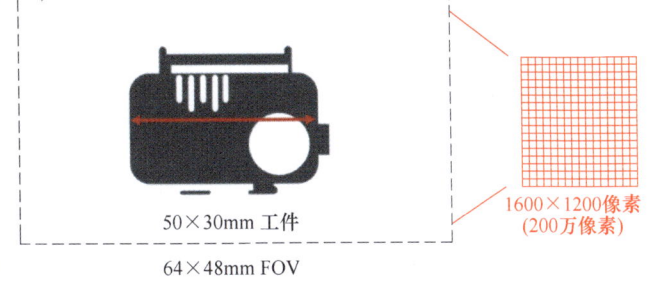

图 5-1　相机视场与分辨率

5. 请分析，是否只要选择了全帧快门或者行间转移 CCD 就可以抓拍运动物体？为了在抓拍运动物体时不产生拖影和模糊，还必须考虑相机的哪些参数指标？

6. 若传感器芯片的动态范围更高，会带来什么好处？

7. 请说明曝光时间与光圈、光线强度的关系。

8. 从采集的画幅状态角度说明相机的常见采集模式及各个采集模式的工作原理。

9. 请说明相机内触发与外触发的区别，两者分别是通过何种方式实现的。

10. 请列举工业相机支持的常见彩色像素格式，并说明这些像素格式与 RGB 格式的关系。

第 6 章 工业相机中的图像信号预处理

光线从镜头入射到相机的图像传感器,并转换为电信号之后,并不是直接输出,而是需要在相机内部进行一系列处理。相机内部图像信号处理流程如图 6.1-1 所示,光线从镜头入射,透过彩色滤镜阵列(Color Filter Array,CFA)到达图像传感器 CCD/CMOS,传感器输出 R、G、B 三个分量对应的 RAW 图像。接着,进行图像信号处理(Image Signal Process,ISP)的第一阶段——RAW 域处理。对 RAW 图像进行黑电平校正,并对校正后的 RAW 图像进行坏点校正(Bad Pixel Correction)、镜头阴影校正(Lens Shading Correction,LSC)、平场校正、数字增益调节及白平衡调整。接着利用 R、G、B 三个通道的 RAW 图像进行 Bayer 插值,获得一幅完整的彩色 RGB 图像。从此刻开始,进入 ISP 的第二阶段——RGB 域处理。依次要经过色彩校正矩阵、Gamma 校正、颜色空间转换、图像质量(亮度/对比度/饱和度)调整及图像格式转换。至此 ISP 流程结束,相机输出特定图像格式的数字图像给计算机、显示器等。

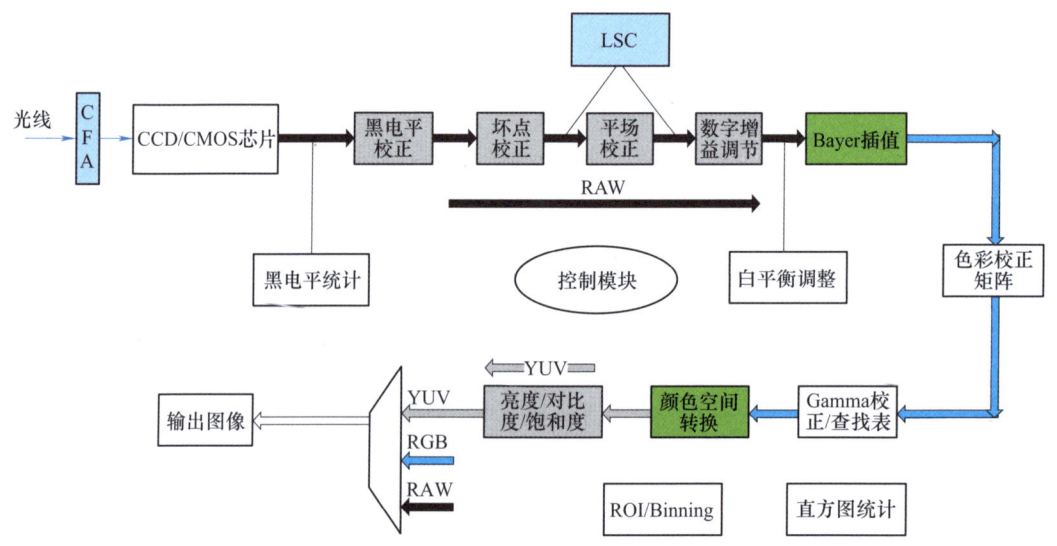

图 6.1-1 相机内部图像信号处理流程

需要注意的是,这些图像处理环节的顺序并不是一成不变的,如白平衡也可在 RGB 域进行;LSC 校正既可在平场校正之前,也可在平场校正之后。不同相机厂家可能会选择不同的处理顺序，图像处理环节的顺序和各个环节所采用的具体处理方法的不同，共同影响相机最终输出图像的图像质量。

6.1 黑电平校正

在之前的学习中，我们已经知道了传感器的构造和成像原理。但是从光信号转换为图像的过程中还有许多的工作要做，黑电平校正（Optical Black Correct，OBC 或 Black Level Correction，BLC），也称黑电平校准，就是其中之一。

6.1.1 什么是黑电平，为什么要进行黑电平校正

工业相机里的黑电平（也称绝对黑电平）就是黑色的最低点。所谓黑色的最低点就是 CRT 显像管内射出的电子束能量低于让磷质发光体（荧光物质）开始发光的基本能量时，屏幕上所显示的最低程度的黑。美国国家电视系统委员会（NTSC）把绝对黑电平定位在 7.5IRE 的位置，规定低于 7.5IRE 的信号都将被显示为黑；而日本的电视系统则把绝对黑电平定位在 0IRE 的位置。其中 IRE 是 Institute of Radio Engineers 的简称，即"无线电工程学会"由该机构所制定的视频信号单位就称为 IRE，现在经常以 IRE 值来代表不同的画面亮度。

在之前的学习中，我们已经知道了每一个像素点都是由一个光电二极管控制的，二极管将电信号转换为数字信号，图像的像素值与电信号强度成正比例关系。但是，每一个光电二极管的工作都需要一定的电压。那么即使在外部没有光线照射时，传感器也会有一定的电压。这些电压会在成像时叠加到电信号中，影响成像，这就是黑电平校正存在的意义。

从数字图像的角度，黑电平指定义图像数据为 0 时对应的信号电平。调节黑电平不影响信号的放大倍数，而仅仅是对信号进行上下平移，见式（6.1-1）。如果向上调节黑电平，图像将变暗，如果向下调节黑电平，图像将变亮。通常相机黑电平为 0 时，对应 0V 以下的电平都转换为图像数据 0，0V 以上的电平则按照增益定义的放大倍数转换，最大数值为 255（像素深度为 8 位时）。工业相机中的黑电平调节功能如图 6.1-2 所示，图 6.1-3 所示为不同黑电平下相机的成像效果。

$$\text{Pixel}' = \text{Pixel} + \text{Offset} \tag{6.1-1}$$

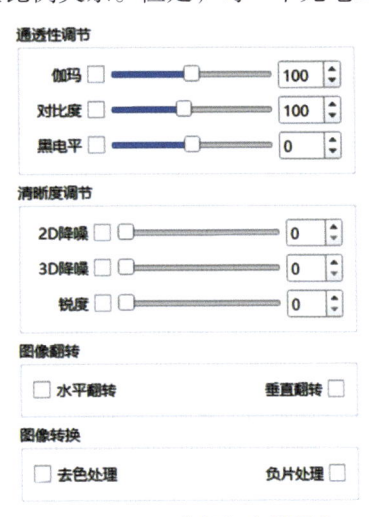

图 6.1-2 工业相机中的黑电平调节功能

如图 6.1-3 所示，对于一张照片来说，照片亮度越高，从照片上看就越白；亮度越低，照片越暗。黑电平就代表亮度最低的水平，也就是最黑的水平，表现的是在没有光照的条件下，拍出来的照片。假设一幅图像每个像素有效数字位区间为 0~1023，即像素深度为 16，那么就代表从黑到白可以区分出 1024 个档位，区间越大，代表区分度越高，图片的明暗分辨率越高。这里 0 就代表最黑，1023 就代表最白。那么黑电平是否就是代表 LSB=0 的状态呢（LSB 的英文全称是 Least Significant Bit，表示最小可分辨亮度单位）？其实不是的，黑电平代表一个有效数字位，但是并不是 LSB=0，为什么呢？我们知道图像传感器是有暗电流

原图　　　　　　　　　　　减小黑电平　　　　　　　　　　　增大黑电平

图 6.1-3　不同黑电平下相机的成像效果

的，在黑暗的条件下，图像传感器因为暗电流的存在，依然会在图片上有所显示。黑电平只是定义了在某一有效数字位以下都代表黑色。因为黑电平代表没有光照的条件下，图像体现的最黑的水平，所以黑电平的测试均是在无光照条件下进行的。无光照条件下某一传感器获得的像素值阵列如图 6.1-4 所示，定义 LSB = 64 为黑电平，就代表着 LSB ≤ 64 的像素点都是黑色。可见，黑电平的作用其实是对图像传感器无光条件下照片的修正，目的就是屏蔽掉黑电平在图片上的体现。

若将黑电平定在 LSB = 64，对于 0~1023 对应的从黑到白的范围，则 LSB ≤ 64 就都代表黑色，那么从黑到白则对应于 64~1023，可见分辨区间变小。所以黑电平的位置也代表了图像传感器厂商的制造水平，暗电流越小，就可以把黑电平的有效数字位定义的更低，亮度识别区间在同样的数字位下就越大。图 6.1-4 中黑电平 LSB = 64，如果黑电平变成 LSB = 32，或者 LSB = 16，那么亮度识别区间的数字位就会有效的拉大。

图 6.1-4　无光照条件下某一传感器获得的像素值阵列

6.1.2　黑电平校正的原理及方法

1. 黑电平校正原理

黑电平校正（OBC）指的是光学暗区校正，是在成像时将一部分暗电流（这部分电流也称为黑电平）减去。那么，如何获取黑电平的数值呢？传感器上预留的不曝光黑电平行如图 6.1-5 所示，在传感器上会预留一些完全没有曝光的像素，通过读取这些像素值的大小，可以实时得到黑电平（Optical Black Level，OBL），此时传感器（Sensor）的输出 RAW = Sensor Input − OBL。

尽管这些黑电平行（Black Lines）已经充分考虑到了不同列的光学黑（Optical Black，OB）不同，但因为在传感器边缘的 Black Lines 会受到 PCB 布局、电源纹波、模组结构设计等因素的影响，故此时 OB 扣除还可能不准确，导致部分相机厂商不使用 OBC 功能，但是在安防类或车载类摄像头上，部分厂商还是使用了 OBC 功能的。

然后考虑到传感器输出的信噪比，所以一般传感器在输出数据时又会垫上一个基底（Pedestal），此时 Sensor 的 RAW = Sensor Input − OBL + Pedestal。对于芯片处理 ISP 来说，一般获得的就是此数据，此时需要在 ISP 处理流程的起始部分减去这个基底，在芯片内部一般叫作 BLC。

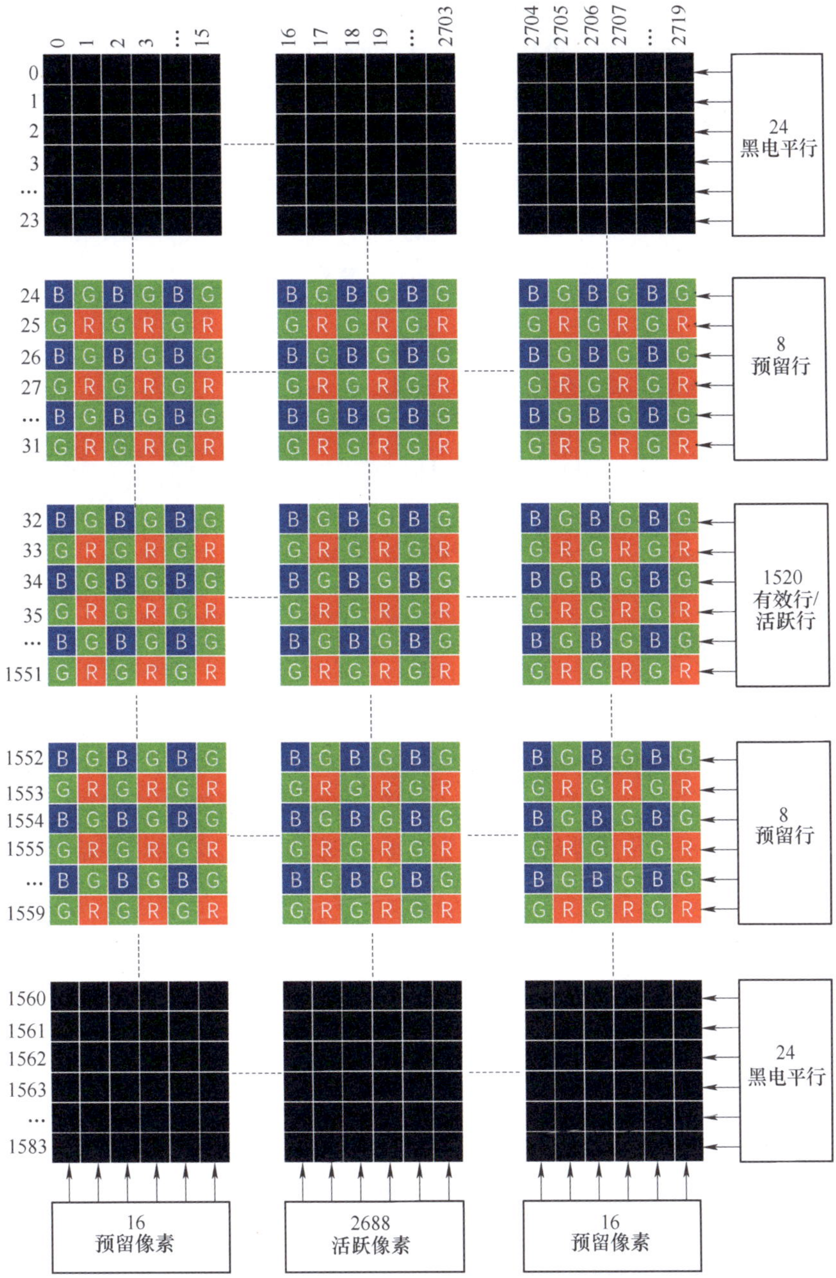

图 6.1-5　传感器上预留的不曝光黑电平行

2. OB 扣除的方法及影响

黑电平校正有两种方法，一种是直接在 RAW 数据上减去一个值，R、G、B 减的值可以一样，也可以不一样；另一种是利用一次函数，不同的像素位置减掉不同的值。最简单扣除 OB 的方法是减去均值，然后再对 G 通道做线性拉伸，如 $G_{output}=G_{input}\times 255/(255-Black\ Lev$-

el）。做线性拉伸的原因是扣除 OB 后 RGB 通道均不饱和，而 R、B 通道因为白平衡增益（R_{gain}、B_{gain}）的存在可以达到饱和，G_{gain} 的增益一般为 1，这样在画面接近过曝的地方就会偏紫。这是因为 OB 跟增益 Again 相关，Again 与 OB 的分布关系如图 6.1-6 所示。随着增益增加，OB 的均值可能不变，噪声会随着 Again 的增加而增大，导致了 OB 的方差增加。所以如果按照 OB 的均值扣除，而后在 ISP 环节中增大了增益，那么就可能会有较多的黑电平残留，受白平衡（R_{gain}、B_{gain}）的影响，故画面暗处会偏紫。此时的解决方法为：多扣除一点 OB，但缺点为破坏了噪声形态会引入较多噪点；分通道扣除 OB，缺点为偏色的情况会受环境色温影响。而且 OB 还会随着温度的变化而变化，如果 OB 的扣除没有跟随温度变化的话，也会出现偏色问题。

在 ISP 处理中，OB 一般为第一个模块，当然也可以放在 RAW 域去噪之后，而这也各有优缺点。OB 在成 RAW 域图像之前扣除，则清晰度更优；OB 在成 RAW 域图像之后扣除，则噪声更优。除了减去均值，还可以使用最大值、中值、局部均值等方法扣除 OB。此外，因为 OB 跟增益相关，故可以根据不同的增益扣除不同的 OB。

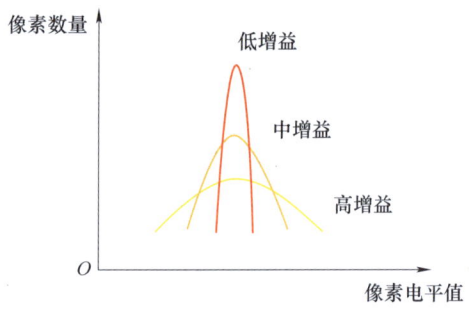

图 6.1-6　Again 与 OB 的分布关系

6.2　坏点校正

CMOS 和 CCD 芯片都会由于制造工艺、温度或芯片老化等原因而存在坏点，导致图像传感器产生缺陷。上一节我们学习了黑电平，其代表没有光照的条件下图像体现的最黑的水平，所以对其测试均是在无光照条件下进行的。但是如图 6.1-4 所示，图片中还有很多LSB>100 的存在，这些就是图像传感器缺陷——白像素。所谓的白像素就是在暗光条件下依然显示白色的像素点，这些白色并不是光电子产生的信号，而是像素本身有问题，与暗电流不同，暗电流是整个图像的漏电，所以黑电平是针对整个图像传感器的校正；而白像素是单个或几个的像素坏点，而且白像素的亮度较高，所以不是黑电平校正的范围。一般只有 LSB 达到一定的值才被定义为白相素。

图 6.2-1 展示的是暗光条件下像素的有效数字位 LSB 的统计分布。假设整体图像传感器是 1300 万像素，那么所有有效数字位的累积数量就是 1300 万。因为是暗光条件下，所以大部分像素的有效数字位都集中在黑电平附近。假设定义 LSB＝264 为白像素的临界值，那么 LSB≥264 的像素都被定义为白像素，需通过其他的外围电路进行校正。定义白像素的有效数字位并不是看图 6.2-1 中小峰的位置，而是 LSB 大于一定数值就会定义成白像素，白像素数量是一个累积量，小峰

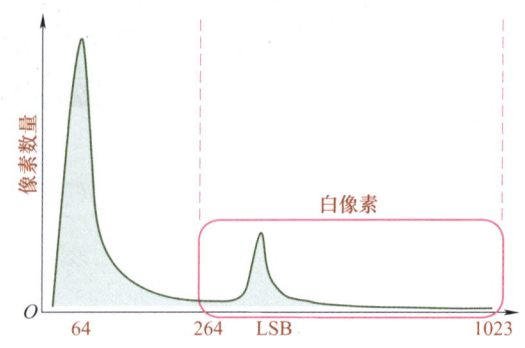

图 6.2-1　暗光条件下像素的有效数字位 LSB 的统计分布

只能代表该 LSB 位数下的白像素数量较多。

实际照片中的白像素示意如图 6.2-2 所示，有的是单个的点分布，有的是相邻几个分布的，这些都需要通过外围电路的算法进行修正。通常的算法是通过白像素周围的像素点进行补偿，即参照周围像素点，把白像素的有效数字位通过算法用周围像素点的有效数字位进行替代。这种方法针对单个像素点很容易修复，但是对于那些多个白相素点相邻的状况就很难修复了。如果一个白像素周围都是白像素，那么此像素点就没有可以参照的正常像素，就无法进行校正。

 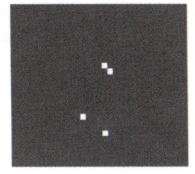 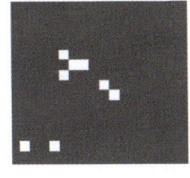 

图 6.2-2　实际照片中的白像素示意图

CCD/CMOS 传感器受本身制造工艺的限制，像元尺寸较小的传感器在生产过程中不可避免地会出现一些单像素坏点，此类坏点在传感器成品后就自然存在，但是数量较少，生产厂商会有严格的筛选控制。传感器坏点如图 6.2-3 所示。

传感器的坏点可分为静态坏点和动态坏点（Warm Pixels）两类。静态坏点又分为亮坏点（Hot Pixels）和暗坏点（Dead Pixels）。亮坏点对应的像素亮度值明显大于入射光乘以相应比例，如图 6.2-2 所示的白像素。暗坏点无论在什么入射光下，该点的值都接近于 0。动态坏点在一定灰度范围内表现正常，超出这一范围，该点表现比周围要亮。动态坏点与传感器的温度、增益、曝光时间都有关系。

工业相机生产厂商一般会针对传感器固定位置的坏点做算法校正。坏点校正的一般流程：①识别坏点，计算坏点坐标；②发送坏点坐标到相机内部进行弥补；③通过相邻或相近的像素点灰度值对不感光的像素做均值弥补。黑白相机和彩色相机的单像素坏点校正可分别用式（6.2-1）、式（6.2-2）表示。黑白相机和彩色相机的单像素坏点校正方法示意如图 6.2-4 所示。图 6.2-5 所示为自然图像中的单像素坏点校正前后的效果图。

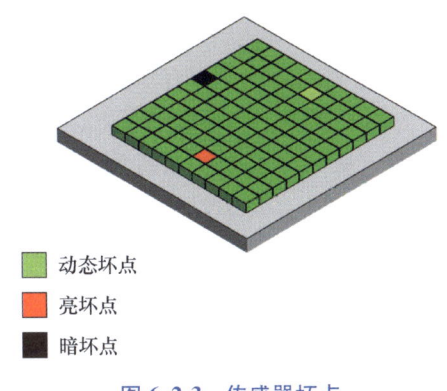

图 6.2-3　传感器坏点

图 6.2-4　黑白相机和彩色相机的单像素坏点校正方法示意图（其中黑色像素代表坏点，红色像素代表用于坏点弥补的像素）

$$P_{i,j} = \frac{1}{4}(P_{i-1,j} + P_{i+1,j} + P_{i,j-1} + P_{i,j+1}) \quad (6.2\text{-}1)$$

$$P_{i,j} = \frac{1}{4}(P_{i-2,j} + P_{i+2,j} + P_{i,j-2} + P_{i,j+2}) \quad (6.2\text{-}2)$$

在制造过程中，每台相机都要经过一个测试程序，根据暗场图像测量坏点像素。测量的坏点像素存储在相机内，并用于在操作期间对获取的图像进行校正。默认情况下，相机的坏点校正功能是启动的，但如果需要未处理的输出，则可以由用户关闭。

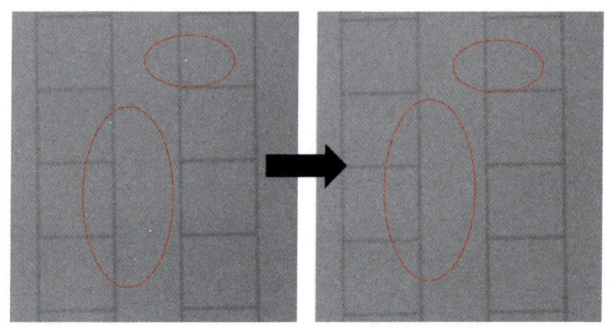

图 6.2-5　自然图像中的单像素坏点校正前后的效果图

6.3　镜头阴影校正

6.3.1　镜头阴影产生的原因及阴影分类

一个摄像头的光学处理模块主要包含镜头（Lens）、红外截止滤波片（IR-Cut Filter）、图像传感器（Image Sensor）和印制电路板（PCB）。其中，镜头、红外截止滤波片和图像传感器是导致镜头阴影的主要部分。ISP 中有专门的模块去除镜头阴影，该模块一般称为镜头阴影校正（LSC）。镜头阴影（Shading）可以细分为亮度阴影（Luma Shading）和色度阴影（Color Shading），如图 6.3-1 所示。

图 6.3-1　亮度阴影（左）和色度阴影（右）

1. 亮度阴影

亮度阴影（光学上称为渐晕，英文为 Vignetting），也常称为暗角，典型表现为图像中心区域较亮、四周偏暗，如图 6.3-1 中的左图所示。亮度阴影的成因具体主要有以下两种。

1）机械阴影。镜头本身的机械结构导致的阴影称为机械阴影（Mechanical Shading）。镜头的各模块在制作和组装的过程中存在一定的工艺误差，从而影响光线在镜头内部的传播，类似于光学中的渐晕现象，机械阴影产生原理如图 6.3-2 所示。造成这种阴影的原因主要为遮光罩等机械结构。较大角度进入镜头的一些光线被镜筒遮挡，这些光线进入传感器时的亮度会大幅衰减。

2）自然阴影。由镜头的光学特性引起的阴影称为自然阴影（Natural Shading）。对于整个镜头，可将其视为一个凸透镜。由于凸透镜中心的聚光能力远大于其边缘，从而导致传感器中心的光线强度大于四周。中心的感光必然比周边多，通光量从中心到边角依次减少，导致图像中间亮、四周偏暗，此种现象也称为边缘光照度衰减。图像从中心向四周衰减的速率基本符合 $\cos\theta$ 法则。具体见式（6.3-1），其中 I_0 表示中心光强，θ 表示入射光线与水平轴的夹角，I 表示图像亮度。自然阴影产生原理如图 6.3-3 所示。

$$I = I_o \times \cos\theta \tag{6.3-1}$$

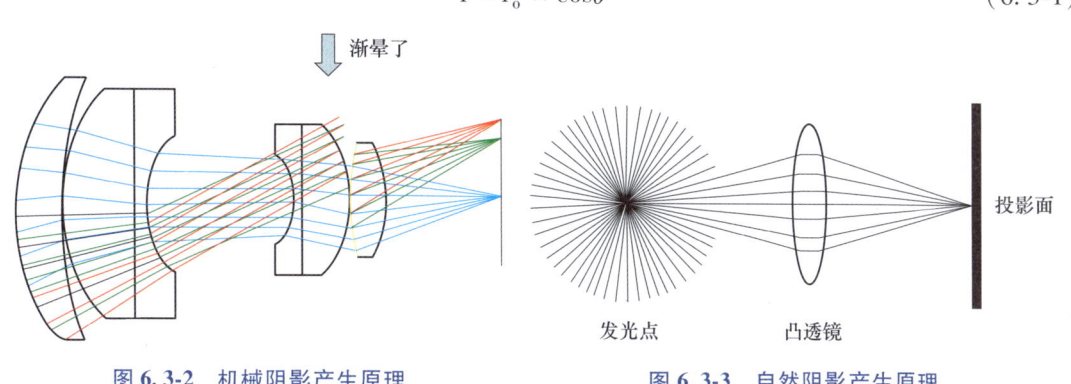

图 6.3-2　机械阴影产生原理　　　　　图 6.3-3　自然阴影产生原理

2. 色度阴影

色度阴影或称为色彩阴影（Chrom/Color Shading）表现为图像中心区域与四周颜色不一致，即图像的四周或中心区域出现偏色，如图 6.3-1 中的右图所示。色彩阴影的成因较为复杂，影响因素较多，主要有以下三点。

1）红外截止滤波片。普通的 IR-Cut Filter 为干涉型红外截止滤波片，在可见光区域有较高的透过率，存在较低反射率，而在红外区域正好相反，反射率较高，透过率很低。成角度拍摄照片时，红外光在 IR 膜上会有较大反射，经过多次反射后，被传感器接收从而改变图像 R 通道的值，引起图像偏色问题。

2）色散现象。镜头的光学特性（色散现象）原理如图 6.3-4 所示，同一介质对不同波长光线的折射率不同，传感器感受到光的位置会发生偏差。由于各种颜色的波长不同，经过了透镜的折射，折射的角度也不一样，因此会造成色彩阴影的现象，这也是为什么太阳光经过三棱镜可以呈现彩虹的效果。

3）主光线角。色彩阴影也会由传感器上微透镜的主光线角（Chief Ray Angle，CRA）与镜头的 CRA 不匹配导致。

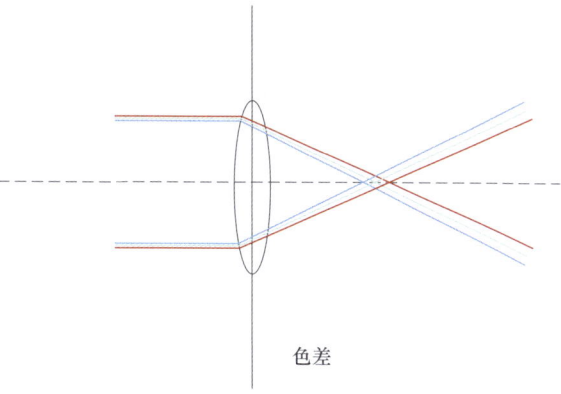

图 6.3-4　镜头的色散现象原理

镜头的主光线角与传感器不匹配，会使传感器的像素出现在光检测区域周围，致使像素曝光不足，亮度不够。镜头 CRA 与传感器 CRA 一般相差在 3°范围内，镜头 CRA 大于传感器 CRA 时容易出现色彩阴影。镜头 CRA 是指从镜头的传感器一侧可以聚焦到像素上的光线的最大角度。传感器的 CRA 是传感器上微透镜在保证像素感光效能为中心 80% 的前提下，能纠正的最大光路角度。当主光线角度大于传感器主光线角度，传感器边缘像素收集光能衰减更大，传感器中心像素收集光能大于边缘像素，导致色彩阴影。

6.3.2 镜头阴影的校正方法

镜头阴影不是工业相机本身的问题,但却对相机成像造成了不希望的影响。镜头阴影校正是为了解决由于镜头的上述光学特性,对于光学折射不均匀导致的镜头周围出现阴影的情况。镜头阴影校正(LSC)的一般流程如图 6.3-5 所示。可以看到,由于镜头阴影的影响,图像亮度从中心向四周衰减,因此可以拟合一条校正曲线,根据像素点在曲线所处位置,从校正曲线上获得增益值,对像素点进行校正。基于上述原理,常用的镜头阴影校正方法有三种。

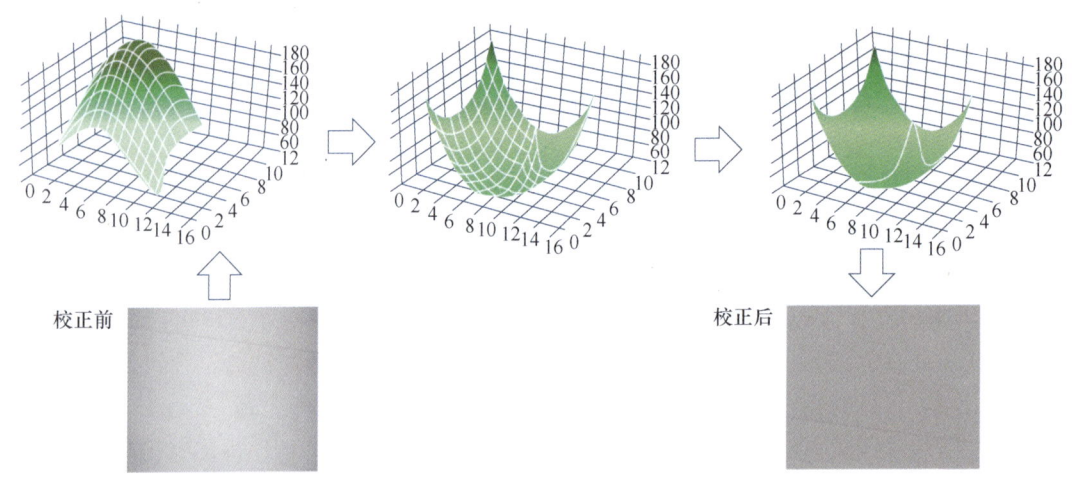

图 6.3-5　LSC 的一般流程

1. 同心圆法

镜头阴影从图像中心到四周越来越严重,且基本是呈现中心对称的,根据镜头阴影的此特点,提出了一种镜头阴影校正方法。该方法根据各像素点与图像中心的距离 R 计算出一个校正系数。同心圆法的原理如图 6.3-6 所示,该方法简单、复杂度低、占用内存少,但是镜头装配过程复杂,不存在这种完全对称的情况,因此,该方法镜头阴影校正的效果一般欠佳,不具有实际应用价值。

2. 网格法

镜头阴影的渐变曲率从中心到边缘逐渐增大,增益曲线表现为中心疏、边缘密。因此将图像划分成中间疏、四周密的网格,每个块内有不同的增益。位于每个块内的像素点认为具有相同的增益值。网格法的原理如图 6.3-7 所示,该方法能适应不同的镜头模组,阴影校正效果较好。

3. 改进的网格法

网格法虽然适应性较好,但是每块网格内具有相同的增益值,阴影校正的精度较差。在

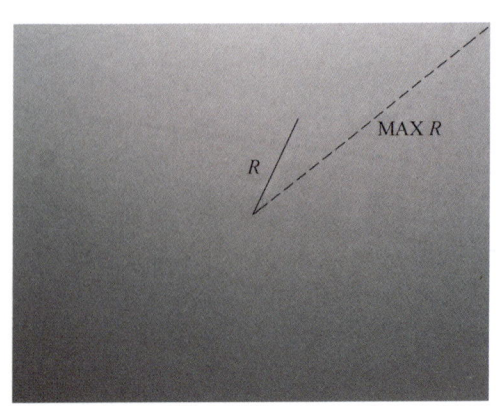

图 6.3-6　同心圆法的原理

网格法的基础上引入了插值的思想，将图像等分成块，测出单个块的 4 个顶点的增益值，落在块内部像素点的增益值根据 4 个顶点的增益值的插值得出。改进的网格法的原理如图 6.3-8 所示，该方法可以适应非对称镜头阴影的情况，对阴影的校正效果更好，精度更高，缺点主要为计算量大、所占内存多。

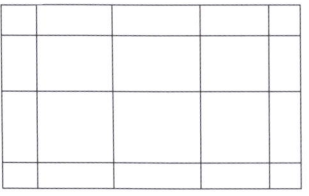

图 6.3-7 网格法的原理

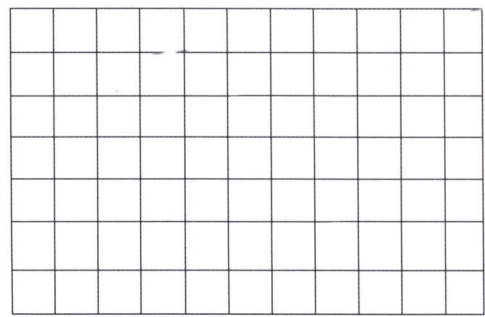 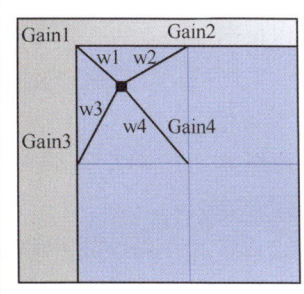

图 6.3-8 改进的网格法的原理

此外，值得注意的是色彩阴影受色温的影响较大，不同色温光谱的色彩阴影不同，因此可以标定多色温下不同的校正值。

6.4 平场校正

6.4.1 什么是平场校正，为什么要进行平场校正

理想情况下，当相机对均匀的目标成像时，得到图像中所有像素点的灰度值理论上应该是相同的。然而，实际上，图像中各像素的值往往会有较大差异。这一般是由以下几个原因造成的。

1) 光照不均匀。
2) 镜片中心和镜片边缘的响应不一致。
3) 成像器件各像元响应不一致。由于自然制造公差，每个传感器的亮度输出都有一定程度的不均匀性，每个像素对相同数量光的反应可能不同。
4) 固定的图像背景噪声（降噪）。

所谓的平场校正（Flat-Field Correction，FFC）就是校正传感器芯片上这些不一致性。可以注意到，其中原因 2) 所述的镜片中心和镜片边缘的响应不一致，是上文所介绍的 LSC；原因 3) 所述的成像器件各像元响应不一致，在极限程度下即为坏点，可通过坏点校正解决，但在非极限程度时不是坏点校正的工作范畴。使用面阵相机时，图像中亮度的差异不会对成像效果产生太大的影响。但是，当使用线扫相机时，线扫相机的传感器高度只有几个像素，这意味着任何像素产生的错误将在同一位置的每次刷新中重复。例如，产生的图像错误可能会以垂直条纹的形式发生，会对记录的图像数据产生重大影响，线扫相机产生的垂直条纹如图 6.4-1 所示。原因 4) 所述的问题可通过前文介绍的降噪环节进行处理。如上所

述，对于 2)、3)、4) 这三个因素的校正，我们之前是根据其各自的产生原因分别设计校正方案进行处理的。而平场校正不是专门用来处理其中某个问题的，而是同时处理多个问题。也即不分析各个因素的原因，而直接关注这些原因所导致的不良结果，从总的现象上进行分析和处理。通常对于单个像元，其响应灰度值与入射光强度呈线性关系。但由于上述原因，传感器上不同像元对入射光的响应是不同的直线，这些直线起点不同，斜率也会有差别。平场校正就是通过改变每个像元响应直线的斜率（即信号增益 Gain）和偏移（即信号偏移量 Offset），使所有像素点的响应直线相同。因此，理论上进行了平场校正后，可以不进行 LSC、坏点校正和去噪。

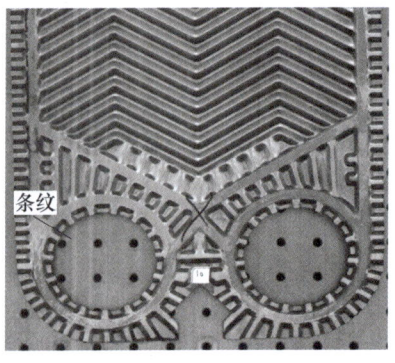

图 6.4-1 线扫相机产生的垂直条纹

平场校正是一种用于提高数字成像质量的技术，它消除了由传感器的像素灵敏度变化和光路失真而导致的图像伪像效果，通常用于像素敏感度及暗电流变化相关的校正。

6.4.2 如何进行平场校正

1. 平场校正的原理

图像的误差可以通过两个步骤来进行校正，分别为暗信号不均匀性（Dark Signal Non Uniformity，DSNU）校正和光响应不均匀性（Photo Response Non Uniformity，PRNU）校正。要校正 DSNU，必须在黑暗中记录参考图像，而对于 PRNU，必须用均匀的照明记录参考图像。因此，平场校正中的这两个单独的步骤分别称为暗场校正和亮场校正（明场校正）。

平场校正的第一步是暗场校正，也称为偏移噪声或固定模式噪声校正，用于尽可能地降低暗信号不均匀性。暗场校正是最容易校准的，它只需要在图像传感器不带照明的情况下记录参考图像。为此，需要遮盖住镜头，获取系统的暗本像素值（取平均值），获得该值的目的在于得到 CCD 传感器在特定环境下（光亮、温度、时间相同）产生的暗像素值的大小。然后，使用偏移量对所有像素值进行标准化，就可以补偿传感器芯片的不均匀性。

第二步是亮场校正，也称为低频平场校正，由于它纠正的是由光路失真引起的光照不均匀，因此 PRNU 校正时所采用的光强就不那么重要了，通常保持在最大光强的 12.5%~90% 即可，但需要保证光照的均匀性。在均匀的照明条件下获取所有像素的一定目标值，由此来消除异常亮度像素。

2. 平场校正的具体方法

最常用的平场校正方法是两点校正法，该方法的前提是探测器像元为线性响应。首先相机对暗场进行一次曝光，得到每个像元的偏移（Offset）；接下来对均匀光照条件下的灰度均匀物体进行一次成像，得到均匀场图像，最好能够使图像中所有的点都接近最大的灰度值；最后用均匀光场图像减去暗场图像，用相对标定的方法对图像增益（Gain）进行校正。平场校正就是以整帧图像的均值或者中值为目标图像，根据每个像素的特性不同，以响应增益（Gain）为系数 K 和像元灰度偏移（Offset）为偏置 B，对每个像素进行校正，从而使得整幅图像看起来很均匀平滑，为了简化计算、节省资源，也可以使用多个相邻的像素使用同一组校准参数。校正时，可以采用多段校正法将响应曲线分段校正。而更多情况下是简单的两点校正法，也即看作线性响应。

在暗场校正中，可以得到均值 V_{avgb}、像素值 V_{inb}；在明场校正中，可以得到均值 V_{avgr}、像素值 V_{inr}；那么，可以得到增益响应系数 $K = (V_{avgr} - V_{avgb})/(V_{inr} - V_{inb})$、偏置 $B = V_{avgb} - V_{inb}K$。将 n 个像素的每一个像素点的 $K[n]$ 和 $B[n]$ 写入一个 RAM 表中，当读取一帧图像时，对每一个像素进行校正 $V_{out} = V_{in}K+B$。

正常情况下，平场校正的功能都会在相机的固定参数中可以写入，从而可以在相机内部直接输出平场校正后的图片。另外注意，在对工业相机进行平场校正时，必须先做暗场再做明场。因为首先进行暗场校正可以确保在计算增益响应系数时，已经去除了固定噪声的影响。这样，在进行明场校正时，就可以更准确地计算出每个像素的增益，从而更有效地校正图像的不均匀性。通过先进行暗场校正，可以确保图像的背景噪声被有效去除，然后再通过明场校正改善图像的亮度均匀性，最终得到更加平滑和均匀的图像。总结来说，先进行暗场校正可以为明场校正提供一个更准确的起点，从而提高整个平场校正过程的准确性和效果。

建议当环境温度变化高于 10°C 时，重新进行所有校正。此外，对工业相机进行平场校正之前要根据最终使用情况设置相机校正环境（如行频、曝光时间、增益等）；平场目标建议使用塑料、陶瓷或专业白平衡纸。

3. 利用 Halcon 软件进行平场校正的例子

图 6.4-2 所示为平场校正前的 R 通道图像与 RGB 通道进行整体的平场校正效果对比，相机捕获的图片见图 6.4-2 中的左图（其中红色虚线并非为图像本来内容），可以看出图像边缘和中心的灰度值差异较大，而打光环境却又是正常均衡的。

1) 使用 Halcon 软件对 RGB 三通道进行整体的平场校正。代码如下：

```
* 读取待处理图像
read_image(test,'C:/Users/Administrator/Desktop/平场校正/20201230093414113.png')
* rgb 通道分离
decompose3(test,image_R,image_G,image_B)
* 均值滤波 R 通道图像
mean_image(image_R,MeanR,9,9)
* 增强图像对比度
emphasize(MeanR,em1,5,5,1.5)
* 亮度调整
illuminate(em1,ImageI1,20,20,0.55)
* 均值滤波 G 通道图像
mean_image(image_G,MeanG,9,9)
* 增强图像对比度
emphasize(MeanG,em2,5,5,1.5)
* 亮度调整
illuminate(em2,ImageI2,20,20,0.55)
* 均值滤波 B 通道图像
mean_image(image_B,MeanB,9,9)
* 增强图像对比度
emphasize(MeanB,em3,5,5,1.5)
```

```
* 亮度调整
illuminate(em3,ImageI3,20,20,0.55)
* 高斯滤波处理
gauss_filter(ImageI1,ImageGauss1,5)
gauss_filter(ImageI2,ImageGauss2,5)
gauss_filter(ImageI3,ImageGauss3,5)
* 增强图像对比度
emphasize(ImageGauss1,emR,5,5,1.5)
emphasize(ImageGauss2,emG,5,5,1.5)
emphasize(ImageGauss3,emB,5,5,1.5)
* 通道合并
compose3(emR,emG,emB,MultiChannelImage)
```

最终效果见图 6.4-2 中的右图。图 6.4-3 所示为 RGB 通道进行整体的平场校正前后图像水平和倾斜方向的灰度分布，图 6.4-3 的左、右两图分别是图 6.4-2 左、右两图中水平和倾斜红色虚线所在图像行的灰度分布曲线。可见，校正后的图像整体偏暗，但是边缘和中心灰度差变的比较小，从而实现相对的均衡性。

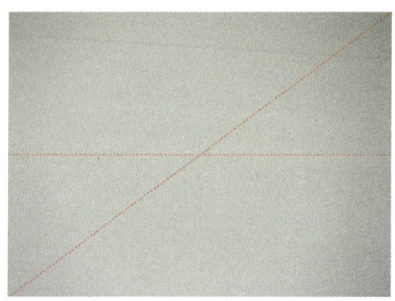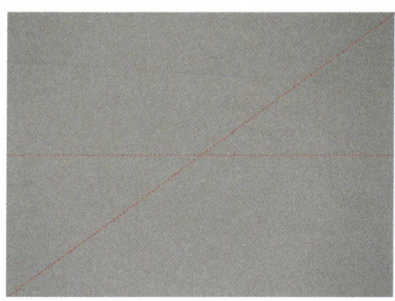

图 6.4-2　平场校正前的 R 通道图像与 RGB 通道进行整体的平场校正效果对比

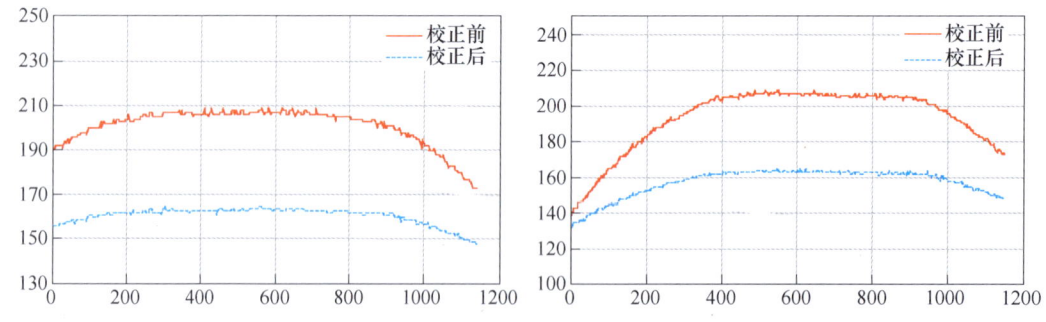

图 6.4-3　RGB 通道进行整体的平场校正前后图像水平和倾斜方向的灰度分布

2）对图像进行 R 通道的平场校正。如图 6.4-4 所示，一般情况下，只采用 R 通道的图像的校正，保留 GB 通道的一些细节，从而既满足平场校正的均匀性，又满足了图像细节的完整性。代码如下：

```
* 读取待处理图像
read_image(test,'C:/Users/Administrator/Desktop/平场校正/20201230093414113.png')
```

```
rgb1_to_gray(test,GrayImage1)
* rgb 通道分离
decompose3(test,image_R,image_G,image_B)
* 高斯滤波处理
gauss_filter(image_R,ImageGauss,5)
* 照亮图像
illuminate(ImageGauss,ImageI1,20,20,0.55)
* 通道合并
compose3(ImageI1,image_G,image_B,MultiChannelImage)
rgb1_to_gray(MultiChannelImage,GrayImage2)
* 显示图像
dev_display(MultiChannelImage)
```

最终效果如下：

a) 校正前的原图Test　　　　　　b) 校正后的图像MultiChannelImage

c) 原图a的灰度图GrayImage1　　d) 校正后图像b的灰度图GrayImage2

e) 原图a的红色通道Image_R　　f) 对红色通道图e进行平场校正后的效果ImageI1

图 6.4-4　R 通道平场校正效果

工 业 相 机 原 理

同样，在 Halcon 软件里，我们还可以使用均值对减方法来进行平场校正功能，代码如下：

decompose3(Image,Image1,Image2,Image3)
add_image(Image1,ImageSubR,ImageResultR,1,-30)
add_image(Image2,ImageSubG,ImageResultG,1,-30)
add_image(Image3,ImageSubB,ImageResultB,1,-30)

在图像预处理中，有多种方法都可以一定程度上实现平场校正功能，但是需要确认工业相机的采图环境或者图像采集的细节等问题，需要灵活地使用图像算法来保证图像经过处理后的均匀性和完整性。在平场校正后，线扫图像将没有条纹和阴影，这就使得图像分析更容易、更方便、更可靠，不需要使用软件执行任何后续的校正。通常用于对光较为敏感，即非常依靠光来进行下一步判断的线扫应用，如医疗行业、包装行业等。

6.5　数字增益调节

当光照不佳时，可通过增加相机的增益值来提高整体图像的亮度，见式（6.5-1）。数字增益与黑电平的原理对比如图 6.5-1 所示，黑电平是对每个像素进行加法操作，不会改变像素亮度值线性变化的斜率，而增益是对每个像素进行乘法操作，但同时也会放大了噪声。图 6.5-2 展示了不同增益下的图像效果。

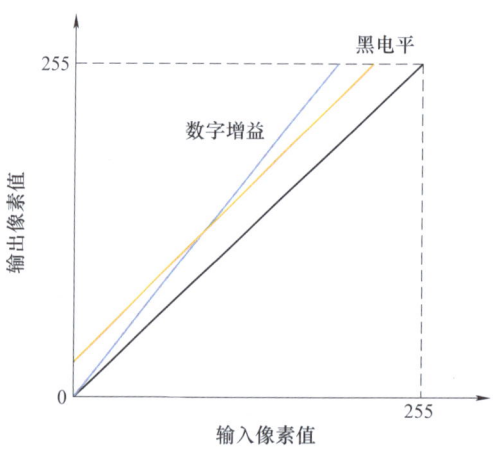

图 6.5-1　数字增益与黑电平的原理对比

　　　原图　　　　　　　　　　提高增益　　　　　　　　　降低增益

图 6.5-2　不同增益下的图像效果

98

第 6 章　工业相机中的图像信号预处理

$$\text{Pixel}' = \text{Pixel} \times \text{DigiGain} \tag{6.5-1}$$

工业相机控制软件中一般都有增益调节按键，如图 6.5-3 所示，可根据实际应用需求调整。

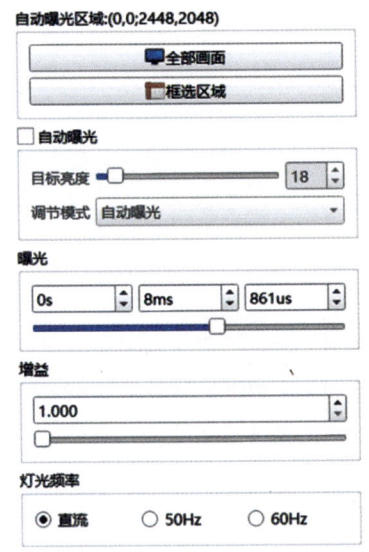

图 6.5-3　工业相机控制软件中的增益调节按键

6.6　白平衡

6.6.1　白平衡及其工作原理

6.6.1.1　什么是白平衡，为什么要进行白平衡

白平衡（White Balance，WB）是描述红、绿、蓝三基色混合后生成的白色的精确度的一项指标。最通俗的理解就是让白色所成的像依然为白色。如果白是白，那么其他景物的影像就会接近人眼的色彩视觉习惯。换句话说，白平衡是指相机对于白色事物不论在何种光源下，将白色事物还原为白色的能力。白平衡是电视摄像领域一个非常重要的概念，通过它可以解决色彩还原和色调处理的一系列问题。

白平衡与色温有直接关系。色温是指光线在不同的能量下，人们眼睛所感受到的颜色变化，简而言之就是光线的颜色。色温标准图参考如图 6.6-1 所示。色温也可称为光线的温度，如暖光或者冷光。冷光，色温高，偏蓝；暖光，色温低，偏红，图 6.6-1 中色温从低到高，颜色也由偏黄的暖光到偏蓝的冷光。色温的测量单位是开尔文，表示为 K。了解一些常见场景的色温，可以帮助我们快速判断拍摄场景而选择合适的色温，如下午或阴天的色温为 6000～7000K，正午的阳光色温为 5200～5500K，白色荧光灯的色温为 4000K，白炽灯的色温为 2800K，蜡烛的色温为 1800K。

色温虽然可理解为色彩的温度，但是它与我们一般所认知的冷色、暖色不同，它指的是物理学中一个绝对黑体从绝对零度（-273℃）开始持续加温所呈现出来的颜色，如在炼钢炉里给一块铁加热，就会从黑→暗红→亮红→金黄，接着就融化了，因为铁的熔点是1535℃，所以更高温度的颜色就看不到了。但从焊接用的火可以看到蓝色的火焰，那是更高的温度所辐射出来的颜色。这些颜色的差异来自于不同波长光线的比例不同，色温低的情况下（红色）波长较长的光线比例较大，反之亦然，那么就造成白色在高色温的光线照射下显得较蓝、在低色温的光线下显得较黄。

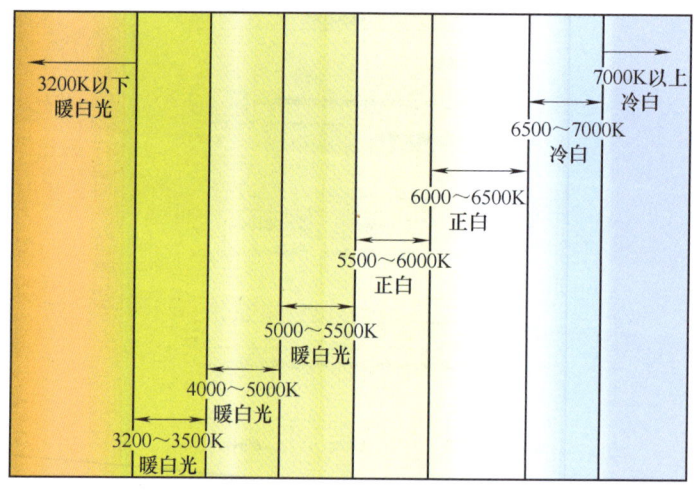

图 6.6-1　色温标准图参考

由于人眼的适应性，在不同色温下，都能准确判断出白色。如在光线很好的地方，人眼看一个白色的物体，能够迅速判断出它是白的；而在灯光昏暗的地方，依旧能够判断出一个物体是否为白色。这是因为人类大脑已经对不同光线下的物体颜色还原有了适应性。眼中的白色总是 $R=G=B$。不过工业相机并没有人眼的适应性，在不同色温的光源下，图像会出现偏色。因此，在不同色温光照下通过白平衡来修正，达到准确还原色彩的目的。白平衡所做的事情就是在不同色温条件下将图像做归一化，也就是将传感器响应的 R、G、B 分别乘上一个系数。

$$R' = R \times R_{Gain} \quad (6.6\text{-}1)$$

$$G' = G \times G_{Gain} \quad (6.6\text{-}2)$$

$$B' = B \times B_{Gain} \quad (6.6\text{-}3)$$

从而使得 $R'=G'=B'$，即使得"白色成为白色"。

总而言之，白平衡的目的就是让物体在不同光源条件下所呈现出来的颜色恢复到物体的固有色。作为机器视觉系统的"眼睛"，工业相机相比普通相机具有更高的图像稳定性、传输能力和抗干扰能力等。其性能的好坏不仅直接影响图像的分辨率、质量等，还关系着生产过程中的效率、成本等。对于彩色工业相机来说，要想获取高清晰度图像，白平衡是重要参数，它影响重现图像的彩色效果，当工业相机的白平衡设置不当时，重现图像就会出现偏色现象。

6.6.1.2　白平衡调整的工作原理

理想情况下，白色的物体被彩色相机拍摄为图像后应当仍然保持白色。然而，在实际当中，由于光源波段、传感器 RGB 通道响应不一致等问题，拍摄白色的物体得到的图像一般不是完全的白色，白平衡校正通过调整各个 RGB 通道的补偿系数从而重新定义白色。通常相机内部就提供了白平衡功能，从而平衡传感器每个通道的输出数值。相机内部有三个 CCD 传感器，它们分别感受蓝色、绿色、红色的光线，在预置情况下，这三个 CCD 的电路放大比例是相同的，为 1：1：1 的关系，白平衡的调整就是根据被调校的景物改变这种比例关系。例如，被调校景物的蓝、绿、红色光的比例关系是 2：1：1（蓝光比例多，色温偏高），那么白平衡调整后的比例关系为 1：2：2，调整后的电路放大比例中，蓝的比例明显减少，增加了绿和红的比例，这样被调校景物通过白平衡调整电路到成为所拍摄的影像，蓝、绿、红的比例才会相同。也就是说如果被调校的白色偏一点蓝，那么白平衡调整就改变正常的比例关系，减弱蓝（电路）的放大，同时增加绿和红的比例，使所成影像依然为白色。

自动白平衡通过对传感器中的局部像素进行采样来计算白平衡系数，然后根据系数对图像的各分量进行调节，使输出图像中的红、绿、蓝三分量的值一致。相机在白平衡调整容度之内不会"拒绝"放在镜头前面的被调校景物，即镜头可以对着任何景物来调整白平衡。大多数情况下，使用白色的调白板（卡）来调整白平衡，是因为白色调白板（卡）可最有效地反映环境的色温，其实很多时候白板（卡）并不是白色，多多少少会偏一点蓝或其他颜色。如在自然场景的艺术摄影中，经验丰富的摄像师也会利用蓝天来调白平衡，从而得到偏红黄色调的画面。在我们使用的工业相机上，都设有白平衡功能（按键）。通过点击白平衡按键，相机内部的白平衡程序会分析拍摄场景的光线环境，并且尽力还原白色。白平衡调整前后的效果如图 6.6-2 所示，为某款工业相机在进行白平衡调整前后所拍摄同一场景的效果，可见白平衡调整前，绿色的比例偏高。

图 6.6-2 白平衡调整前后效果

6.6.2 一种自动白平衡算法

1. 自动对比度调整原理

设 a_{low} 和 a_{high} 为图像中的最小值和最大值，需要映射的范围为 $[a_{min}, a_{max}]$，为了使得图像映射到整个映射范围，首先把最小值 a_{low} 映射到 0，之后用比例因子 $(a_{max}-a_{min})/(a_{high}-a_{low})$ 增加其对比度，随后加上 a_{min} 使得计算出来的值映射到需要的映射范围。值 a 的映射值 $f_{ac}(a)$ 的具体公式为

$$f_{ac}(a) = a_{min} + (a - a_{low}) \frac{a_{max} - a_{min}}{a_{high} - a_{low}} \tag{6.6-4}$$

对于 8bit 图像而言，$a_{min}=0$，$a_{max}=255$。故式（6.6-4）可以改写为

$$f_{ac}(a) = (a - a_{low}) \frac{255}{a_{high} - a_{low}} \tag{6.6-5}$$

自动对比度调整原理图如图 6.6-3 所示。

实际的图像中，上述的映射函数容易受到个别极暗或极亮像素的影响，导致映射可能出现错误。为了避免这种错误，选取较低像素和较亮像素的一定比例 q_{low}、q_{high}，并根据此比例重新计算 a_{low} 和 a_{high}，然后以重新计算的 a_{low} 和 a_{high} 为原始图像的亮度范围进行映射。可以通过累计直方图 $h(i)$ 很方便地计算出最新的 a_{low} 和 a_{high}（分别记为 a'_{low} 和 a'_{high}）如下。

$$a'_{low} = \min\{i \mid h(i) \geq MNq_{low}\} \tag{6.6-6}$$

$$a'_{high} = \max\{i \mid h(i) \leq MN(1 - q_{high})\} \tag{6.6-7}$$

式中，q_{low} 和 q_{high} 可以分别取值如 2%、5%。M、N 分别表示整幅图像的长、宽。鲁棒的自动对比度调整原理图如图 6.6-4 所示。

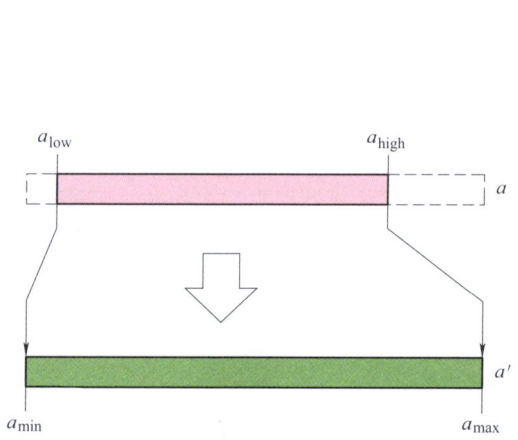

图 6.6-3 自动对比度调整原理图

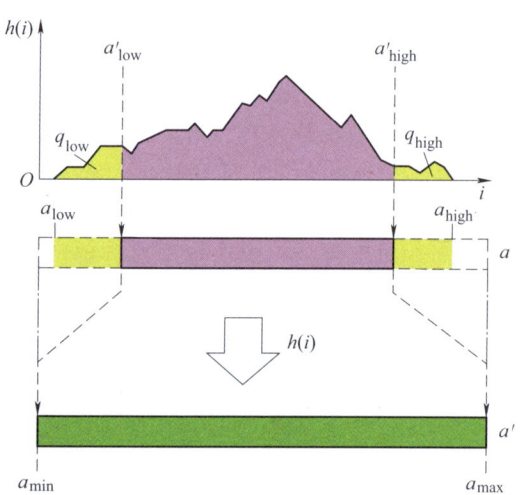

图 6.6-4 鲁棒的自动对比度调整原理图

2. 基于自动对比度调整原理的白平衡方法

简单的白平衡算法是基于如下这样的一种假设：图像中 R、G、B 最高灰度值对应于图像中的白点，最低灰度值对应于图像中最暗的点。这种算法类似于上述自动对比度增强的方法，使用映射函数 $ax+b$，尽可能地把彩色图像中 R、G、B 三个通道内的像素灰度值映射到 [0，255] 范围内，即对 RGB 三个通道都分别进行上述的映射操作。由于一般图像中很多图像灰度值已经在 [0，255] 范围内，因此，这种方法选取较高亮度的像素的一定比例赋予 255，选取较暗亮度的像素的一定比例赋予 0。具体步骤如下。

1）排序。为了获取高亮度的一定比例像素和较低亮度的一定比例像素，要对整个图像的灰度值进行排序，方便选择对应的像素。

2）从排序的像素数组中选取一定比例 $S_1\%$ 的高亮和 $S_2\%$ 的较暗像素。选择位于排序后数组的位置为 $NS_1\%$ 和 $N(1-S_2\%)-1$ 处的像素灰度值分别作为 V_{min} 和 V_{max}，其中 N 为数组的长度。

3）填充像素。由上一步定义的 $V_{\min}$ 和 $V_{\max}$，把原始图像中低于或等于 $V_{\min}$ 的像素灰度值赋予 0；把原始像素中高于或等于 $V_{\max}$ 的像素灰度值赋予 255。

4）映射像素灰度值。使用函数 $f(x)=(x-V_{\min})(R_{\max}-R_{\min})/(V_{\max}-V_{\min})$ 把原始图像中位于（$V_{\min}$，$V_{\max}$）的像素值 x 映射到 [0, 255] 范围内。其中 $R_{\min}$、$R_{\max}$ 分别为 0 和 255。图 6.6-5 所示为白平衡校正前后的对比图。

自动白平衡算法实现的伪代码如下：

```
//建立直方图
For i=0,…,N-1 do
    histo[image[i]]:=histo[image[i]]+1
//建立累计直方图
For i=0,…,255 do
    histo[i]:=histo[i]+histo[i-1]
//搜素 Vmin and Vmax
Vmin:=0
While histo[Vmin+1]≤N×S1/100 do
    Vmin :=Vmin+1
Vmax:=255-1
While histo[Vmax-1]>N×(1-S2/100)do
    Vmax:=Vmax+1
If Vmax <255-1 then
    Vmax:=Vmax+1
//使像素饱和
For i=0,…,N-1 do
    If image[i]<Vmin then
        image[i]:=Vmin
    If image[i]>Vmax then
        image[i]:=Vmax
//缩放像素
For i=0,…N-1 do
    image[i]:=(image[i]-Vmin)×255/(Vmax-Vmin)
```

图 6.6-5　白平衡校正前后的对比图

6.6.3　工业相机的白平衡设置

由于白平衡是用来修正色温对图像色彩的影响的，因此黑白相机无需设置白平衡，彩色相机需根据光源类型设置。通常相机完成白平衡可以分为自动和手动白平衡两种方式。以某相机为例，对手动白平衡的方法进行说明。工业相机的白平衡调节区域如图 6.6-6 所示。

1）选择手动调整图像 RGB 增益的颜色、一次白平衡和区域白平衡时，要将自动白平衡关掉。

2）选择一次白平衡时，需对着全白的目标，白色要均匀并充满整个图像画面。

3）当使用一次白平衡校正图像颜色时，需要使之生效后才可移动产品。

4）使用区域白平衡时，当截取一部分图像在校正的过程中，请不要移动产品和改变所拍摄的画面。

5）在每次相机更换镜头或在显微镜下更换物镜时，请重新进行校正。

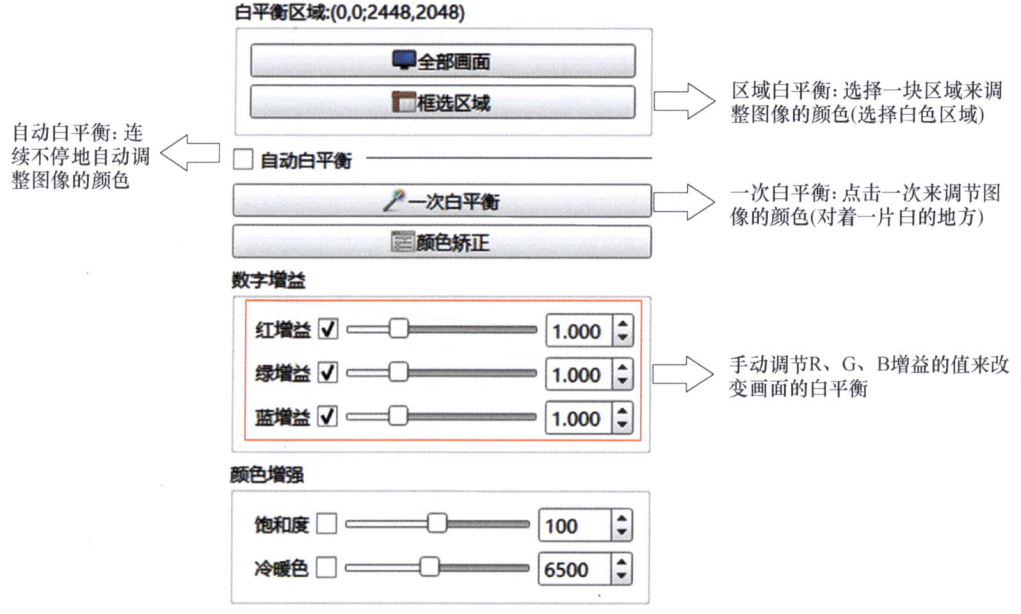

图 6.6-6　工业相机的白平衡调节区域

在相同的亮度条件下，相机是无法区分在日光灯下的黄色纸张与昏黄的白炽灯下的白色纸张，然而人却能区分，因为人眼的视觉恒常性特点，人判断物体的颜色有大脑的参与，大脑会透过对环境物体的先验认知来做校准。如人知道草是绿色、香蕉是黄色，人脑通过这些物体来感知当前的光源情况。人眼的视觉恒常性如图 6.6-7 所示，图 6.6-7a 为接近人眼视觉感知的原始图像，

a) 原图　　　　　　　b) 降低红色分量后的效果

图 6.6-7　人眼的视觉的恒常性

图 6.6-7b 为某一工业相机非标准白平衡下采集的图像。实际上图 6.6-7b 中苹果区域的 RGB 分量中，R 值（107）是小于 G 值（115）和 B 值（126）的，其并非为理论上的红色，然而人眼仍会凭借"苹果"为红色的认知对其进行校准，认为右图 6.6-7b 中的苹果为红色。这就是根据先验知识来做白平衡的例子。机器视觉学习技术的发展为这种无解的白平衡场景带来了希望。采用机器视觉学习算法，通过大规模图像数据集训练，实现对物体特征的识别（如草地、花朵等），从而模仿人眼的视觉恒常性，有针对性地调整白平衡参数，是未来白平衡调整算法的发展方向。

6.7 色彩校正矩阵

6.7.1 色彩校正的概念，为什么要进行色彩校正

因为传感器对光谱响应曲线在 RGB 分量上与人眼有偏差，同时不同厂商制作的传感器的 RGB 响应曲线也是不同的，而且图像数据经过 ISP 中的白平衡模块处理后会存在偏差，因此需要在 RGB 域进行颜色校正来还原人眼的感知效果。

色彩校正矩阵（Color Correction Matrix，CCM）是指用相同的方法改变图像中的所有像素的颜色值，以得到不同的显示效果。图像采集系统在获得数字图像时，由于仪器、环境光照或人为因素的影响，采集的图像往往与原始图像有很大差别。颜色校正可以在一定程度上减少这种差别。颜色校正是将源图像（捕获的图像）中显示的颜色转换为经过校正的颜色目标图像（最终视图）的过程。每个传感器对光照都有特定的响应，并且每种照明条件（如阳光、荧光灯）都有自己的发射光谱，这会影响光信息捕获时图像的构成方式。我们在前面的章节学习过量子效率，其定义为 CCD 芯片在一定波长入射光的照射下，由光电效应产生的平均光电子数与入射光子数之比，表征了 CCD 芯片对不同波长入射光的敏感程度。不同波长的光量子效率不同，CCD 对某些波长的量子效率可高达 98%。这显然会影响 CCD 芯片重现图像的效果。图 6.7-1 所示为某一款 CCD 传感器对红、绿、蓝三个波长的响应曲线情况。

颜色校正考虑了每个颜色通道如何与其他通道相互影响，并独立地缩放每个颜色通道。也即 CCM 就是用于测量和补偿这些相互作用。在通过视觉检查或分拣产品等应用中，再现准确的颜色非常重要，因为颜色的微小差异会影响结果的准确性和可靠性。

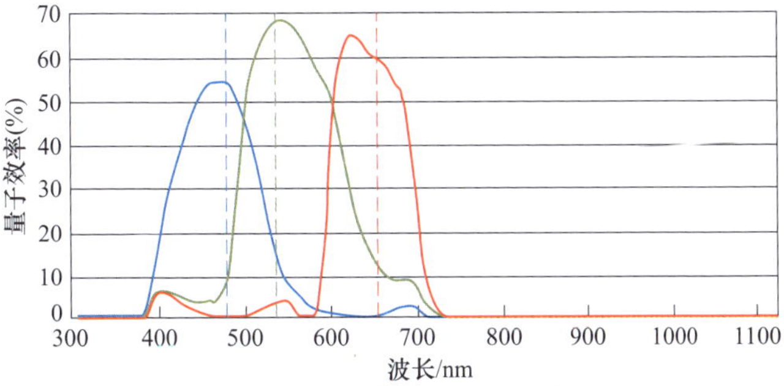

图 6.7-1 某一款 CCD 传感器对红、绿、蓝三个波长的响应曲线情况

6.7.2 如何进行色彩校正

1. 色彩校正理论

通常通过拍摄标准色卡进行标定，生产一个色彩矩阵 $a \sim i$，通过此色彩矩阵对色彩进行校正。单个像素的校正方法见式（6.7-1），R_{out}、G_{out}、B_{out} 为校正后的 R_{in}、G_{in}、B_{in} 值。

$$\begin{bmatrix} R_{\text{out}} \\ G_{\text{out}} \\ B_{\text{out}} \end{bmatrix} = \begin{bmatrix} a & b & c \\ d & e & f \\ g & h & i \end{bmatrix} \begin{bmatrix} R_{\text{in}} \\ G_{\text{in}} \\ B_{\text{in}} \end{bmatrix} \qquad (6.7\text{-}1)$$

展开则是

$$R_{\text{out}} = aR_{\text{in}} + bG_{\text{in}} + cB_{\text{in}} \qquad (6.7\text{-}2)$$

$$G_{\text{out}} = dR_{\text{in}} + eG_{\text{in}} + fB_{\text{in}} \qquad (6.7\text{-}3)$$

$$B_{\text{out}} = gR_{\text{in}} + hG_{\text{in}} + iB_{\text{in}} \qquad (6.7\text{-}4)$$

且系数 $a \sim i$ 满足式（6.7-5）。

$$\begin{cases} a + d + g = 1 \\ b + e + h = 1 \\ c + f + i = 1 \end{cases} \qquad (6.7\text{-}5)$$

对于 $n \times m$ 像素的图像大小，上述计算执行 $n \times m$ 次。其中的系数 $a \sim i$ 是通过事先标定获得的，每个厂家都有自己的标定结果，从而各家相机在成像色彩上也有一定的差别。

由式（6.7-2）~式（6.7-4）可以看出，a、b 和 c 分别决定经过 CCM 后每个像素红色通道的饱和度、红通道中绿色的比例和红通道中蓝色的比例；d、e 和 f 分别决定经过 CCM 后每个像素绿色通道中红色的比例、绿色的饱和度和绿色通道中蓝色的比例；g、h 和 i 分别决定经过 CCM 后每个像素蓝色通道中红色的比例、蓝色通道中绿色的比例和蓝色通道的饱和度。

上述校正过程即利用 RGB 颜色模型调整图像的 RGB 分量值。那么为什么颜色校正一定要在 RGB 域处理呢？这是出于数学计算的方便。要采用矩阵运算的话，需要能均衡表示不同颜色分量的颜色空间。而如 YUV 域（Y 表示亮度，UV 表示色度）或 L*ab 域（L 表示明度，*ab 表示色度）就不适合。的确，理论上来说，其他颜色域应该也可以用于色彩矩阵校正，不过由于计算较为复杂，实际应用中通常用作评测色彩校正的效果。RGB 域相比其他域值更为形象直观（其值与颜色分量的"浓度"相挂钩），应用更为广泛（作为各颜色空间转换的桥梁），而且便于矩阵计算。目前绝大多数的 CCM 都在 RGB 域处理，算法的不同之处在于如何更好地得到不同情况下色彩矩阵的值。

2. 色彩校正和白平衡的区别

色彩校正考虑了颜色通道如何相互影响并相应地缩放单独的通道。色彩校正是非对角线矩阵，并且目标 RGB 值是其源 RGB 值的函数。而白平衡（WB）通过独立缩放每个 R、G 或 B 通道来调整发射光谱。白平衡矩阵是一个对角矩阵，目标 RGB 值根据其源 RGB 值按常数缩放。两个矩阵分别如下：

$$\boldsymbol{WB} = \begin{bmatrix} x & 0 & 0 \\ 0 & y & 0 \\ 0 & 0 & z \end{bmatrix} \qquad (6.7\text{-}6)$$

$$\boldsymbol{CCM} = \begin{bmatrix} a & b & c \\ d & e & f \\ g & h & i \end{bmatrix} \qquad (6.7\text{-}7)$$

通过式（6.7-8）~式（6.7-10）得出白平衡调整颜色。

$$R_{out} = xR_{in} \quad (6.7\text{-}8)$$
$$G_{out} = yG_{in} \quad (6.7\text{-}9)$$
$$B_{out} = zB_{in} \quad (6.7\text{-}10)$$

图 6.7-2 所示为白平衡与色彩校正的结合使用效果，是在暖色的荧光灯条件下拍摄的。可以比较三种情况的图片效果，分别是没有色彩校正、仅白平衡及同时启用白平衡和 CCM 的结果。

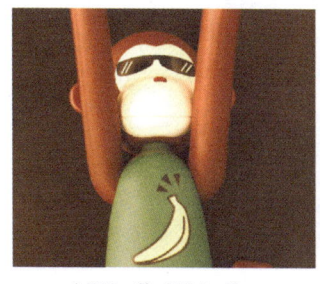
a) WB off、CCM off

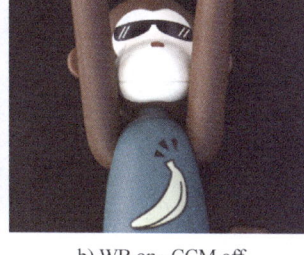
b) WB on、CCM off

c) WB on、CCM on

图 6.7-2　白平衡与色彩校正的结合使用效果

3. 利用 CCM 进行色彩校正的步骤

基于以上理论知识，可按以下步骤进行。首先，在要求光源下（即实际需要微调 CCM 的光源）用所调试的传感器采集 24 色卡图，如图 6.7-3 所示；其次，将三原色（即蓝色、绿色和红色）调到与基准（24 色卡标准颜色）（或者与期望）接近，可通过 Imatest 软件测试每次调完 CCM 后经过 ISP 流程后的 24 色卡图，根据色彩偏差的方向决定下次调试的方向；最后，进行色彩偏差调试。

图 6.7-3　24 色卡图

以在调试中经常遇到的问题为例加以说明。当遇到蓝色偏紫的问题时，可以减少蓝色通道中的红色分量比例，即式（6.7-1）中的系数 g，为了满足式（6.7-5），同时增加红色的饱和度，即调大系数 a；当绿色偏黄时，可以减少绿色中的红分量比例，即调小系数 d，为了满足式（6.7-5），同时增加红色的饱和度，即调大系数 a；当红色偏橙时，可以减少红色中的绿色分量比例，即减小系数 b，为了满足式（6.7-5），同时增加绿色的饱和度，即调大系数 e，或者增加红色中的蓝色分量比例，即调大系数 c，为了满足式（6.7-5），同时减小蓝色的饱和度，即调小系数 i；当红色偏蓝时，反之。三原色的色彩偏差调好后，便可根据具体问题继续微调。例如，颜色偏黄，增加绿色中的蓝分量比例；颜色偏红，增加蓝色中的红色分量比例；黄色偏红，增加蓝色中的红分量比例，或者减少蓝色中的绿色分量的比例，黄色偏绿，反之。总之，要结合颜色学的理论知识，且 CCM 中各数值的调整是相互影响的，最终目的是达到一种平衡，不可能都兼顾，图 6.7-4 所示为色彩校正前后的实际图像对比。

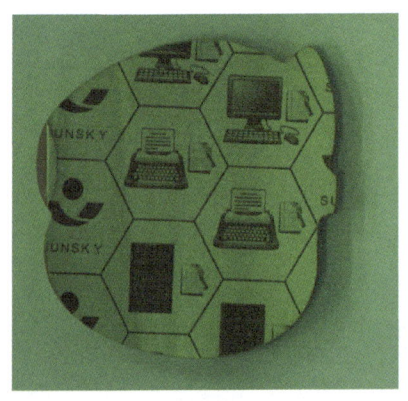

校正前　　　　　　　　　　　　校正后

图 6.7-4　色彩校正前后的实际图像对比

6.8　Gamma 校正

6.8.1　Gamma 校正的背景与原理

6.8.1.1　Gamma 校正的背景

1. Gamma 校正的生物与物理学背景

人眼视网膜上两个主要的感光细胞是视杆细胞和视锥细胞。人眼视网膜有大约 1 亿 2500 万个视杆细胞，视杆细胞负责亮度的识别。视锥细胞负责色彩的识别。有 3 类接收不同波长的视锥细胞（波长对应黄绿色、绿色和蓝紫色），这 3 种细胞并不完全对应 RGB，RGB 色彩空间仅仅是用来表达颜色的一种方式，并不基于人眼中的视锥细胞类型。人类每只眼球视网膜大约有 600~700 万个视锥细胞。视杆细胞比视锥细胞多 20 倍左右，所以人眼的感光功能相对更强。极少量的光子就可以激发视杆细胞活动，人眼对较暗的光照是很敏感的，对强光的识别梯度情况反倒没么强。也就是说，人眼对亮度的感知并非是线性的，而是主要集中在相对较暗的区间，这也是人眼夜晚视觉的保证，也是符合进化论的。

在物理世界，光强度变化是线性的。光的强度增加 1 倍，亮度也增加 1 倍（亮度有专门的单位）。而对于人眼而言，人眼对外界刺激的变化不是线性的，是类似指数形式的，是符合心理学的一种定律。人眼感知的亮度与实际线性物理亮度的对比如图 6.8-1 所示，上方是人眼感知的亮度变化，下方是实际物理世界中亮度的变化，可以发现大部分人眼感知的物理亮度其实都集中在前面较暗的区域内。

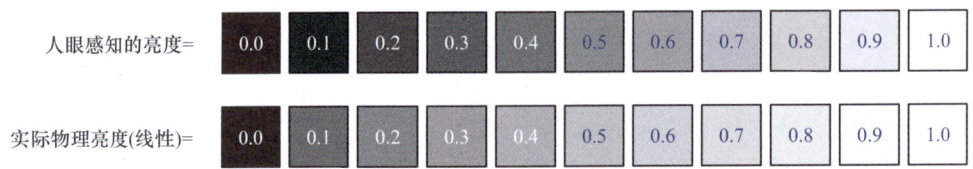

图 6.8-1　人眼感知的亮度与实际线性物理亮度的对比

图 6.8-2 所示为人眼感知的亮度与实际线性物理亮度的关系曲线，在较暗的物理亮度增加下，人心理感受的亮度快速变化，该曲线指数约为 0.45（1/2.2）。例如，一间黑屋子中点亮了一只白炽灯 A，人眼会感觉照亮整间屋子，持续点亮第 2 个、第 3 个…白炽灯后，人眼会感觉屋子逐渐变得明亮，此时再点亮第 $N+1$ 个白炽灯，其实人眼没有什么感觉，甚至微乎其微。此时输入是白炽灯的强度，输出是人眼的感觉，大自然中，感觉的差别阈限随原来刺激量的变化而变化，这就是著名的韦伯定律，图 6.8-2 就显示了自然界的线性增长的亮度和人心理感受的灰阶关系。当物理亮度达到白色的 20% 左右，人的心中已经感受到中灰色（即 0.5 处）。

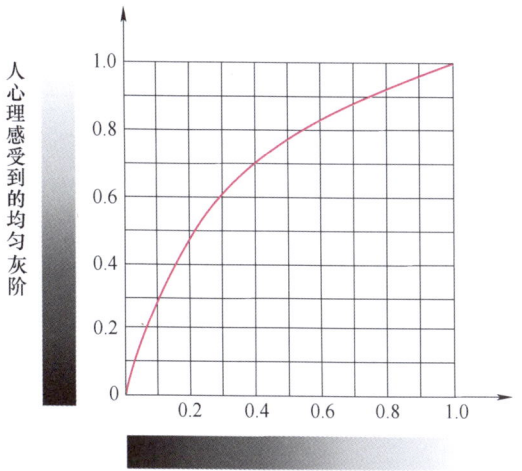

图 6.8-2　人眼感知的亮度与实际线性物理亮度的关系曲线

而剩下的一半高光区的灰阶，需要用白色的 80% 的物理能量才能照亮成人眼中的白色。而图 6.8-2 中的曲线即为一个幂指数为 Gamma = 2.2 的指数曲线。根据输入和输出的关系，可确定人眼的 Gamma 大约为 1.8~2.5，而现在大多数取 2.2。

2. Gamma 校正的相机输出与显示器显示

彩色相机输出 RGB 的图像处于线性 RGB 空间，而显示器色域在非线性的 sRGB 空间，因此需要将两个空间进行变换，两个空间的变换关系如下，称为 Gamma 变换。

$$R' = R_{\max} \left(\frac{R}{R_{\max}} \right)^{\frac{1}{\text{Gamma}}} \tag{6.8-1}$$

$$G' = G_{\max} \left(\frac{G}{G_{\max}} \right)^{\frac{1}{\text{Gamma}}} \tag{6.8-2}$$

$$B' = B_{\max} \left(\frac{B}{B_{\max}} \right)^{\frac{1}{\text{Gamma}}} \tag{6.8-3}$$

式中，R'、G'、B' 分别为 sRGB 空间中的红、绿、蓝分量。当 Gamma = 1 时，$R' = R$、$G' = G$、$B' = B$，sRGB 空间与线性 RGB 空间相等。图 6.8-3 所示为彩色相机输出的 RGB 与显示器的 sRGB 的关系曲线，即 R、G、B 与 R'、G'、B' 的关系曲线。由图 6.8-3 可见，sRGB 空间是对线性 RGB 的非线性变换。由于该非线性变换是负指数幂的，计算非常复杂、耗时，因此常借助 LUT（查找表）实现。

3. Gamma 校正的显像管背景

在电视和图形显视器中，显像管发生的电子束及其生成的图像亮度并不是随显像管的输入电压线性变化，电子流与输入电压相比是按照指数曲线变化的，输入电压的指数要大于电子束的指数。这说明暗区的信号要比实际情况更暗，而亮区要比实际情况更高。所以，要重现相机拍摄的画面，电视和显示器必须进行伽玛（Gamma）补偿，显像管的输入电压与输出亮度的关系曲线如图 6.8-4 所示。

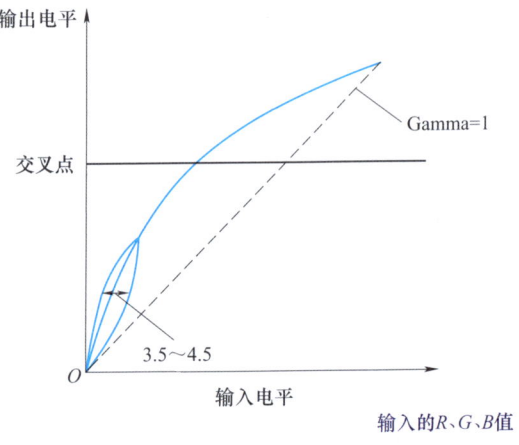
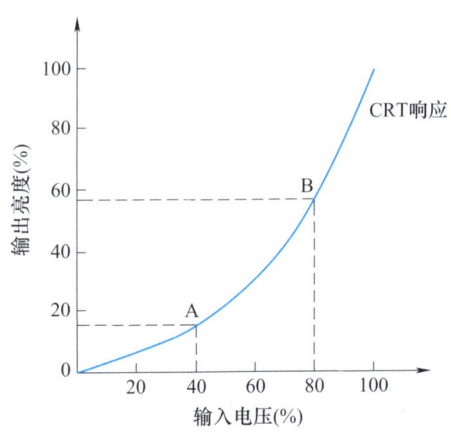

图 6.8-3　彩色相机输出的 RGB 与显示器的 sRGB 的关系曲线　　　图 6.8-4　显像管的输入电压与输出亮度的关系曲线

对整个电视系统进行伽玛补偿的目的是使摄像机根据入射光亮度与显像管的亮度对称性（即 Gamma 曲线）而产生输出信号，所以应对图像信号引入一个相反的非线性失真，即与电视系统的伽玛曲线对应的摄像机伽玛曲线，它的值应为 $1/\gamma$，称为摄像机的伽玛值。电视系统的伽玛值约为 2.2，所以电视系统的摄像机非线性补偿伽玛值为 0.45。彩色显像管的伽玛值为 2.8，它的图像信号校正指数应为 $1/2.8 = 0.35$，但由于显像管内外杂散光的影响，重现图像的对比度与饱和度均有所降低，所以彩色摄像机的伽玛值仍多采用 0.45。在实际应用中，可以根据实际情况在一定范围内调整伽玛值，以获得最佳效果。

6.8.1.2　Gamma 校正的原理

1. Gamma 校正的定义

所谓伽玛校正（Gamma Correction）就是对图像的伽玛曲线进行编辑，以对图像进行非线性色调调整的方法，检出图像信号中的深色部分和浅色部分，并使两者比例增大，从而提高图像对比度效果。计算机绘图领域习惯将输出电压与对应亮度的转换关系曲线称为伽玛曲线（Gamma Curve），见图 6.8-4。

以传统 CRT 屏幕的特性而言，该曲线通常是一个乘幂函数

$$Y = (X + e)^{\gamma} \tag{6.8-4}$$

式中，Y 为亮度；X 为输出电压；e 为补偿系数；乘幂值 γ 为伽玛值，改变乘幂值 γ 的大小，就能改变 CRT 的伽玛曲线。典型的 Gamma 值是 0.45，它会使 CRT 的影像亮度呈线性。使用 CRT 的显示器屏幕，由于对于输入信号的发光灰度不是线性函数，而是指数函数，因此必须校正。

2. Gamma 校正的理解——利用 Gamma 进行编码和解码

通过上文的学习可知，人眼对较暗的光分辨更清楚。如果我们通过拍照对自然界进行采样，然后要保存，就会遇到一个问题，即计算机只用 8bit 存储（0~255），如何用有限的

8bit 存储更多人眼可以分辨的细节？所以，我们希望这 8bit 尽可能多地存储自然界中的光照信息，也就是对自然界采样的数字信息尽量保存更多人眼可以识别的信息。例如，自然界中的亮度约为 0.2，其实会被人眼识别为自己感知的 0.5 左右的亮度。所以如何将 0~0.2 这段物理亮度映射到 0~0.5 的人眼亮度，就是相机按照幂指数为 1/2.2 的映射函数进行映射的过程，也就是编码的过程。

既然存储是按照 1/2.2 的方式编码的，那显示的时候是需要按照自然界中的形式再还原回来的，即将相机拍进去的再还原回来用于人眼观察。这就涉及 Gamma 校正，即将之前 0~0.5 的光强编码还原到 0~0.2，这就是解码的过程。

利用 Gamma 对图像进行编码和解码的过程原理示意如图 6.8-5 所示。编码（Encoding）是将自然界中的信息，通过 0.45 变换，然后存储。解码（Decoding）是将存储的信息，通过 2.2 反变换，传输到显示器，然后校正。

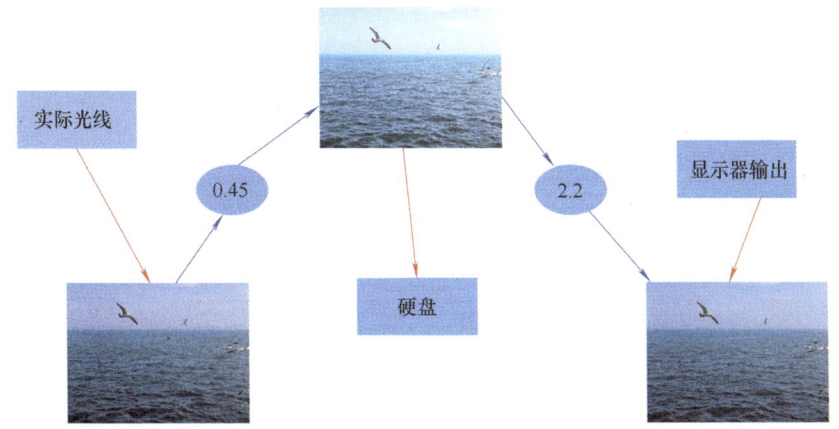

图 6.8-5　利用 Gamma 对图像进行编码和解码的过程原理示意图

6.8.2　Gamma 校正的步骤

1. Gamma 校正的操作步骤

假设图像中有一个像素 p_i 的值是 200，那么对这个像素进行校正必须执行如下步骤：

1）归一化。将像素值转换为 0~1 的实数。算法为 $(p_i + 0.5)/256$（也可以不加 0.5，则后归一化无需减去 0.5）。这里包含 1 个除法和 1 个加法操作。对于像素 p_i 而言，其对应的归一化值为 0.783203。

2）预补偿。求出像素归一化后的数据以 1/Gamma 为指数的对应值。这一步骤包含一个求指数运算。若 Gamma 值为 2.2，则 1/Gamma 为 0.454545，对归一化后的 p_i 值进行预补偿的结果 f 就是 $0.783203^{0.454545} = 0.894872$。

3）反归一化。将经过预补偿的实数值反变换为 0~255 的整数值。具体算法为 $f \times 256 - 0.5$。此步骤包含 1 个乘法和 1 个减法运算。将 p_i 的预补偿结果 0.894872 代入变量 f，得到 p_i 预补偿后对应的像素值为 228，那么 228 就是最后送入显示器的数据。

2. 什么是查找表，为什么要使用查找表

在计算机科学中，查找表（Look-Up-Table，LUT）是用简单的查询操作替换运行时的计

算。由于从内存中提取数值经常要比复杂的计算速度快很多，所以这样得到的速度提升是很显著的。一个经典的例子就是三角表。每次计算所需的正弦值在一些应用中可能会慢得无法忍受，为了避免这种情况，应用程序可以在刚开始的一段时间计算一定数量的角度的正弦值，如计算每个整数角度的正弦值，在后面的程序需要正弦值的时候，使用查找表从内存中提取邻近角度的正弦值而不是使用数学公式进行计算。一些折中的方法是同时使用查找表和插值这样需要少许计算量的方法，这种方法对于两个预计算值之间的部分能够提供更高的精度，这样稍微增加了计算量但是大幅提高了应用程序所需的精度。根据预先计算的数值，这种方法在保持同样精度的前提下也减小了查找表的尺寸。

在图像处理中，查找表经常称为 LUT，它们将索引号与输出值建立联系。如上所述 Gamma 校正的操作步骤，如果直接按公式编程的话，假设图像的分辨率为 800×600，对它进行 Gamma 校正，需要执行 48 万个浮点数乘法、除法和指数运算，效率太低，根本达不到实时效果。针对上述情况，提出了一种快速算法，如果能够确知图像的像素取值范围，如 0~255 的整数，则图像中任何一个像素值只能是 0~255 这 256 个整数中的某一个。在 Gamma 值已知的情况下，0~255 的任一整数，经过"归一化、预补偿、反归一化"操作后，所对应的结果是唯一的，并且也落在 0~255 范围内。如已知 Gamma 值为 2.2、像素 p_i 的原始值是 200，就可求得经 Gamma 校正后 p_i 对应的预补偿值为 228。基于上述原理，我们只需为 0~255 的每个整数执行一次预补偿操作，将其对应的预补偿值存入一个预先建立的 Gamma 校正查表，就可以使用该表对任何像素值在 0~255 的图像进行 Gamma 校正。

3. 结合图像看 Gamma 校正的作用

1）Gamma 校正示意曲线如图 6.8-6 所示，当 γ<1 时，如虚线所示，在低灰度值区域内，动态范围变大，进而图像对比度增强。当 $x \in [0, 0.2]$ 时，y 的范围从 [0, 0.218] 扩大到 [0, 0.5]。在高灰度值区域内，动态范围变小，图像对比度降低。当 $x \in [0.8, 1]$ 时，y 的范围从 [0.8, 1] 缩小到 [0.9, 1]，同时，图像整体的灰度值变大。

2）当 γ>1 时，如图 6.8-6 中的实线所示，低灰度值区域的动态范围变小，高灰度值区域的动态范围变大，降低了低灰度值区域的图像对比度，提高了高灰度值区域的图像对比度。同时，图像整体的灰度值变小。

图 6.8-7 所示为 Gamma 校正示意图。图 6.8-7a 中左半侧的灰度值较低，经过 Gamma = 1/2.2 校正后（见图 6.8-7b），左侧的对比度提高（明显可以看清树干细节），同时图像的整体灰度值提高。图 6.8-7c 为 Gamma = 2.2 的校正结果，校正后，对比度降低，同时图像的整体灰度值降低。由前文可知，人眼是按照 Gamma<1 的曲线对输入图像进行处理的，即感受的是图 6.8-7b 的状态。

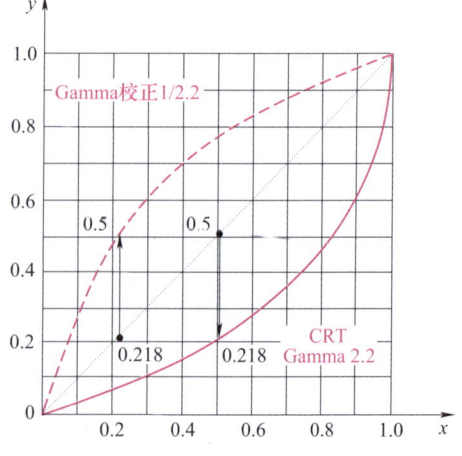

图 6.8-6　Gamma 校正示意曲线

a) 原图　　　　　　　　b) Gamma=1/2.2 的校正结果　　　　　　　c) Gamma=2.2 的校正结果

图 6.8-7　Gamma 校正示意图

6.9　颜色空间转换

颜色空间可分为彩色空间和灰度空间。常见的彩色空间主要包括 RGB 色彩空间、CIE XYZ 颜色空间、YCrCb(YUV) 颜色空间和 HSV 颜色空间。

1. RGB 色彩空间及转换方法

色彩混合的基本定律表明，自然界任何一种色彩均可用红、绿、蓝三种原色光混合产生，这在几何上能够以 R、G、B 三个互相垂直的轴所构成的空间坐标系来表示，称为 RGB 色彩空间。RGB 色系坐标如图 6.9-1 所示，RGB 色系坐标中三维空间的三个轴分别与红、绿、蓝三基色相对应，原点对应黑色，离原点最远的顶点对应白色，而立方体内其余各点对应不同的颜色。RGB 色彩系统用 R、G、B 三原色通过不同比例的混合来表示任一种色彩，因而它不能直观地度量色调、饱和度及亮度。而且，各分量之间存在一定的相关性，它们在大多数情况下都是成正比的，主要表现为自然场景中若某一通道大，则像素的其他通道值也较大。这意味着，如果要对图像的色彩进行处理，常常需要对像素的三个分量同时进行修改才不会影响图像的真实感，这将大大增加颜色调整过程的复杂性。因此，在 RGB 色彩空间下进行色彩迁移会比较复杂，得到的视觉效果也不自然。

另外，RGB 是与设备相关的色彩空间，即不同型号的显示器显示同一幅图像，会有不同的色彩显示结果。计算机彩色显示器显示色彩的原理与彩色电视机一样，都是采用 R(Red)、G(Green)、B(Blue) 相加混色的原理。通过发射出三种不同强度的电子束，使屏幕内侧覆盖的红、绿、蓝磷光材料发光而产生色彩。故称这种色彩的表示方法为 RGB 色彩空间表示，它也是多媒体计算机技术中用得最多的一种色彩空间表示方法。根据三基色原理，任意一种色光 F 都可以用不同分量的 R、G、B 三色相加混合而成。

$$F = r[R] + g[G] + b[B] \quad (6.9\text{-}1)$$

式中，r、g、b 分别为三基色参与混合的系数。当三基色分量都为 0（最弱）时，混合为黑色光；而当三基色分量都为 k（最强）时，混合为白色光。调整 r、g、b 三个系数的值，可以混合出介于黑色光和白色光之间的各种各样的色光。灰度图像某点的像素值 Y 与 RGB 图像中该点 R、G、B 值的转换关系为

$$Y = 0.299R + 0.587G + 0.114B \tag{6.9-2}$$

2. CIE XYZ 颜色空间及转换方法

CIE XYZ 系统用一个亮度分量 Y 来描述颜色，它与人眼视觉的亮度灵敏度和两个附加通道 X、Z 相关。XYZ 与 RGB 的转换见式（6.9-3）和式（6.9-4）。图 6.9-2 所示为 RGB 与 XYZ 空间的图像转换效果。

$$\begin{bmatrix} X \\ Y \\ Z \end{bmatrix} \leftarrow \begin{bmatrix} 0.412453 & 0.357580 & 0.180423 \\ 0.212671 & 0.715160 & 0.072169 \\ 0.019334 & 0.119193 & 0.950227 \end{bmatrix} \tag{6.9-3}$$

$$\begin{bmatrix} R \\ G \\ B \end{bmatrix} \leftarrow \begin{bmatrix} 3.240479 & -1.53715 & -0.498535 \\ -0.969256 & 1.875991 & 0.041556 \\ 0.055648 & -0.204043 & 1.057311 \end{bmatrix} \tag{6.9-4}$$

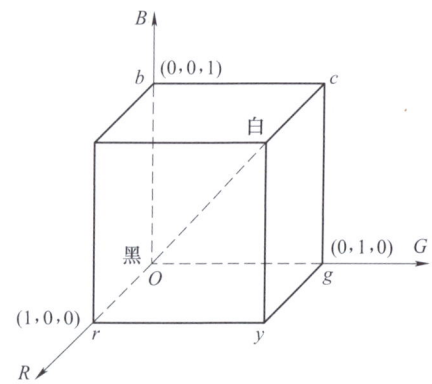

图 6.9-1　RGB 色系坐标

图 6.9-2　RGB 与 XYZ 空间的图像转换效果

3. YCrCb（YUV）颜色空间及转换方法

在现代彩色电视系统中，通常采用三管彩色相机或彩色 CCD 相机进行摄像，然后把摄得的彩色图像信号经分色、分别放大校正后得到 RGB，再经过矩阵变换电路得到亮度信号 Y 和两个色差信号 R-Y（即 U）、B-Y（即 V），最后发送端将亮度和色差三个信号分别进行编码，用同一信道发送出去。这种色彩的表示方法就是所谓的 YUV 色彩空间表示。采用 YUV 色彩空间的重要性是它的亮度信号 Y 和色度信号 U、V 是分离的。如果只有 Y 信号分量而没有 U、V 分量，那么这样表示的图像就是黑白灰度图像。彩色电视采用 YUV 空间正是为了用亮度信号 Y 解决彩色电视机与黑白电视机的兼容问题，使黑白电视机也能接收彩色电视信号。

YUV 颜色空间广泛用于 MPEG 视频压缩和 JPEG 图像压缩方案，不能算是纯粹的颜色空间，因为它是 RGB 颜色空间的一种解码方式。其中，Y 表示亮度，Cr 表示 RGB 空间 R 通道和 Y 的差值（即 U），Cb 表示 RGB 空间 B 通道和 Y 的差值（即 V）。YUV 与 RGB 的转换见式（6.9-5）~式（6.9-10）（RGB 取值范围均为 0~255）。图 6.9-3 所示为 RGB 图像转换成 YCrCb 空间效果示例。

$$Y = 0.299R + 0.587G + 0.114B \tag{6.9-5}$$

$$U = -0.147R - 0.289G + 0.436B \tag{6.9-6}$$

$$V = 0.615R - 0.515G - 0.100B \tag{6.9-7}$$

$$R = Y + 1.14V \tag{6.9-8}$$

$$G = Y - 0.39U - 0.58V \tag{6.9-9}$$

$$B = Y + 2.03U \tag{6.9-10}$$

4. HSV 颜色空间及转换方法

HSV 颜色空间属于面向色度的颜色坐标系的一种，这种颜色模型接近于人眼对颜色感知的仿真模型。在其他颜色模型中，如 RGB，一幅图像被视为三种基色的叠加；在 HSV 颜色空间中，H(Hue) 表示色调，取值 [0, 1]，对应颜色的种类从红、黄、绿、蓝、紫和黑再到红；S(Saturation) 表示饱和度，取值 [0, 1]，对应色调种类从不饱和（表示完全无色，即颜色为灰色）到完全饱和（即颜色最纯，没有灰色成分）；V(Value) 取值 [0, 1]，对应色彩由暗变亮。RGB 与 HSV 的转换方法如下，如果源图像格式是 8bit 或 16bit，则首先转换成一个浮点格式，将其值变换成 0~1，再计算

图 6.9-3 RGB 图像（左）转换成 YCrCb 空间（右）效果示例

$$V \leftarrow \max(R, G, B) \tag{6.9-11}$$

$$S \leftarrow \begin{cases} \dfrac{V - \min(R,G,B)}{V} & \text{if } V \neq 0 \\ 0 & \text{otherwise} \end{cases} \tag{6.9-12}$$

$$H \leftarrow \begin{cases} 60(G-B)/(V-\min(R,G,B)) & \text{if } V = R \\ 120 + 60(B-R)/(V-\min(R,G,B)) & \text{if } V = G \\ 240 + 60(R-G)/(V-\min(R,G,B)) & \text{if } V = B \end{cases} \tag{6.9-13}$$

其中，如果 $H<0$，那么 $H=H+360$。各输出量范围为 $0 \leq V \leq 1$，$0 \leq S \leq 1$，$0 \leq H \leq 360$。各输出量的值然后被转换为目标数据类型。对于 8bit 的图像，$V=255V$，$S=255S$，$H=H/2$（以适用于 0 ~ 255）。

6.10 图像质量调整

亮度、对比度和饱和度是评估图像质量的三个基本特征指标。在多样化的应用领域中，根据特定的需求，常常需要对捕获图像的亮度水平、对比度范围和色彩饱和度进行精细调整。这些调整旨在优化图像的视觉表现，以适应不同的视觉分析、增强处理或显示需求。

五颜六色的图片由像素点组成，每个像素点对应的则是一系列的数字（125, 200, 232）、（33, 49, 13）、（45, 230, 132）、（94, 134, 48）、（0, 0, 0）纯黑、（255, 255, 255）纯白…当对其进行亮度和对比度等参数进行调整时，是在对这些数字进行一些运算，

这些运算可以简单地用以下思路理解。

1. 亮度（明度）

亮度调整是对每个像素对应的三个数字乘以相同的一个数。如将亮度调大1.2倍，则可以是（125，200，232)×1.2、（33，49，13)×1.2、（45，230，132)×1.2、（94，134，48)×1.2、（0，0，0)×1.2、（255，255，255)×1.2，也就是（150，240，278)、（40，59，16)、（54，276，158)、（113，161，58)、（0，0，0)、（306，306，306)。但由于数值最大不能超过255，因此最终需要把超过255的数值调整为255，因此最终就是（150，240，255)、（40，59，16)、（54，255，158)、（113，161，58)、（0，0，0)、（255，255，255)，这样就能够在保证颜色基本不变的同时，增加亮度。图像亮度的调整如图6.10-1所示。

图6.10-1　图像亮度的调整

基于前文学习可知，提高相机输出图像亮度的方式有三种：①增大数字增益，已在6.5节进行了学习；②调节Gamma值，已在6.8节进行了学习；③定义不同的查找表，可以在相机ISP流程中增加亮度查找表调节环节，图6.10-2所示为通过不同的查找表改变亮度，相机使用不同的查找表可输出亮度不同的图像。

2. 对比度

增加对比度是将亮的像素调得更亮，暗的像素调得更暗。因此可以首先计算出所有像素的平均亮度，如（125，200，232)、（33，49，13)、（45，230，132)、（94，134，48)、（0，0，0)、（255，255，255）的平均亮度为（125+200+232+33+…+0+255+255+255)/18=117。因此，将那些3个数值的平均值大于117的像素乘以1个大于1的数，剩余的像素则乘以1个大于0且小于1的数，这样就能增大两极分化，从而让暗的更暗，亮的更亮，使得图片各部分的对比更加明显。图像的对比度调整效果如图6.10-3所示，图片调整对比度后，实际的算法不是简单地将暗（亮）的部分变得更暗（亮）。

3. 饱和度

饱和度是指图像颜色的浓度，也指色彩的鲜艳程度，又称色彩的纯度。明度（即亮度)、色相、彩度（即饱和度）是色彩的三要素。色具有的亮度和暗度被称为明度。色彩是由于物体上物理性的光反射到人眼视神经上所产生的感觉。色的不同是由光的波长的长短差别所决定的。作为色相，指的是这些不同波长的色的情况。用数值表示色的鲜艳或鲜明的程度称之为彩度（饱和度)。有彩色的各种色都具有彩度值，无彩色的色的彩度值为0，对于有彩色的色的彩度的高低（纯度)，区别方法是根据这种色中含灰色的程度来计算的。彩度由于色相的不同而不同，而且即使是相同的色相，因为明度的不同，彩度也会随之变化，色

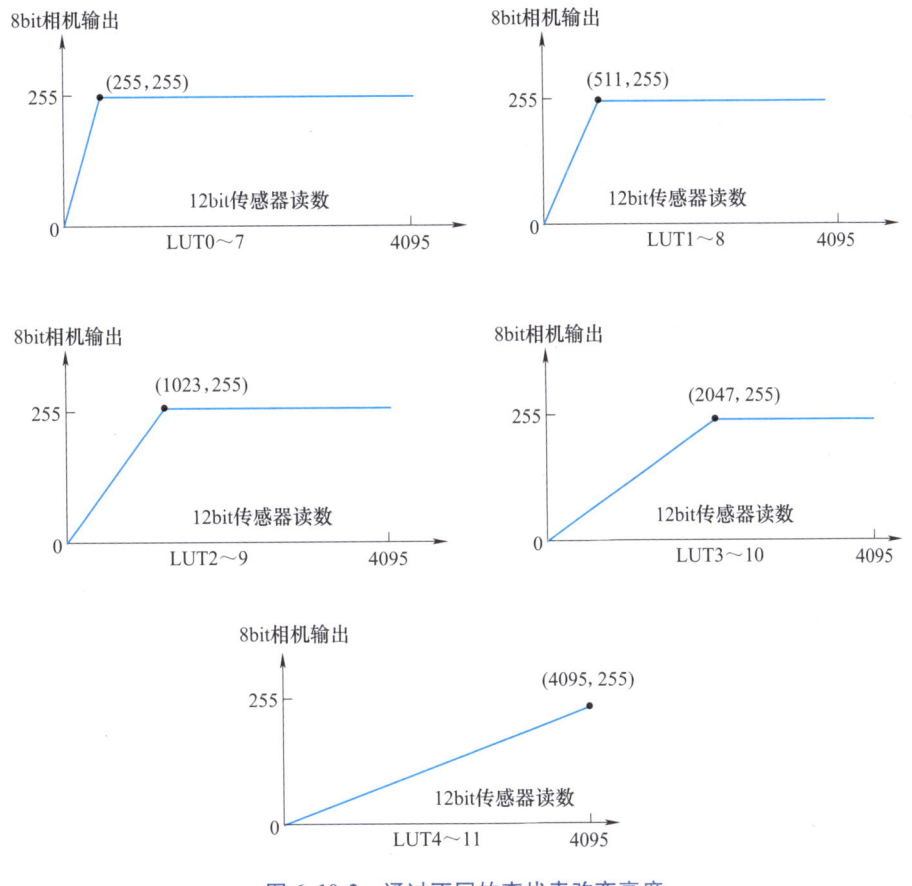

图 6.10-2　通过不同的查找表改变亮度

图 6.10-3　图像的对比度调整效果

（图中从左到右对比度逐渐增加）

相与饱和度如图 6.10-4 所示。饱和度越高，颜色越饱满；饱和度越低，颜色就会显得越陈旧、惨淡；饱和度为 0 时，图像就为灰度图像。饱和度取决于该色中含色成分和消色成分（灰色）的比例。含色成分越大，饱和度越大；消色成分越大，饱和度越小。饱和度与光线强弱及在不同波长的强度分布有关。最高的色度一般由单波长的强光（如激光）达到，在波长分布不变的情况下，光强度越弱，则色度越低。

增加饱和度则是拉大每个像素点内部各个数值的两极分化。如将（94，134，48）这个

工 业 相 机 原 理

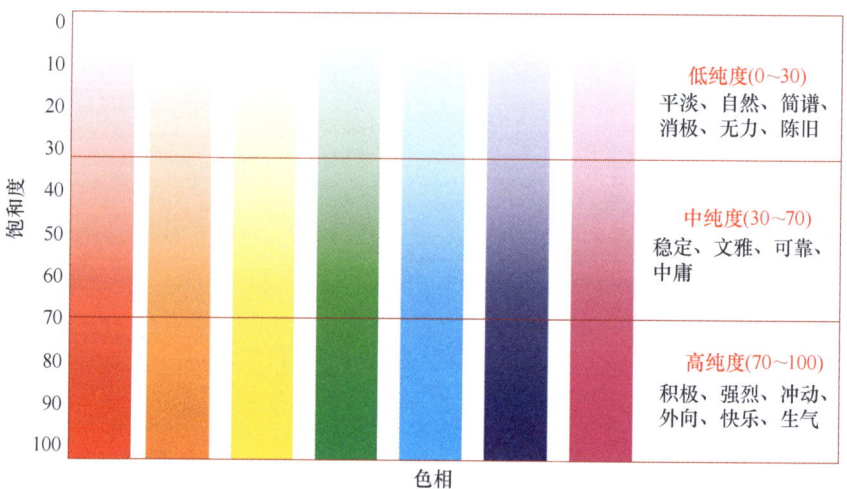

图 6.10-4　色相与饱和度

像素点加大饱和度后可能会变成（80，160，35），也就是由原来的暗绿色变成了亮绿色；如果原本是暗红色，则会变成更亮的红色。图 6.10-5 所示为图像的饱和度调整效果。

图 6.10-5　图像的饱和度调整效果

（从左到右，饱和度逐渐增加）

1. 我们看到的工业相机拍摄的照片，其实不是相机直接获取的样子，需要经过各种处理，如去噪声、白平衡、颜色校正等的 ISP 处理，最后才是显示出来被我们眼睛看到的样子。请思考为什么工业相机不将其直接获取的图像输出，而要首先经过各种 ISP 处理呢？

2. 请思考，为什么工业相机 ISP 处理流程中的部分步骤的先后顺序是可以调换的。

3. 请列举图像传感器的常见缺陷及处理方法。

4. 我们知道图像数据一般为 0～255，但传感器在出厂的时候，厂家一般会设置图像数据输出范围如 5～250 等，也即最低电平不为零。请分析这样做的原因。

5. 为了校正镜头亮度阴影，已经将图像分为了 16×16 的网格，如图 6-1 所示。请描述采用改进网格法对该图像进行镜头亮度阴影校正的过程。

6. 请思考平场校正与镜头亮度阴影校正的关系。

7. 常见场景下的色温分布如图 6-2 所示，请分析，若在艳阳天拍摄某一工业目标时，应如何调整白平

118

第 6 章　工业相机中的图像信号预处理

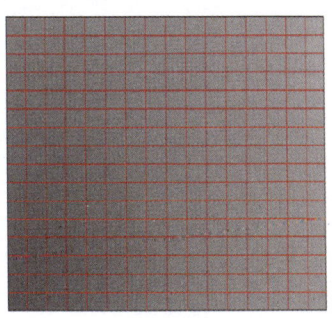

图 6-1　改进网格法的 16×16 分块

衡才能使得拍摄目标的图像颜色更接近视觉上真实的颜色？若是在阴天拍摄又应如何调整呢？若是在钨丝灯照明下拍摄又应如何调整呢？

图 6-2　常见场景下的色温分布

8. 请思考白平衡调整的目的和基本原理。

9. 请说明 Gamma 校正系数 "2.2" 的来历。

10. 请说明灰度图像某点的像素值 Y 与 RGB 图像中该点 R、G、B 值的转换关系，以及 RGB 空间与 XYZ 空间、YUV 空间、HSV 空间的转换关系。

第 7 章

工业相机通信基本原理

7.1 通信系统基本原理

7.1.1 通信系统基本概念

本节包含 4 个要点：信息、数据和信号的概念；数据通信系统模型；信道的传输方式；数据的传输方式。

7.1.1.1 信息、数据和信号的概念

首先介绍信息、数据和信号的概念。具体定义如下：

1）信息是现实世界事物的存在方式或运动状态的反映。

2）数据是用物理符号记录下来的、可以鉴别的信息。数据是信息的表现形式和载体，它可以是符号、文字、数字、语音、图像、视频等。数据和信息是不可分离的。数据是信息的表达，信息是数据的内涵。数据可以是连续的值，如声音、图像，称为模拟数据；也可以是离散的值，如符号、文字，称为数字数据。

3）信号是数据的电、磁、光、声波等表示方式。不同的数据必须转换为相应的信号才能进行传输。

信号又分为数字信号与模拟信号，如图 7.1-1 所示。数字信号是时间上离散、仅包含有限数目的信号值，最常见的是二值信号，见图 7.1-1a，有一个高电平和一个低电平，是两个值的信号；模拟信号是时间上连续、包含无穷多个信号值，见图 7.1-1b。

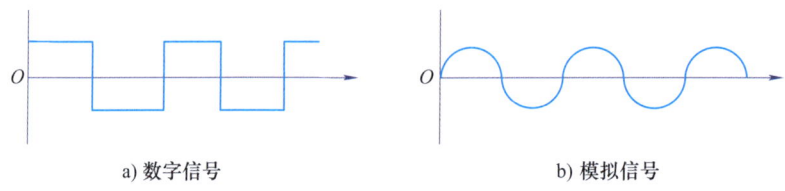

图 7.1-1 数字信号与模拟信号

信号还可被分为基带信号与频带信号。基带信号指的是数据的原始电信号形式，特点是频率较低，信号频谱从零附近开始，呈现出低通特性。依据原始电信号的特性，基带信号可进一步划分为数字基带信号与模拟基带信号。为了满足信号传输的需求，通过载波调制将基带信号转移到较高的频率段进行传输，这一过程称为载波调制。经过调制后的信号被称作频带信号，其频谱限定在特定的频率带内，也称为带通信号。

7.1.1.2 数据通信系统模型

数据通信系统的实质是完成从一地到另一地的信息传递或交换。可以从两个角度观察数据通信系统：构成数据通信系统的设备和信息的传输过程。

1. 从构成数据通信系统的设备来看

数据通信系统及其设备如图 7.1-2 所示，由数据终端设备（Data Terminal Equipment，DTE）、数据电路终端设备（Data Circuit-terminating Equipment，DCE）及信道构成。DTE 是能生成并向数据通信网络发送和接收数据的设备，起着实现人与数据通信网络之间联系的作用，是人机之间的接口。常见的 DTE 有终端机、POS 机、PC 等，DTE 中包含了通信控制器。DCE 连接数据终端设备与信道，是将原始数据信号转换成特殊的电信号使其适用于在信道上进行传输的设备。信道是信息传输的物理通道。传输模拟信号的信道称为模拟信道，传输数字信号的信道称为数字信道。

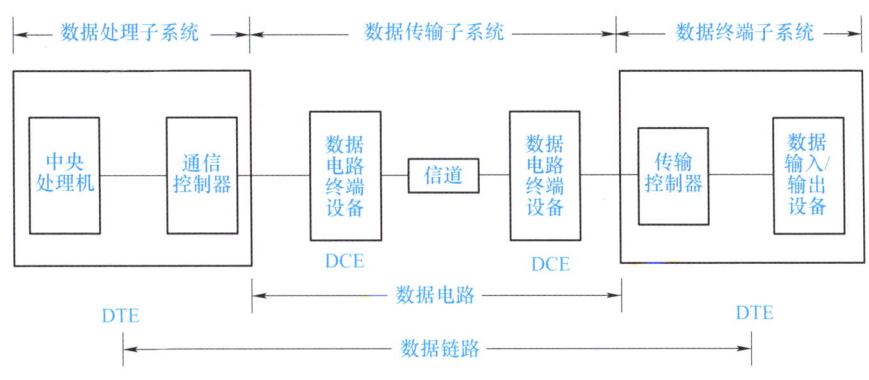

图 7.1-2 数据通信系统及其设备

2. 从信息传输过程来看

数据通信系统中信息的传输过程如图 7.1-3 所示。信源指信息的原始产生者，信道则是信息传输的媒介。在信道中传递的信息可能会受到各类噪声的干扰。信宿是指信息的最终接收者。

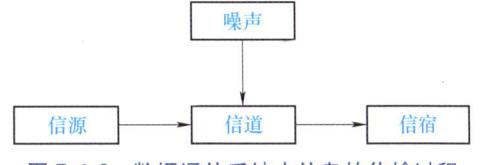

图 7.1-3 数据通信系统中信息的传输过程

7.1.1.3 信道的传输方式

信道的传输方式分为并行传输、串行传输、单工传输、半双工传输和全双工传输。其中，并行传输与串行传输如图 7.1-4 所示。

1. 并行传输

并行传输是指有多个数据位同时在设备之间进行的传输，见图 7.1-4a。一般在两个短距离的设备之间采用，如计算机和打印机之间。

2. 串行传输

串行传输也是有多个数据位在设备之间进行的传输，但其使用一条数据线，将数据一位一位地依次传输，见图 7.1-4b。计算机网络采用串行传输。

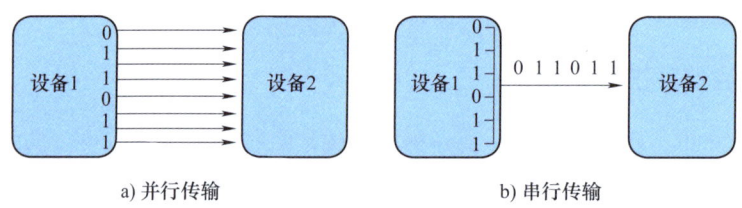

图 7.1-4 并行传输与串行传输

3. 单工、半双工和全双工传输

单工传输模式下，两台设备间的通信仅支持单向数据流动，其中一方恒定为发送器，另一方恒定为接收器。半双工传输模式则允许两台设备间进行双向通信，但通信过程不能同时进行。全双工传输模式则支持两台设备间的双向通信且通信过程可同时进行。如图 7.1-5 所示。

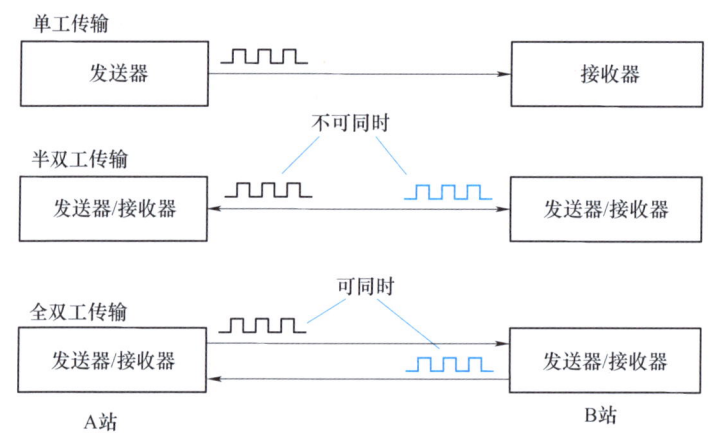

图 7.1-5 单工、半双工及全双工传输方式示意图

7.1.1.4 数据的传输方式

依据数据类型，数据传输可分为模拟数据传输与数字数据传输。依据信道类型，又可分为模拟信道传输与数字信道传输。因此，通信系统对数据的传输可划分为四种模式：模拟数据通过模拟信道的传输、数字数据通过模拟信道的传输、模拟数据通过数字信道的传输及数字数据通过数字信道的传输。

模拟数据的模拟传输，传输信号通常为频带信号，即在发送端将基带信号进行调制，在接收端解调，如图 7.1-6 所示。

数字数据的模拟传输，传输信号为频带信号，即在发送端将数字信号调制到一个模拟信号上，在接收端解调，如图 7.1-7 所示。

第 7 章　工业相机通信基本原理

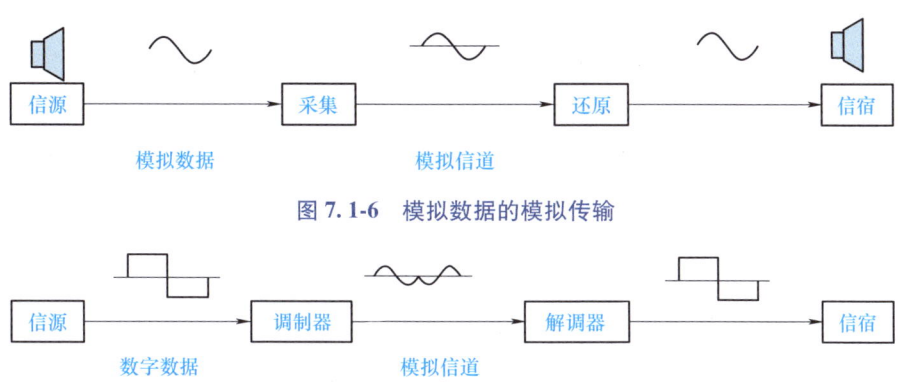

图 7.1-6　模拟数据的模拟传输

图 7.1-7　数字数据的模拟传输

模拟数据的数字传输，传输的是数字信号，在发送端将模拟信号转换成数字信号，在接收端将数字信号还原成模拟信号，如图 7.1-8 所示。

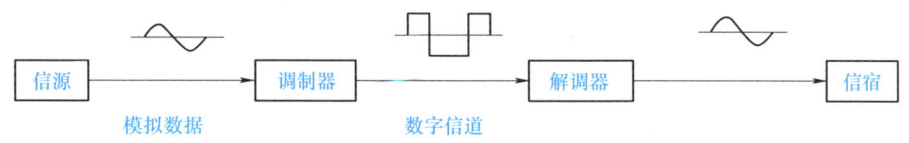

图 7.1-8　模拟数据的数字传输

数字数据的数字传输，传输信号为数字信号，在发送端需要对发送的数字信号进行编码，在接收端解码，如图 7.1-9 所示。

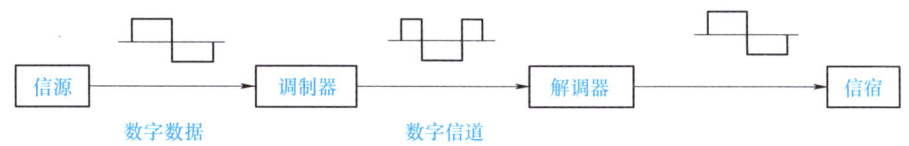

图 7.1-9　数字数据的数字传输

7.1.2　数字数据的模拟信号传输

本节包含 3 个部分：数字数据的模拟信号传输概述；信道的极限传输速率；提高模拟信号数据传输速率的方法。

7.1.2.1　数字数据的模拟信号传输概述

在数字数据通过模拟信道传输的场景中，通常在发送端和接收端各配置一个 DCE。发送端的 DCE 负责将计算机输出的数字信号转换为适合模拟信道传输的模拟信号。相应地，接收端的 DCE 则负责将接收到的模拟信号还原为数字信号，数字数据的模拟信号传输如图 7.1-10 所示。

目前，我国通信系统中采用模拟传输的技术已极为少见。仅存的模拟通信链路主要存在于用户电话机到市话交换机之间的数公里范围内。在这一段链路中，家庭用户主要应用非对称数

123

工业相机原理

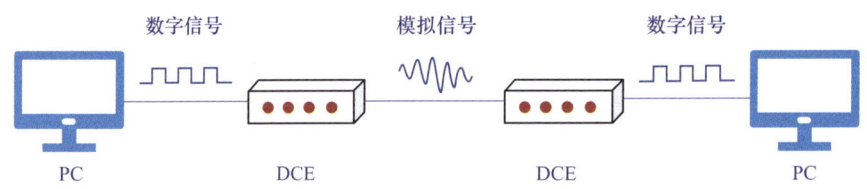

图 7.1-10 数字数据的模拟信号传输

字用户线技术（Asymmetric Digital Subscriber Line，ADSL），通过电话网的用户线接入互联网。

实现数字信号与模拟信号相互转换的 DCE 被称为调制解调器，包含调制器与解调器两部分。其中，将数字信号转换为模拟信号的过程由调制器完成，而将模拟信号转换为数字信号则由解调器执行。数字信号转换为模拟信号的主要调制方法有三类：一是调幅，利用两种不同的信号振幅来表示二进制的 0 和 1；二是调频，通过改变信号的频率来代表 0 和 1；三是调相，借助信号起始相位的不同来编码 0 和 1。

图 7.1-11 所示为三种基本调制方法示意图。调幅是采用了一个 2Hz 的模拟信号。它的振幅为 0 时表示 0，振幅为 1 时表示 1。调频是采用了频率为 1Hz 和 2Hz 的两个模拟信号，1Hz 信号表示 0，2Hz 信号表示 1。调相是采用了一个 2Hz 的模拟信号，初相为 0°的信号表示零，初相为 180°的信号表示 1。

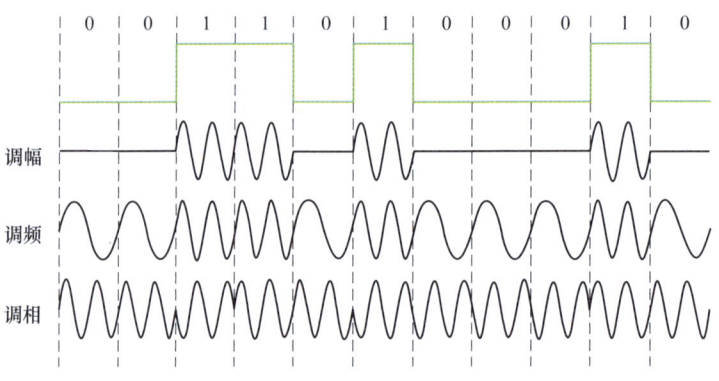

图 7.1-11 三种基本调制方法示意图

在信号传输领域，码元传输速率与数据传输速率是两个核心参数。码元定义为信号传输的基本单元，数字信号中的码元对应于代表二进制值 0 和 1 的脉冲信号，而模拟信号的码元则对应于代表这些二进制值的两种不同模拟波形，数字信号与模拟信号编码见表 7.1-1。码元的离散值个数指的是码元所能表示的不同信号状态的数量，例如，一个码元表示"1"，另一个码元表示"0"，则该码元的离散值为 2。码元传输速率，也称为波特率，指的是单位时间内信道传输的码元数量，单位是波特（Baud）。

表 7.1-1 数字信号与模拟信号编码

数字信号编码		模拟信号编码	
1	0	1	0

124

应注意区分码元的离散值数量与码元传输速率。码元是用于表示数据位的基本信号单元。码元传输速率则是指单位时间内传送的码元数目。数据传输速率以比特率为单位,计量单位为"比特/秒"。码元传输速率则以波特率为单位,单位为"波特"。二者在数量上有一定的关系,当每个码元仅携带一位信息时,"比特/秒"与"波特"在数值上相等。

7.1.2.2 信道的极限传输速率

研究显示,影响信道的数据传输速率的因素有两点,首先,是信道能够传输的频率范围,即信道带宽;其次,是信噪比,其定义为信号平均功率与噪声平均功率之比,通常以分贝(dB)为单位表示,并标记为 S/N。电子噪声普遍存在于所有电子设备及信道之中,分贝与信噪比的关系可用式(7.1-1)表示。

$$分贝(dB) = 10\log_{10}(S/N) \tag{7.1-1}$$

下面是通过仿真软件获得的不同信号与噪声叠加情况,以此分析电子噪声对传输信号的影响。图 7.1-12 所示为噪声对信号的影响一,上面的波形是原信号,中间的波形是噪声信号,下面的波形是叠加了噪声的传输信号,此时,原信号为 1V。可以看到,传输信号失真非常严重。

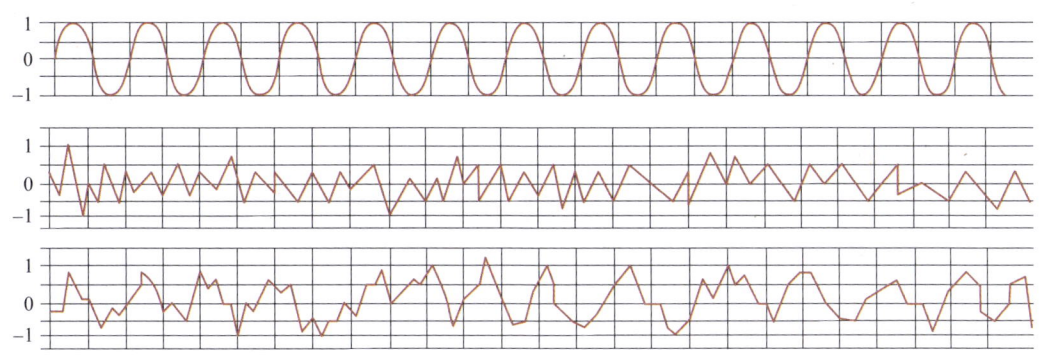

图 7.1-12　噪声对信号的影响一(其中原信号为±1V,噪声信号为±1V)

图 7.1-13 所示为噪声对信号的影响二,是原信号提高到 5V 的情况。可以看到,传输信号仍有失真。

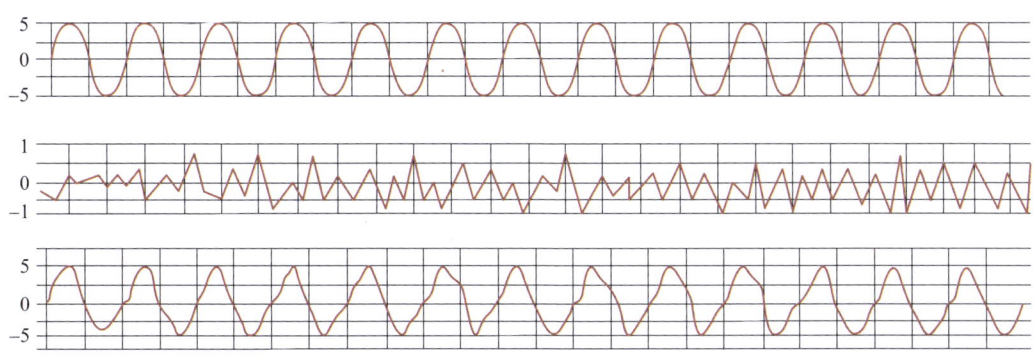

图 7.1-13　噪声对信号的影响二(其中原信号为±5V,噪声信号为±1V)

图 7.1-14 所示为噪声对信号的影响三，是原信号提高到 100V 的情况。可以看到，传输信号受噪声影响已经很小了。

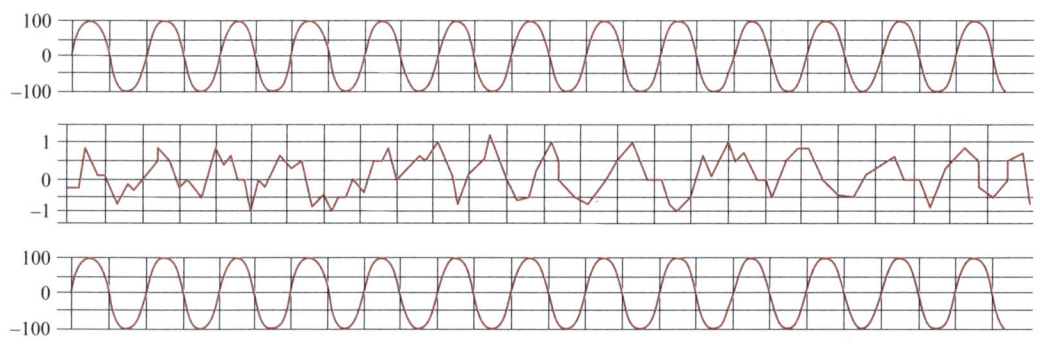

图 7.1-14　噪声对信号的影响三（其中原信号为±100V，噪声信号为±1V）

一个具体的信道，最高传输速率是多少呢？奈奎斯特和香农二人对此进行了研究。奈奎斯特给出了奈奎斯特第一准则（也称奈氏准则），香农则导出了香农公式。

1. 奈氏准则

奈氏准则指出，理想低通信道的最高码源传输速率等于两倍的 W 波特。W 是理想低通信道的带宽，单位为 Hz。理想低通信道如图 7.1-15 所示。所谓理想低通信道，就是信号的所有低频分量，只要其频率不超过某个上限值，都能够不失真地通过此信道。而频率超过该上限值的所有高频分量，都不能通过该信道。

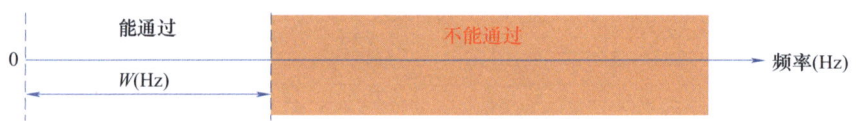

图 7.1-15　理想低通信道

奈氏准则的另一形式指出，理想带通信道的最高码源传输速率等于 W 波特。W 是理想带通信道的带宽，单位为 Hz。需注意，此处提到的是理想带通信道，而非前述的理想低通信道。理想带通信道是指仅允许某一频带内的信号无失真通过而阻隔其他频率成分的信道，如图 7.1-16 所示。

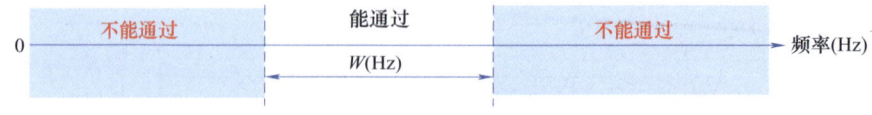

图 7.1-16　理想带通信道

对奈氏准则的两点说明：奈氏准则指出了码源传输的速率是受限的，不能任意提高；奈氏准则基于理想化假设得出，而在实际应用环境中，由于各种实际因素的制约，实际可达到的最高码源传输速率通常低于理想数值。

2. 香农公式

香农用信息论的理论推导出了带宽受限且有高斯白噪声干扰的信道的极限、无差错的信息传输速率的计算方法。信道的极限信息传输速率可用式（7.1-2）来表达。

$$C = W\log_2(1 + S/N) \quad \text{bit/s} \tag{7.1-2}$$

式中，W 为信道的带宽，单位为 Hz；S 为信道内所传输信号的平均功率；N 为信道内部的高斯噪声功率。

对香农公式的两点说明：香农公式确立了数据传输速率的理论上限，意味着在给定的传输带宽和信噪比条件下，数据传输速率的最大值是固定不变的，且无法被超越；若意图提升数据传输速率，可行的途径包括增加传输介质的带宽或提升信号的信噪比，除此之外，别无他法。

7.1.2.3 提高模拟信号数据传输速率的方法

奈氏准则规定了码元传输速率的上限，对于带宽为 1Hz 的理想带通信道，码元传输速率可达 1 波特；若每个码元承载 1bit 数据，则数据传输速率为 1bit/s。根据香农公式，数据传输速率不仅依赖于带宽，还与信噪比相关，因此，即使在 1Hz 的信道中，通过提升信噪比也可增加数据传输速率。鉴于码元传输受奈氏准则约束，要提升数据传输速率，可增加码元的离散值数量，使单个码元承载更多 bit。例如，使用 2bit 二进制数，可设计 4 种码元，每种码元表示 2bit 数据，这 4 种码元可通过 4 种不同的振幅、频率或相位的模拟信号来实现。这种使单个码元承载多位数据的调制技术称为多元制调制。

一个码元携带的数据位 $n(\text{bit})$ 与码元离散值个数 N 具有如下关系：

$$n = \log_2 N \tag{7.1-3}$$

表 7.1-2 为一个多元调制的案例，码元离散值个数为 4，每个码元携带 2bit 二进制数，有 4 种组合，由 4 种不同的频率表示。

表 7.1-2 一个多元调制的案例

码元离散值个数为 4 的调制信号编码			
码元	～	～～	～～～	～～～～
二进制数	00	01	10	11

另一个正交调制的案例如图 7.1-17 所示，当图中的点以极径和极角表示时，可选的角度有 12 种，每种角度可配以一或两种不同的长度，形成 16 个点，每个点对应一个码元，也就是使用某个频率的模拟信号。极径代表码元的振幅，极角代表其初始相位，故码元间的差异体现在振幅与相位上。图 7.1-17 中展示了 16 个这样的码元，每个码元能够承载 4bit 数据，意味着每次传输一个码元即可传输 4 个二进制数。

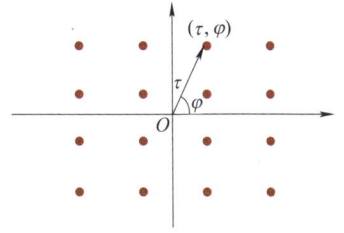

图 7.1-17 另一个正交调制的案例

7.1.3 模拟数据的数字信号传输

本节内容包括 3 个部分：模拟数据的数字信号传输概述；模拟数据的数字信号编码；采样定理。

7.1.3.1 模拟数据的数字信号传输概述

日常生活中几乎所有的物理量转换成电信号后都是模拟信号。在数字信道中传输模拟信号时,需在发送端进行模/数转换,即将模拟信号转换为数字信号;接收端则进行数/模转换,将数字信号还原为模拟信号。模/数转换由模/数转换器(Analog to Digital Converter, ADC)完成,而数/模转换则由数/模转换器(Digital to Analog Converter, DAC)实现。

7.1.3.2 模拟数据的数字信号编码

在通信领域,模拟数据向数字信号的转换常采用脉冲编码调制(Pulse Code Modulation, PCM)技术。PCM过程包括三个主要步骤:首先,模拟信号在固定时间间隔内进行采样,实现信号的离散化;其次,对采样得到的值进行量化处理,即按照预定的量化级别对采样值进行四舍五入取整;最终,将量化后的采样值映射为相应的二进制码序列。

模拟信号的PCM编码过程如图7.1-18所示。从原始的模拟信号开始,第一步采样。采样是对模拟信号提取样值,即每隔一段时间间隔提取一次模拟信号的幅度,使模拟信号转换为在时间轴上离散的信号。

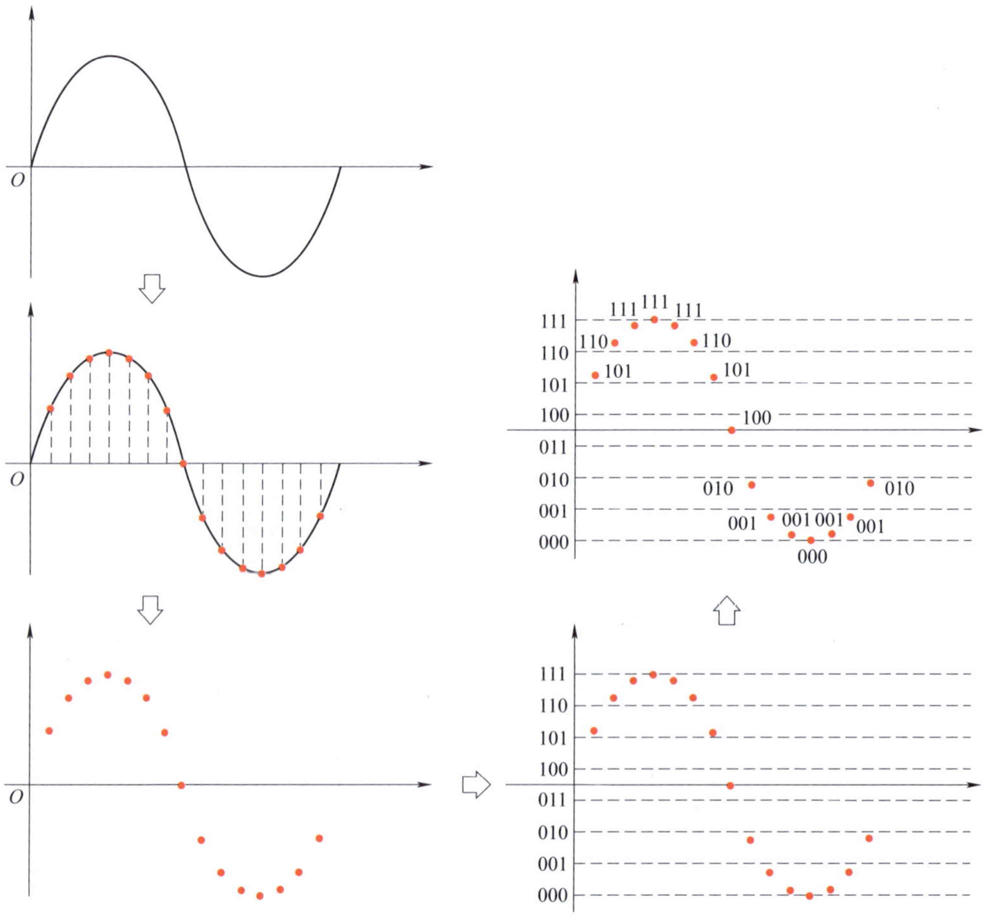

图 7.1-18 模拟信号的 PCM 编码过程

第二步量化。为了实现以数字编码表示采样值，将采样信号分级，这一过程称为量化。图 7.1-18 中采用八级量化，将采样最小值和最大值之间分成八级。

第三步编码。每个采样值依据量化级别采用四舍五入进行量化处理，并转换为对应的二进制代码。鉴于采用了八级量化，每个采样值仅需三位二进制数即可表示。通过四舍五入对采样值进行量化会导致量化误差，该误差在接收端模拟信号的重建过程中表现为噪声。增加量化分级数量，即缩小量化步长，可以降低量化噪声的幅度。图 7.1-18 中原始模拟信号转换后的数字信号为 [101 110 111 111 111 110 101 100 010 001 001 000 001 001 010]。

量化方法可分为两类，第一类为均匀量化，采用等间隔对采样信号进行量化，也称线性量化；第二类是非均匀量化，针对大幅值信号使用较大量化间隔，而对于小幅值信号则采用较小量化间隔，从而在满足精度需求的前提下，减少所需的位数，这又称为非线性量化。

7.1.3.3 采样定理

下面分析一下采样速率与量化级别大小的问题。采样速率与量化级别的关系如图 7.1-19 所示，用采样值表示原始信号还原之后的波形，采样速率越高，还原之后越接近实际信号。提高采样速率，采样信号就会增加，但表示每个采样值的二进制位数也越多，生成的信号文件也会增大。因此想要提高量化精度，必须增加量化级别，量化级别越高，量化越精确。

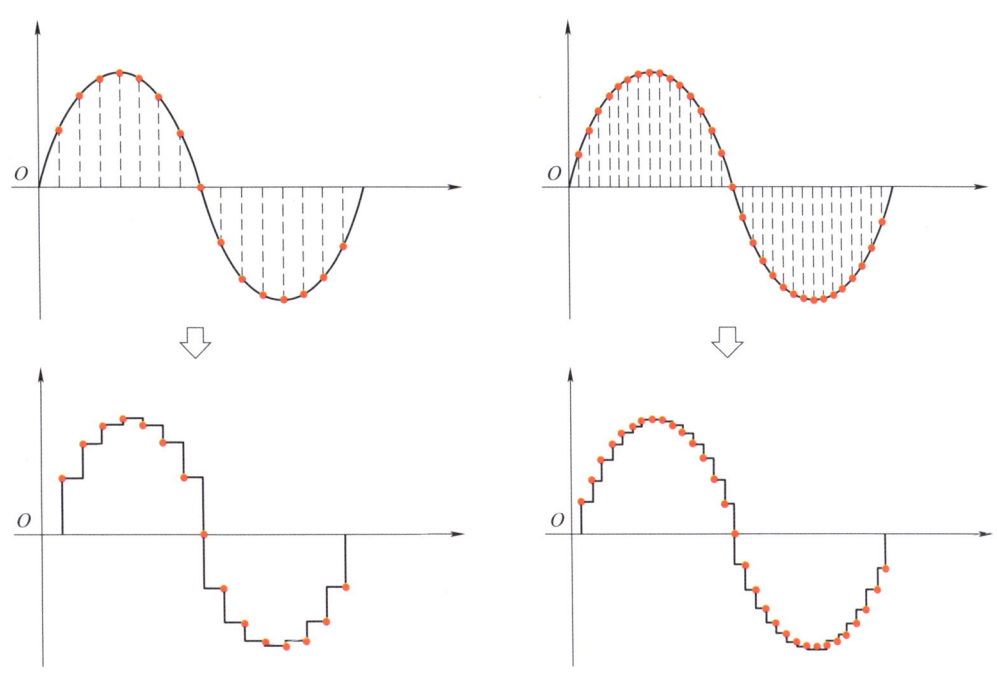

图 7.1-19 采样速率与量化级别的关系

为确保能够无失真地重建原始信号，必须遵循采样定理。根据采样定理，即奈奎斯特采样定理，为了能够从其样本中完整地恢复一个连续的模拟信号，采样频率 f_s 必须至少是该信号频谱中最高频率 f_{max} 的 2 倍。

$$f_s \geq 2f_{max} \tag{7.1-4}$$

图 7.1-20~图 7.1-22 给出了不同的采样速率 f、$2f$、$5f$ 时原始信号的还原情况。对一个

频率为 40Hz 的正弦信号进行 PCM 编码，观察采用不同采样速率时原始信号和还原后信号的情况。图 7.1-20 中，上面的波形是原始信号，中间的波形是采样脉冲，下面的波形是采样后的恢复信号（即还原后的波形）。由于采样速率较低，还原后的波形和原始信号差距非常大。

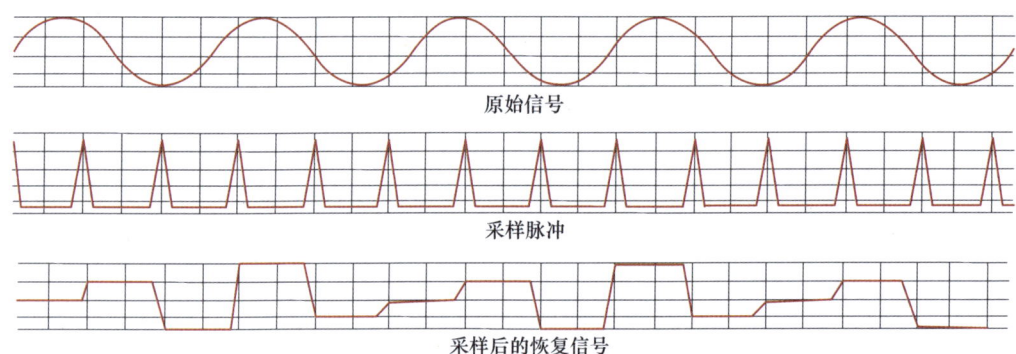

图 7.1-20 采样速率 f 时原始信号的还原情况

图 7.1-21 是采样速率提高 1 倍的情况，还原后的波形和原始波形有些接近了。

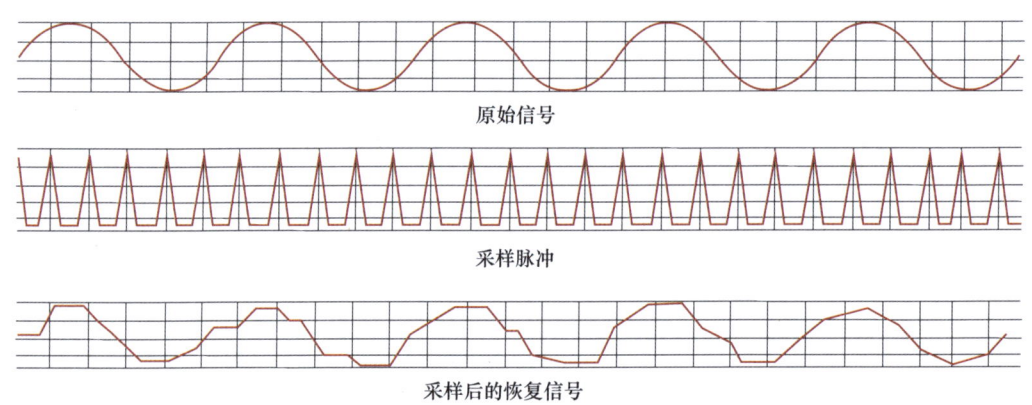

图 7.1-21 采样速率 $2f$ 时原始信号的还原情况

图 7.1-22 是采样速率提高 5 倍的情况，还原后的波形和原始信号基本接近了。

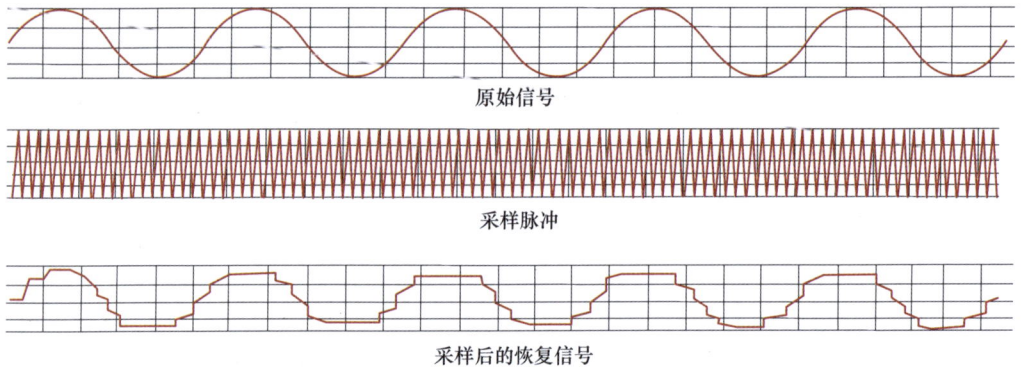

图 7.1-22 采样速率 $5f$ 时原始信号的还原情况

模拟数据的数字信号编码的典型应用案例是电话系统，如图 7.1-23 所示，在电话系统中，本地回路即用户线采用模拟信号传输，而中继线则使用数字信号。本地回路中的模拟信号在电话局端被转换为数字信号。依据采样定理，只要采样频率不低于电话信号最高频率的 2 倍，即可无失真地重建原电话信号。标准电话信号的最高频率为 3.4kHz，规定的采样频率为 8kHz，每个采样值用八位二进制数编码，因此，一个标准话路的 PCM 传输速率即为 64bit/s。

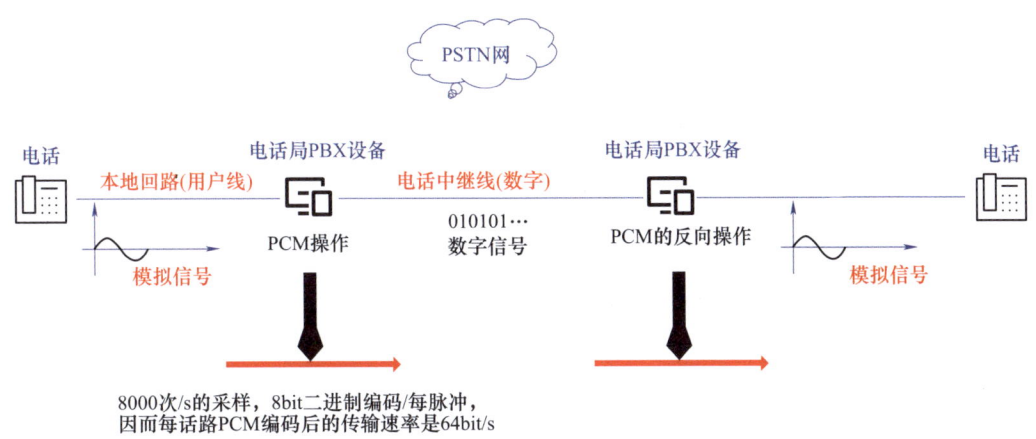

图 7.1-23　模拟数据的数字信号编码应用案例——PSTN（Public Switched Telephone Network）电话系统

7.1.4　数字数据的数字信号传输

本节主要内容包含 3 个部分：数字数据的数字信号传输过程；数字数据的数字信号编码；异步传输与同步传输。

7.1.4.1　数字数据的数字信号传输过程

通常表示二进制数的电信号称为不归零编码，它用高电平表示 1，低电平表示 0。数字信号采用的不归零编码如图 7.1-24 所示。

下面展示了运用不归零编码法进行数据传输的过程。图 7.1-25 所示为一次发送一个二进制位的过程，图 7.1-26 所示为连续发送二进制位的过程，图 7.1-25 和图 7.1-26 都是通信系统示意图，左侧为发送端，右侧为接收端，在这些示意图上，包含了发送端与接收端各自使用的缓冲区及其对应的数据指针，发送的数据为 1011，在发送前该数据存储在发送方的缓存中，用一个指针记录下一个发送位的地址，数据传输到接收端，存放在接收端的缓存中，用一个指针记录下一个接收位的存储地址。

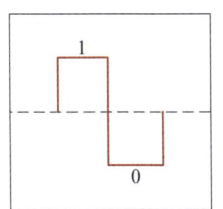

图 7.1-24　数字信号采用的不归零编码

首先为一次发送一个二进制位的过程，见图 7.1-25，发送位的选择由发送指针定位。首先，要发送的是第一位，一个二进制位"1"；第 1 位发送完毕后，发送指针向前移动；接着数据传输到接收端，放入接收缓存，接收指针向前移动；类似地，发送第 2 位、第 3 位、最后 1 位，最终接收指针移到最左侧，接收缓存接收到全部 4 位数。

下面是连续发送二进制位的过程，见图 7.1-26，发送指针位于最前端，接收指针位于最

131

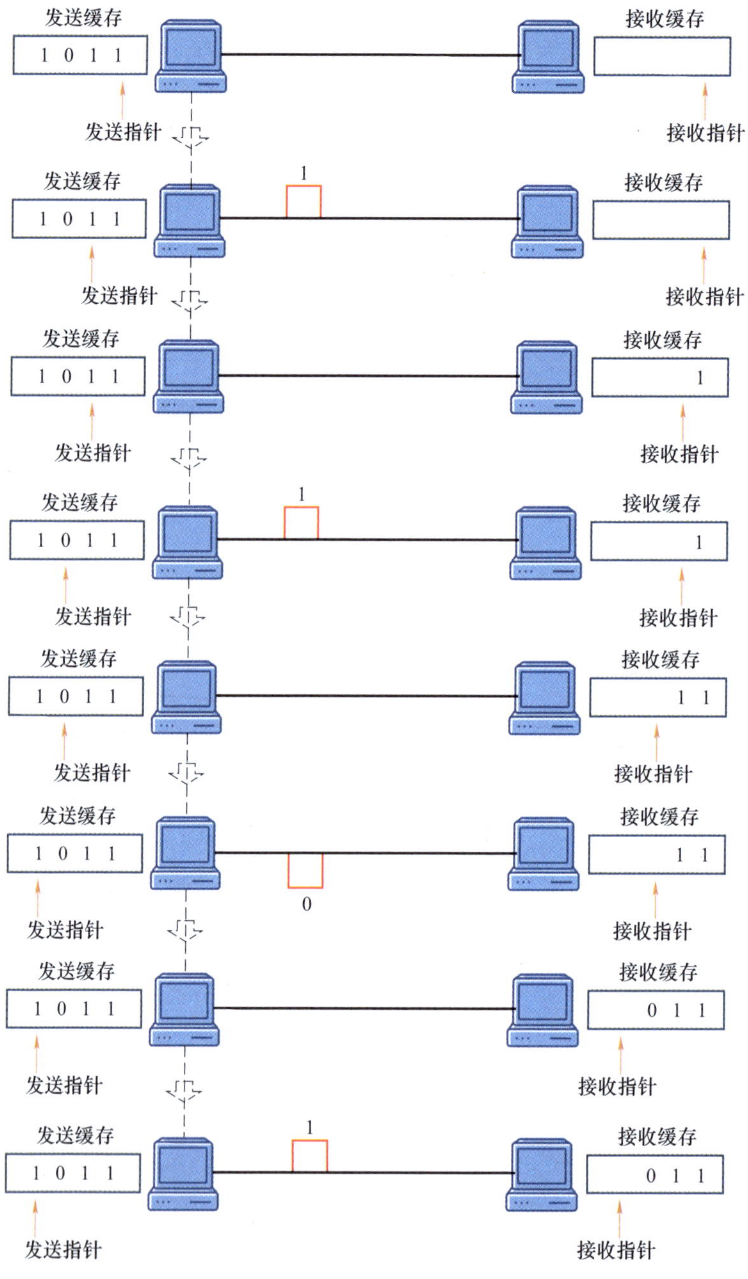

图 7.1-25 一次发送一个二进制位的过程

后端。发送完毕后，接收指针向前移动到最前端，接收缓存接收到来自发送缓存的 4 位数字。

7.1.4.2 数字数据的数字信号编码

一般情况下，发送和接收的时钟频率往往并非完美同步。若采用不归零编码传输数据，连续传输的位数会受到限制。不同发送频率和接收频率下的数据传输过程如图 7.1-27 所示，

第 7 章　工业相机通信基本原理

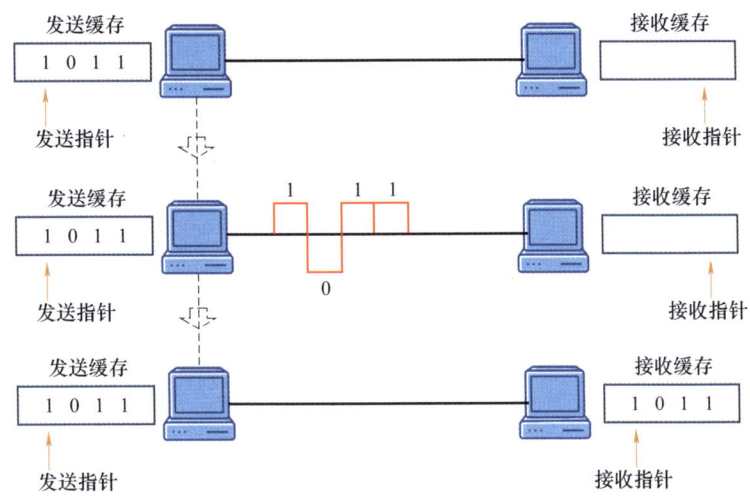

图 7.1-26　连续发送二进制位的过程

展示了发送方的数据发送频率与接收方的数据接收频率，只有在两者频率完全匹配的情况下，才能实现连续无误的数据传输。频率不匹配时，即发送频率与接收频率不一致，将导致数据传输错误。仔细观察，图 7.1-27 中接收频率比发送频率高，若发送和接收同时开始，请思考传输会发生什么问题。

图 7.1-27 中接收方正确接收发送方的第 1 个数据，但在接收第 2 个数据时，首个数据的传输尚未完成，导致收发双方出现时序偏差。随后在接收第 3、第 4 及第 5 个数据的过程中，该偏差随时间累积而增大，致使在接收第 6 个数据时，实际上接收的是发送方的第 5 位数据，传输时间完全错位。自此之后，所有数据传输均会发生错误。

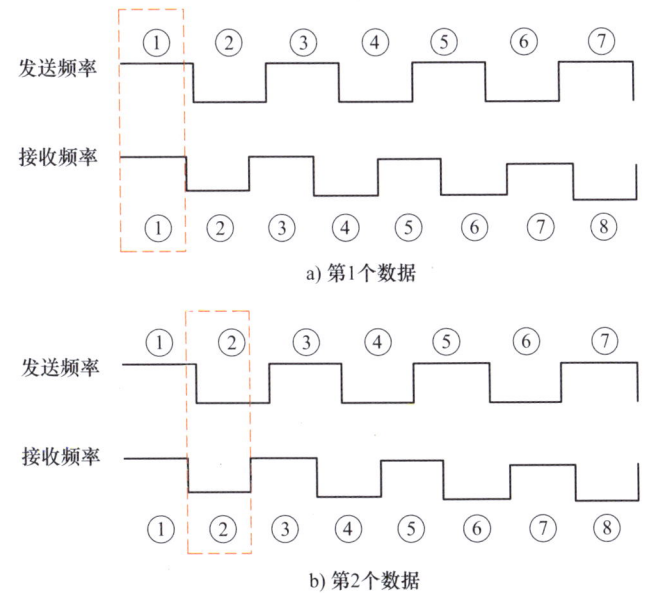

图 7.1-27　不同发送频率和接收频率下的数据传输过程

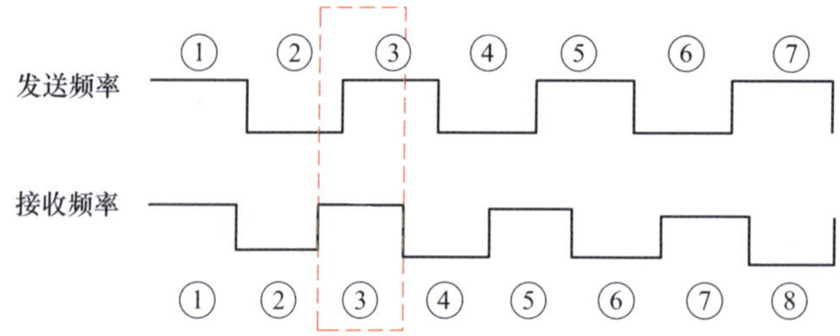

c) 第3个数据

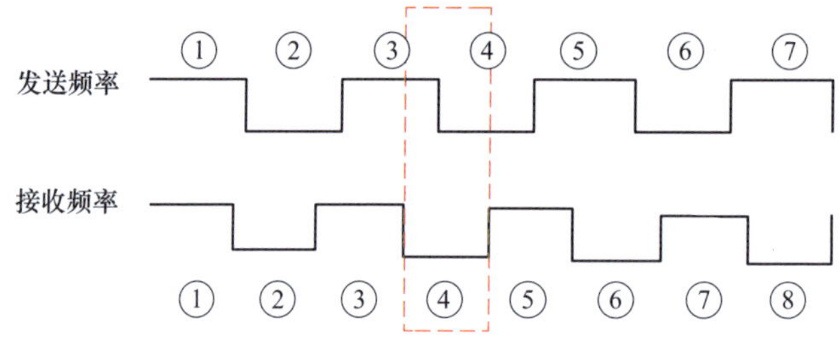

d) 第4个数据

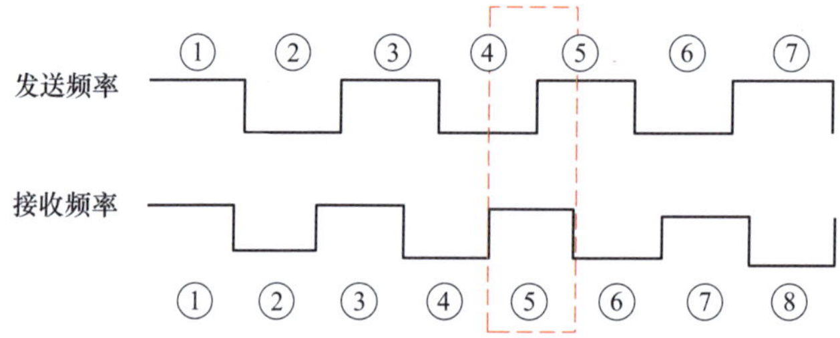

e) 第5个数据

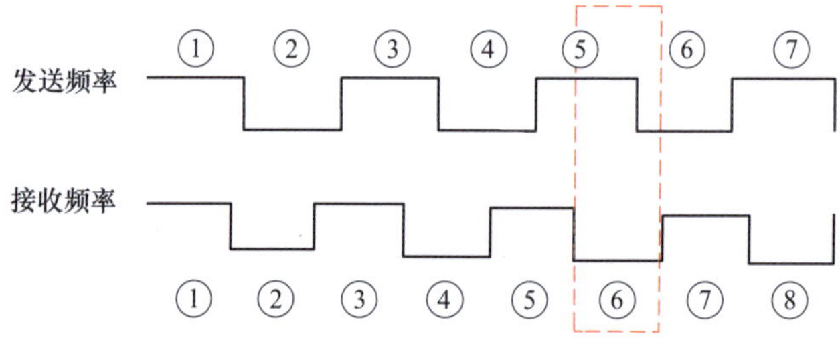

f) 第6个数据

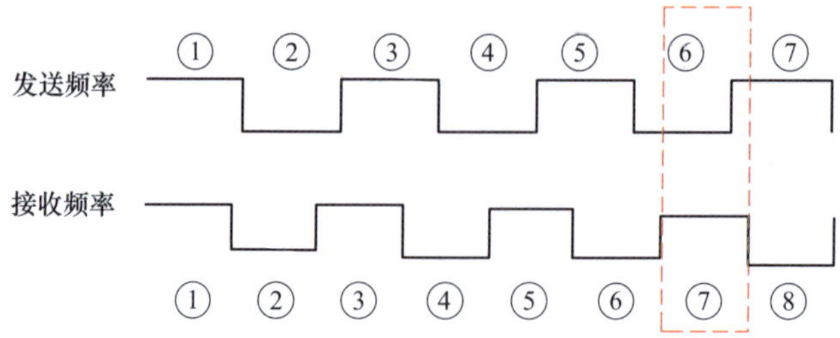

g) 第7个数据

图 7.1-27　不同发送频率和接收频率下的数据传输过程（续）

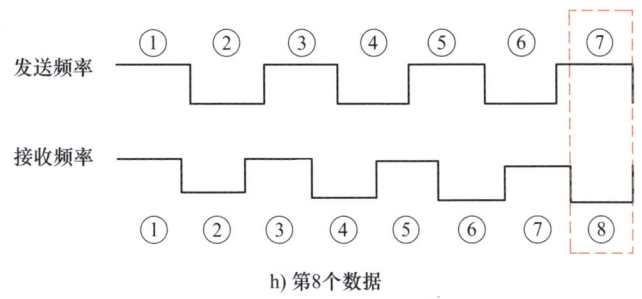

h) 第8个数据

图 7.1-27　不同发送频率和接收频率下的数据传输过程（续）

收发频率由双方时钟控制，唯有确保时钟同步，方可实现一次正确传输较大数据块。实现时钟同步的方法分为外同步与自同步。外同步中，发送端传送专用同步信号，接收端以此信号进行时钟同步。而在自同步中，发送端不发送专用同步信息，接收端则从接收数据中提取同步信号。外同步与自同步示意如图 7.1-28 所示。

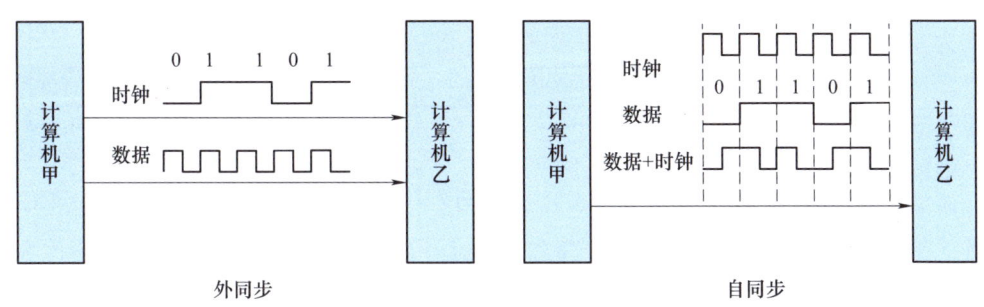

图 7.1-28　外同步与自同步示意图

数字信号采用自同步编码，就能实现收发双方的时钟同步。自同步编码包括曼彻斯特编码和差分曼彻斯特编码。曼彻斯特编码用电压的变化表示 0 和 1，每个二进制位的中间发生跳变，高至低的跳变代表 1；低至高的跳变代表 0。传输的每个二进制位中间都要发生跳变，位中间的跳变既作为时钟同步信号，又作为数据信号。图 7.1-29 所示为不归零编码和曼彻斯特编码的对照。

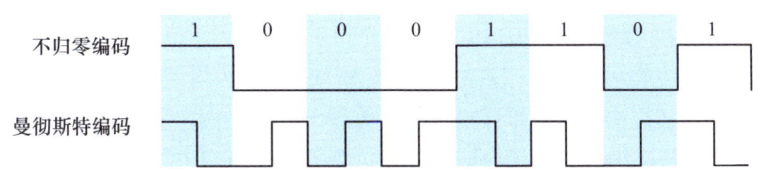

图 7.1-29　不归零编码和曼彻斯特编码的对照

差分曼彻斯特编码也是用电压的变化表示 0 和 1。每个二进制位的中间都要发生跳变。中间的跳变作为时钟同步信号，而不表示数据，每一位开始处有无跳变表示数据，有跳变代表 0，无跳变代表 1。图 7.1-30 所示为不归零编码和差分曼彻斯特编码的对照。

135

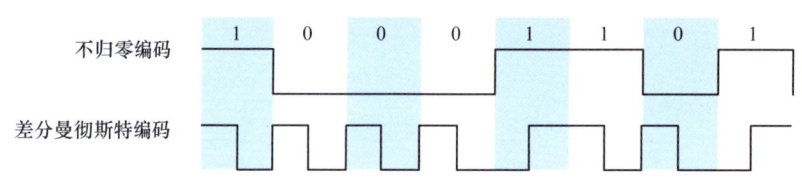

图 7.1-30 不归零编码和差分曼彻斯特编码的对照

7.1.4.3 异步传输与同步传输

依据数据传输过程中收发双方时钟是否需要同步，可将传输模式分为异步传输与同步传输。异步传输中，收发双方各自依据本地时钟控制数据的发送与接收，由于存在时钟的漂移，必须在双方时钟漂移的范围内传输完毕，故一次传输的位数受限；而在同步传输中，要建立发送方时钟对接收方时钟的直接控制，使双方达到完全同步，由于收发双方消除了时钟漂移的影响，一次就可以传输一个较大的数据块。

图 7.1-31 所示为异步传输过程示意图。异步传输通常是以字符为单位进行传输，字符与字符之间的时间间隔是任意的，即字符之间是异步的。

异步传输的数据格式如图 7.1-32 所示。链路空闲时处于高电平，一个字符由 7~8 位构成；每个字符对应 1 个起始位（低电平）、1 个校验位和 1~2 个停止位（高电平）。

同步传输一次传输一个较大的数据块，接收方需要知道发送方何时开始传输数据与何时结束传输数据，即收发双方需要同步，这是另一个层次的同步，指的是收发双方传输数据的同步，即是数据块开始、结束的界定。同步传输分为两种方式，分别为面向字符的同步传输和面向位的同步传输。

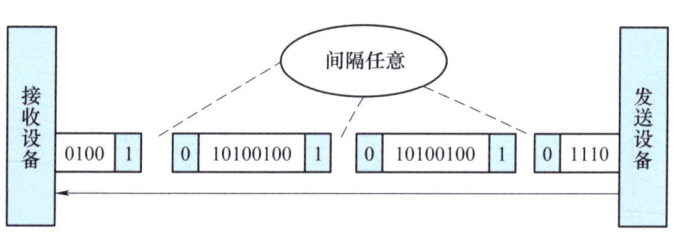

图 7.1-31 异步传输过程示意图

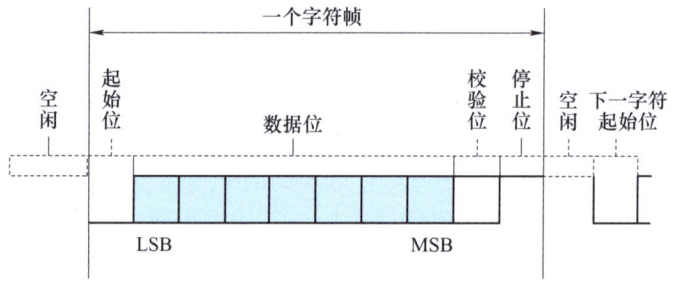

图 7.1-32 异步传输的数据格式

面向字符的同步传输使用特定字符标识数据块的起始与终止，传输数据由规定字符集（如 ASCII 码）的字符构成。面向位的同步传输则以特定位序列"01111110"作为数据块的边界标识，视数据块为连续的数据流。面向字符的同步传输格式如图 7.1-33 所示，数据块以 1~2 个同步字符 SYN 开始；SOH 表示标题的开始；标题中包含源地址、目标地址和路由等信息；STX 表示传送的数据块开始；数据块是传送的正文内容，由多个字符组成；数据块后面是 ETB/ETX，表示数据块结束；最后是块校验。

面向位的同步传输格式如图 7.1-34 所示，它将数据块看作数据流，并用序列 01111110 作为开始和结束的标志。为了避免在数据流中出现序列 01111110 时引起的混乱，发送方总

| SYN | SYN | SOH | 标题 | STX | 数据块 | ETB/ETX | 块校验 |

图 7.1-33　面向字符的同步传输格式

是在其发送的数据流中每出现 5 个连续的 1，就插入 1 个附加的 0。接收方则每检测到 5 个连续的 1，并且其后有 1 个 0，就删除该 0。

| 8位 | 8位 | 8位 | ≥0位 | 16位 | 8位 |
| 01111110 | 地址场 | 控制场 | 信息场 | 校验场 | 01111110 |

图 7.1-34　面向位的同步传输格式

下面总结一下异步传输与同步传输。异步传输的单位是字符，而同步传输的单位是大的数据块。异步传输通过传输字符的"起始位"和"停止位"进行收发双方的字符同步，但不需要每位严格同步；而同步传输不但需要每位精确同步，还需要在数据块的起始与终止位置进行同步的过程。异步传输相对于同步传输，有效率低、速度低、设备便宜、适用于低速场合等特点。

7.2　工业相机典型通信方式——千兆网通信基本原理

7.2.1　一根网线传递信息的最基本方法

图 7.2-1 所示为以太网线。这里要关注的是这些线如何能将信息从一台电脑传递到另一台，剥开这些线的外皮，如图 7.2-1 中的右图所示，可以看到这些线由 4 对铜线组成，共 8 根线。在以后的章节中将讲到为什么是这样的、这些不同的线是做什么的等细节。但本节只考虑能用这些线传递信息的最基本方法。

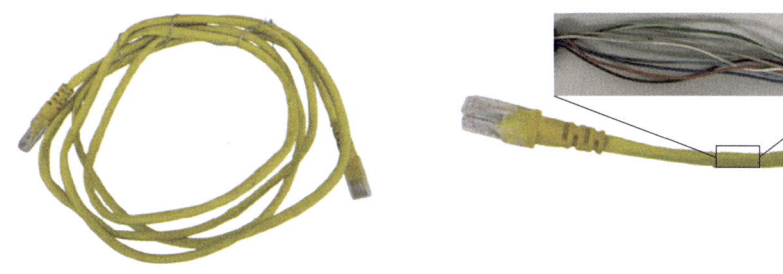

图 7.2-1　以太网线

图 7.2-2 所示为通过码元在网线上传递信息。最简单的方式是在网线的端口处加些电压。我们可以定义电压，以便向另一端发信息，如可以定义电压为 0~5V；然后，可以定义一个时间轴，假设有图 7.2-2 中的时间轴，时间向右走，如第 1s 是 0V，然后下 1s 是 5V，然后的 2s 都是 0V，然后的 1s 是 5V、1s0V、2s5V。回看我们的工作，我们定义了两种不同的阶段，要么 0V，要么 5V。对于这种阶段（状态），我们有个术语，叫它码元（Symbol）。0V 和 5V 就是我们有的两种不同的 Symbol，叫它们为 Symbol 是因为可以用码元来代表信息，

如一个数字。例如，0V 电压是一个 Symbol，可以定义其代表数字 0；5V 是另一个 Symbol，它代表数字 1。那么每隔 1s 查看一次电压，就有 01001011，可以把这解释为二进制数，或者转换成十进制数，01001011 转换成十进制数等于 75。

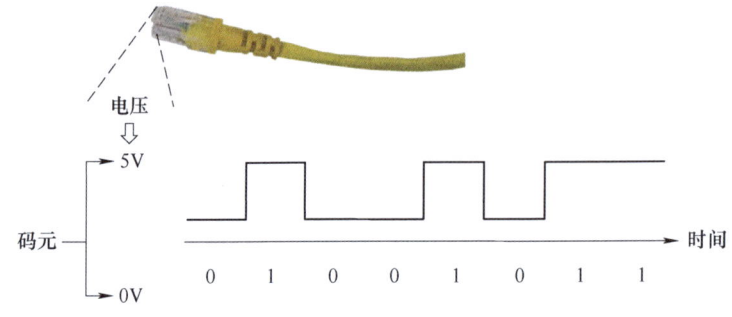

图 7.2-2　通过码元在网线上传递信息

下面对术语进行简单的探讨。如上文所述，不同的电压状态被称为是码元（Symbol），即不同的电压状态代表一个特定的符号（如数字 0、数字 1）。传递这些符号的速率叫作符号率（Symbol Rate）。在这个例子里，符号率是 1 符号每秒，有时也叫波特率（Baud Rate），这就是波特率的物理意义。如果十倍速的发送，也即 10 个符号 1 秒，就是 10 波特率。

至此可见，通过上述这种方式可以发送任何我们想发送的数。但如果我们想发文本呢。既然可以发送数，想发送任意文本只需遵守一个从数到字符的映射就行。一个最通用的广泛遵守的映射是 ASCII 码。表 7.2-1 是一个 ASCII 码的例子（部分），它把数映射到所谓的字符，也就是字母数字。如十进制数 75 映射到了字符 K，还可以看到它的二进制是 1001011。所以通过表 7.2-1 和前文中定义的电压，我们能够发送任何想发送的信息。

表 7.2-1　一个 ASCII 码的例子（部分）

二进制	八进制	十进制	十六进制	字符	二进制	八进制	十进制	十六进制	字符
0100000	040	32	20	(space)	1000000	100	64	40	@
0100001	041	33	21	!	1000001	101	65	41	A
0100010	042	34	22	"	1000010	102	66	42	B
0100011	043	35	23	#	1000011	103	67	43	C
0100100	044	36	24	$	1000100	104	68	44	D
0100101	045	37	25	%	1000101	105	69	45	E
0100110	046	38	26	&	1000110	106	70	46	F
0100111	047	39	27	'	1000111	107	71	47	G
0101000	050	40	28	(	1001000	110	72	48	H
0101001	051	41	29	)	1001001	111	73	49	I
0101010	052	42	2A	*	1001010	112	74	4A	J
0101011	053	43	2B	+	1001011	113	75	4B	K
0101100	054	44	2C	,	1001100	114	76	4C	L
0101101	055	45	2D	-	1001101	115	77	4D	M
0101110	056	46	2E	.	1001110	116	78	4E	N

7.2.2 光纤与无线电编码

在上一节中了解了如何通过铜线传输信息。本节来学习其他常用来传递信息的（联网的）介质。其中一个很常见的就是光纤，图 7.2-3 所示为一个光纤线缆，它有两根不同的线，蓝线和红线，两根线在传递信息时当成一根线用。

它们的工作原理是每一根线里面有一根光纤。光纤就是一根细玻璃线，被另一种玻璃包裹，也叫

图 7.2-3　一个光纤线缆

包层。包层材料的折射率与中间的玻璃有细微不同，所以，如果用激光发射一束光到光纤，包层与玻璃线的不同折射率会导致全内部反射，光纤中的光线传输原理如图 7.2-4 所示。当激光在光纤里面传播时，它会因为折射率的不同而被反射，即使在拐弯处仍会被反射，所以可以把线卷起来，这也不影响光从一端传播到另一端。图 7.2-5 所示为光纤线缆工作原理，当用激光向蓝色端子发送一些红光，在另一端红光就出来了，在网络中一般用不可见光，但是其原理是一样的。

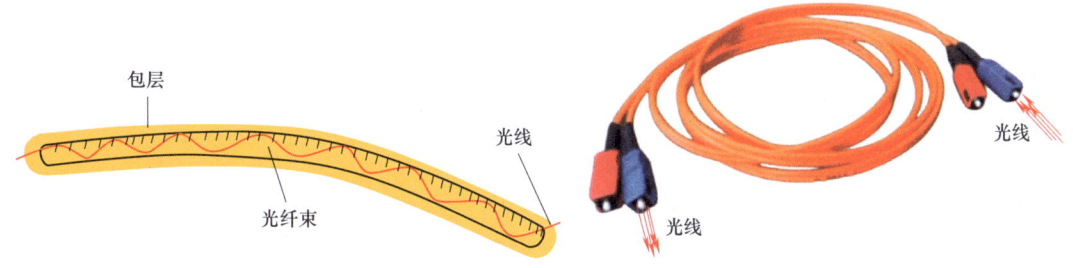

图 7.2-4　光纤中的光线传输原理　　　　图 7.2-5　光纤线缆工作原理

从图 7.2-5 可见，当只向蓝色接头的线缆打光时，红色接头的这根线将没有光输出，蓝色接头的这根线将有光输出。按照上一节的讨论，就可以以此来编码码元。可以想象用一个码元代表关灯，另一个码元代表开灯，就可以通过脉冲信号开关灯来传递信息。这就是通过开关输入信息到光纤的最基本方法。

另一个可以用来传输信息的方法是使用电磁波。图 7.2-6 所示为一个无线路由器的例子，其基本原理是路由器的天线（即线圈）上有高频变化的电压，如 2.4GHz 正弦波的电压变化，这样天线就会发送电磁波。另一个设备（路由器）就会收到这些电磁波，放大它们，把它们转换成一个信号。图 7.2-6 中是一个 2.4GHz 正弦波，我们可以做的是调相，如输入

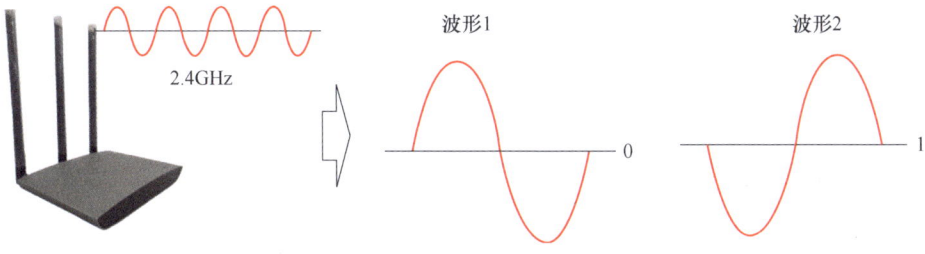

图 7.2-6　一个无线路由器的例子

为波形1的正弦波，可以调相成波形2，也就是反转，如此通过调制电磁波，以让另一端检测到，从而通过不同的相位传递信号。图 7.2-6 中将输入波形1进行 180°调相，并将不同的相位用不同的码元表示，假设波形1相位代表0，波形2相位代表1，不断地、快速地在这两个相位间调整，我们就能用电磁波发送0和1。

7.2.3 时钟同步和曼彻斯特编码

假设有两台计算机，想从一台发送数据到另一台。由本章前面所述可知，可以在它们之间接一根线，然后改变接在线上的电压，如 0V 或 5V。0V 代表 0，5V 代表 1，然后就可以发送一些二进制数。利用变化的电压在两台计算机间发送数据如图 7.2-7 所示，但是一些有趣的事就发生了，图中虚线矩形框处有一系列 0，为了确切知道这里有几个 0，需要一个同步时钟（在网络中时间是很重要的，两端都要有同样的时钟速率）。

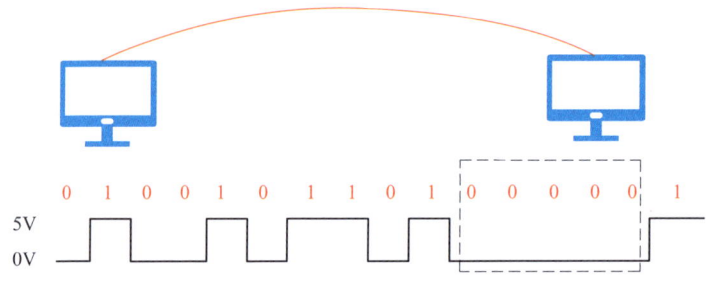

图 7.2-7　利用变化的电压在两台计算机间发送数据

利用变化的电压与时钟在两台计算机间发送数据如图 7.2-8 所示，时钟是在 0、1 之间交替的信号，此时需要做的就是在时钟上边沿时读数据，图中上方是数据信号（Data），下方是时钟信号（Clock），我们在观察数据信号变化前，先观察时钟信号变化了多少次。图 7.2-8 中，第 1 个蓝色矩形框中的时钟上升沿处对应 1，第 2 个蓝色矩形框中的时钟上升沿处对应 0，第 3 个蓝色矩形框中的时钟上升沿处对应另一个 0。如此跟着时钟走就能确切知道有几个 0。所以，无论这一系列 0 有多长，只要有时钟信号，就能将数据信号准确地确定。

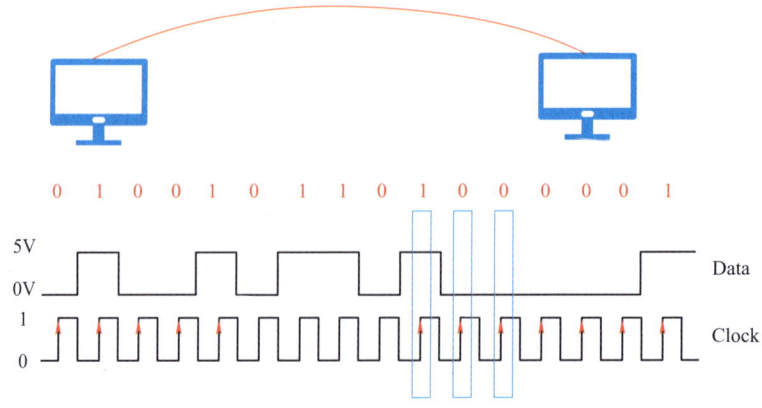

图 7.2-8　利用变化的电压与时钟在两台计算机间发送数据

假如图 7.2-8 中两端的时钟不一致，会发生什么呢？假如接收端的时钟慢一些，我们画出一个比图 7.2-8 的时钟频率慢一点的时钟，数据发送过程中的接收时钟过慢导致的时钟滑移如图 7.2-9 所示。图 7.2-9 中，第 1 个时钟上升沿对应数据 0；第 2 个时钟上升沿对应数据 1；第 3 个时钟上升沿对应 0；但是到第 4 个时钟上升沿时就丢掉了 1 个 0；第 5、6 个时钟上升沿与数据对应的又很好，但第 7 个上升沿处丢掉了一个 1；第 8 个上升沿对应 1，这也对应的很好；第 9~12 个上升沿处本来有 5 个 0，但是因为时钟慢一些，只读到 4 个 0；最后 1 个上升沿对应 1。这些因为接收时钟不匹配丢失 bit 的地方叫作时钟滑移，如第 3、4 个时钟上升沿之间就是一处滑移，这里丢失信息了。

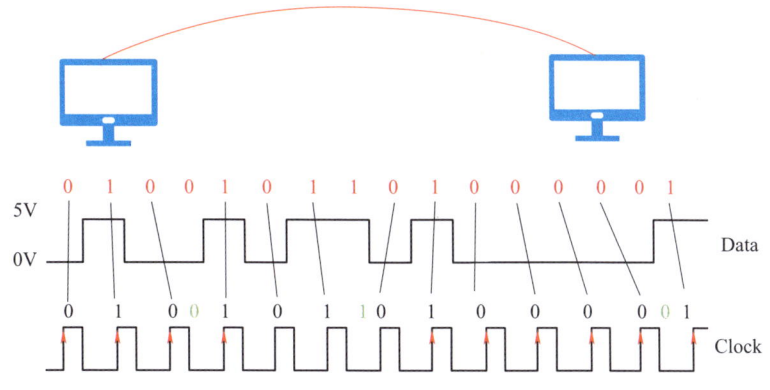

图 7.2-9　数据发送过程中的接收时钟过慢导致的时钟滑移

如果接收时钟快了，可能还会得到更多的 bit，也叫作滑移，这都是不能接受的。丢或多一个 bit，数据就都没有意义了，所以我们不想让收发双方不同步，即使是一点点不同步。因为就算只是一点点不同步，在时间的累积下也会有时钟滑移，这会毁坏数据，然后就必须重新传送。图 7.2-9 是个极端例子，我们发送了 16bit，只收到 13bit。

所以维持时钟同步很重要，下面介绍几种方法。第一种是通过天线接收 GPS（全球定位系统）信号。这些收发数据的计算机要有 GPS 天线来接收 GPS 信号。因为 GPS 有个原子钟广播，具有非常精准的时钟，这些计算机接到信号，就可以校准它们自己的时钟，这样就同步了，然后用时钟发送接收信号。该方法的缺点是 GPS 天线是额外的硬件，有点贵，安装在计算机的外面也很麻烦，但有一些设备确实是这样做的，所以这算是一种方法。第二种方法是内置原子钟，但这很少见。解决这个问题的第三种方法是另外发送一个时钟，我们再加另一根线，从而同时发送时钟和数据，这样，接收端就不需使用自己的时钟了，而是用发送端的时钟，这样就同步了。但这样也有潜在的问题，假如你快速发送消息，这会使时钟信号的间隔只有几毫秒，这就要让时钟和数据信号对的很齐。可以想象，假如时钟信号相位稍微向左或向右偏移，上边沿可能不会和数据信号对的很齐，然后就会丢失 bit，所以对齐很重要。然而就算发送端对齐了，可能由于电路传播的路径、导体不同，高频远距离还是导致了时钟相位不同，然后就会丢失 bit。

另一个用来解决上述问题的常用方法是通过不同的码元来结合数据信号和时钟信号。表 7.2-2 为码元及其表征的信息，原来是 5V 代表 1、0V 代表 0，如果我们换一换，使得 0V 变到 5V 代表 1、5V 变到 0V 代表 0。如图 7.2-10 所示为两种码元表征方式的信息对比，下方波形是与上面同样的数据,那么现在发送的波形变成图中下方波形的样子。

表 7.2-2　码元及其表征的信息

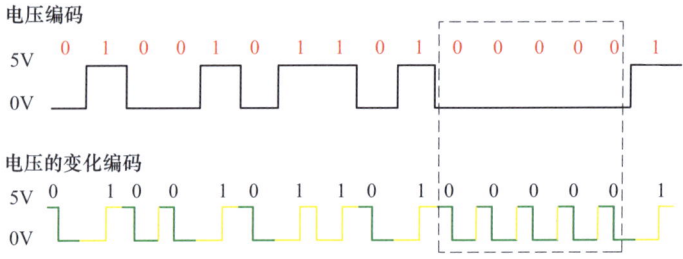

图 7.2-10　两种码元表征方式的信号对比（上方波形为电压编码,下方波形为电压的变化编码,两种编码方式发送的是同样的信息 0100101101000001）

从图 7.2-10 中下方波形的左侧开始,首先从 5V 变 0V,这代表信号 0;然后从 0V 变为 5V,这代表信号 1;然后是信号 0,0,1…图 7.2-10 右侧虚线区域内明显有 5 个下降沿,所以可以知道有 5 个 0。显然这比使用纯电压编码的方式要方便;最后一位从 0V 变为 5V,代表信号 1。

值得注意的是,下方"电压的变化编码"波形第三位数字 0 之后和第四位数字 0 之前的位置,这里有一个上升沿,难道不会把它看成 1 吗?事实上不会,这里其实还有个隐藏时钟,每个 bit 还是根据时钟读出来的,即在第三位数字 0 之后和第四位数字 0 之前的上升沿的时间分隔,接收方可以明显分辨这个短的分隔不对,所以接收方会忽视它,不会将其视为信号 1。在这种编码方式下,即使接收方时钟不完美,但它仍可分辨出长的时间间隔和短的时间间隔,这也是该编码方式中所谓的隐藏时钟。

上述这种编码就是曼彻斯特编码,曼彻斯特编码就是一种简单地把时钟与数据结合的方法,让接收方不需要完美的同步时钟。曼彻斯特编码也是局域网编码,被低速以太网使用,很多计算机用该种方式通信(联网)。下一节将学习以太网用曼彻斯特编码的具体细节。

7.2.4　分析实际的以太网编码

本节将介绍信息是如何在真实互联网中被编码的。用于以太网编码分析的实验装置示意如图 7.2-11 所示,计算机连着以太网络,把以太网线剥开,可以看到这里有四对线,橙、蓝、棕、绿。线缆另一端连着 10BASE-T 网,10BASE-T 是老的以太网标准,它的传输速度是 10Mbit/s。其实目前通常使用的计算机还支持 100BASE-TX（100Mbit/s）、1000BASE-T（1Gbit/s）。但在这个实验中就只用 10BASE-T,因为它用了非常基础的编码机制,也即在上一节中介绍的曼彻斯特编码。在这三个标准中,只有 1000BASE-T 用了四对线,其他两个只用了两对线。

图 7.2-11 中橙线是发送数据的,绿线是接收数据的,蓝线、棕线没用,如图中所示,

第 7 章　工业相机通信基本原理

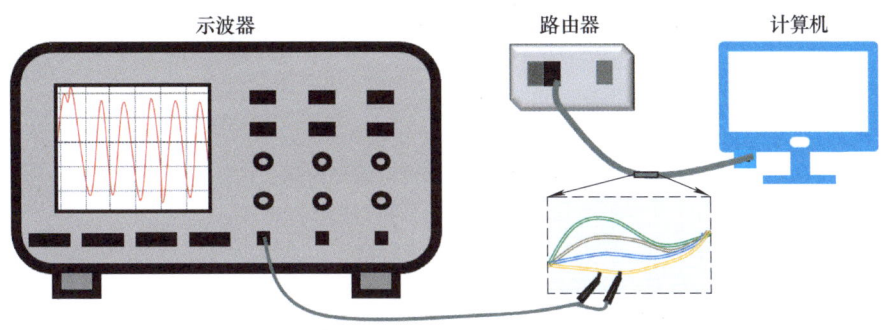

图 7.2-11　用于以太网编码分析的实验装置示意图

剥开了一点橙线的绝缘，然后把两根线连到了示波器，以此来通过示波器观察发生了什么。本实验中示波器就是测量两根线间的电压，以时间为横轴绘图。

如图 7.2-12 是示波器上 10BASE-T 以太网信号的波形截图，中间的横线表示电压 0V，纵轴方向每格是 500mV，所以可见 0V 以上波形最大幅值是 1V、0V 以下波形的最小幅值是 −1V，信号就在这之间跳动。x 轴上每个格子是 100ns，1ns = 10^{-9}s，100ns = 10^{-7}s，因此 1s 就是 1000 万格。10BASE-T 以太网的速度是 10Mbit/s，正好是 10^7bit/s，因此 x 轴的每一格表示 1bit，所以这个分格很方便。示波器上信号形状可能和之前介绍的不同，但其码元其实类似，0 的码元是下降沿，1 的码元是上升沿，如图 7.2-12 中的右图所示，每根竖直的虚线上是 1bit 信息。

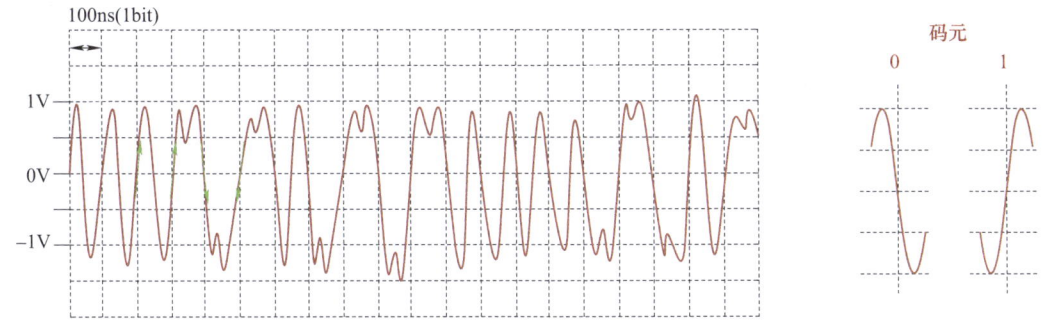

图 7.2-12　示波器上 10BASE-T 以太网信号的波形截图

现在来看看信号，试着读出些信息。如图 7.2-12 所示，绿色箭头处有个上升沿，这就代表 1。时间过 100ns 后又是一个上升沿，所以又是一个 1。两个 1 之间有个下降沿，但不是在 100ns 之后，所以会忽视它，因为我们知道带宽是 10Mbit/s，所以一个码元要 100ns。所以就算时钟不准，也能发现 50ns 与 100ns 的区别。继续解码，会得到 0，1，0，…。我们从以太网上解码了 16bit，即 2 个字节 11010010，10000010。有一点要注意的是，以太网发送 bit 时，会反向发送顺序。也就是说，代表 128 的 bit 最晚发送，代表 1 的 bit 最早发送。如果我们想把这转换成真正的二进制数，需要把它反过来。以太网信号波形解码如图 7.2-13 所示，我们把这些转换成十进制，第一个字节是 75，第二个字节是 65，这里捕获的正是计算机通过以太网接口发送的消息。如果参照前文中的 ASCII 码表，75 是 K，65 是 A。

143

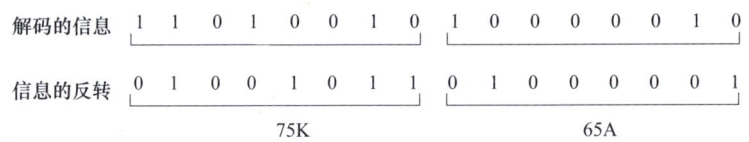

图 7.2-13 以太网信号波形解码

7.2.5 成帧的重要性

在上一节中,我们通过示波器观察以太网信号(见图 7.2-12),使用图 7.2-12 右侧的符号(码元)来解码每一个比特,0 表示为正电压过渡到负电压,1 表示负电压过渡到正电压。所以对于图 7.2-12 的波形可以解码每一个 bit,然后翻转每个字节的 bit 的顺序,并将两个字节分别转换为十进制后是 75(也就是 K)和 65(也就是 A),这正是在电脑端发送的信息"KA"。但你可能想知道,接收计算机如何知道这些字节应该是由第二位开始的这 8 位,而不是其他 8 位组成从而构成 bit 的?

不同的 8 位 bit 构成不同的信息如图 7.2-14 所示,可推测,左边有一串 1 和 0,这条数据流也会继续向右移动,那么如果我们选错了 8 位,会发生什么呢?例如,我们刚刚是从图 7.2-12 中显示的第 3 个 bit 开始读取 8 位的;但是如果我们从第 4 个开始,会得到另外两组 8bit;然后颠倒顺序,将此时的第一个 8 位转换成十进制为 165,在 ASCII 码表中映射日元的符号;右边的 8 位转换成十进制数是 160,在 ASCII 码表中映射到一个空格。所以如果我们要发送字母 KA,而接收者把它解释为日元空格,那么很明显通信是无效的。那么接收者如何知道正确的字节界限是什么呢?它怎么知道本次通信中(即图 7.2-14 中),字节应该从第 2 个而不是第 3 个脉冲之后开始呢?该问题的解决是通过"帧"来实现的。在通信中,字节被分组成一种叫作帧的东西,一帧可能有 1000 个字节长。如果有办法知道一个帧从哪里开始,那么就可以用它来找到字节边界。下面通过几个例子来展示网络中的两种构建帧的方法。

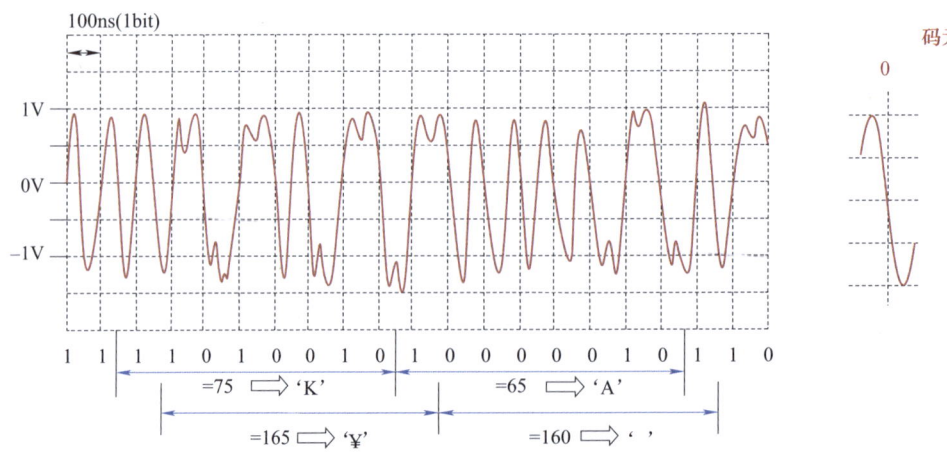

图 7.2-14 不同的 8 位 bit 构成不同的信息

第一种帧机制是由高级数据链路控制(High-level Data Link Control,HDLC)协议使用的,HDLC 协议是一个互联网服务提供商通常使用的协议。HDLC 协议使用一种特殊的位模式，称为帧分隔符或帧分隔标志。在 HDLC 协议中，帧分隔标志被定义为"01111110"。所以，每当接收端看到这种特定的 bit 模式，便知道下一个 bit 开始就是一帧的开始；之后每 8 个 bit 就构成一个字节。

HDLC 协议用的成帧机制如图 7.2-15 所示，可以从最左侧开始依次查看，直到发现帧分界符（Flag）"01111110"。帧分界符后面的每 8 位组成一个字节，所以我们可以忽略一开始的左侧 3 位。在图 7.2-15 的例子中，分隔符左侧是需要被忽略的，分隔符右侧有 3 个有效的 8 位，其十进制分别是 75、65、248。如果图 7.2-15 中的数据流继续向右延长，那么可以继续依此类推，读取到更多的 8 位。如果图 7.2-15 中数据流向左侧延长，那么左侧所有的 bit 同样是会被忽略的。

图 7.2-15　HDLC 协议用的成帧机制

然而，在对图 7.2-15 中数据进行字节（8bit）划分的过程中，存在一个隐蔽的问题。HDLC 协议用的成帧机制中的伪帧分界符如图 7.2-16 所示。在图 7.2-16 中的矩形框区域，这一组的 8 位实际上是另一个帧分界符标志"01111110"，但是这里的标志并不是用来识别另一帧的开始，它只是作为数据发送的一部分碰巧出现。如果这个标志是新一帧的开始的话，那么从右数第 2 个 0 就是一个新的帧了。

图 7.2-16　HDLC 协议用的成帧机制中的伪帧分界符

为了使得发送数据时不让接收方出错，当使用 HDLC 协议的帧标志时，还需要遵循另一个规则，也即当发送的数据中有 5 个连续的 1 时，应该在这 5 个 1 之后加上一个 0 来防止这个问题（这就是"比特填充"）。bit 填充如图 7.2-17 所示，应该在这 5 个 1 之后加上 1 个 0 来防止问题。那么，每当接收端看到 5 个连续的 1 位，那么它就会期望下一个 bit 是零，那么就可以忽略它。所以如果接收者看到连续的 6 个 1 时，要么是 Flag 这样的真正的帧标志，或者是出了什么问题。所以这种把这些额外的 bit 放到特定位置的技术叫作比特填充（Bit Stuffing）。这就是 HDLC 协议。

图 7.2-17　bit 填充

上面介绍的协议叫作 HDLC 协议，以太网协议与其略有不同，如图 7.2-18 所示，是以太网帧的开始部分。在以太网帧的最开始是所谓的帧间隔（Inter Frame Gap，IFG），实际上就是一段沉默的时期，什么都没有，没有任何数据被传送，此时电线上的电压为 0。以太网要求内部帧间隔至少为 96bit 时间，无论传送 1bit 要多长时间，1bit 的时间取决于互联网的速度。帧间隔是一种知道没有帧被发送的方法。

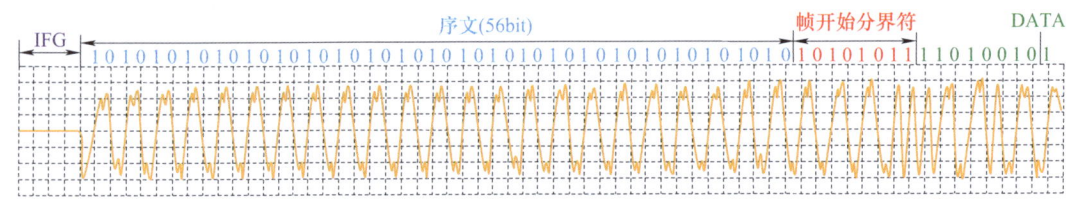

图 7.2-18　以太网协议

经过帧间隔的沉默期之后，当一个数据帧将要开始到达时，以太网就开始发送一个特定的序列，该特定序列就是 56 位的 1 和 0 的交替，见图 7.2-18，这一段特定的比特序列称为序文（Preamble）。序文跟在没有任何数据发送的沉静之后，这种独特的模式给了接收者一个同步时钟的机会。因为当接收者开始读取数据时（即当数据出现时），要确保接收器时钟与发送者时钟同步，所以 56 位的 1 和 0 的重复给接收者一个机会让它的时钟同步。

序文中数值一直交替变化 101010…，然后到达以太网协议中的帧分界符——"10101011"。图 7.2-18 中帧开始的最后两位是 11，即使接收者是在中途同步，它会看到一连串的 1 和 0，接收者可能不知道它在这 56 位中的哪里，但最终它会到达红色字符区域，信号不再是交替使用 1010，而是会得到一个 11，这是触发点，此时接收方知道下一个 bit（绿色字符）是数据的第一个 bit。然后，它只需要开始读数据。如图 7.2-18 中右侧的绿色字符，每一个由 8 位组成的序列构成一个字节，然后一直持续下去。

下面对帧长度，也就是在一个帧中拥有的字节数进行补充说明。一方面，一旦同步了帧，就会开始有数据，而数据的字节数是可以变化的。理论上可以发送一个只有一字节的帧，在这之后直接进入沉默，然后再传一个序言，继而会有另一个帧标识符，然后再传一些数据。但这效率很低，因为需要传送序言、帧标识符这些没什么用的字符，只为了发送一个字节的数据。另一方面，一旦开始发送一帧数据，接收者就知道帧边界在哪里，那么可以在数据部分发送成千上万个字节，甚至几百万个字节。理论上此机制是可以这样工作，但问题是如果发生了任何类型的错误，如接收机读错，或者失去同步，那么误读就会发生，并跟随它到这一帧后续的所有内容。所以需要在效率和通信正确率之间进行权衡。大帧效率更高，小帧能够从错误中快速恢复。所以在实践中，帧大小往往在 64Byte 和 1500Byte 之间变化。但在一些高性能网络中，可以看到多达 9000Byte 或更多的帧，这些通常被称为巨型帧。

7.2.6　帧格式

图 7.2-19 所示为一些不同数据链路类型，左上方是一个简单的点对点数据链路（Point to Point Data Links），它的工作方式非常简单，将两台计算机直接连接在一起，如果其中一台想要向另一台发送信息，只需要将该信息放入帧中，另一台计算机当然会接收这些帧。

实际中，点对点数据链路在大型网络中是比较常见的，如互联网服务提供商。在图 7.2-19

第 7 章　工业相机通信基本原理

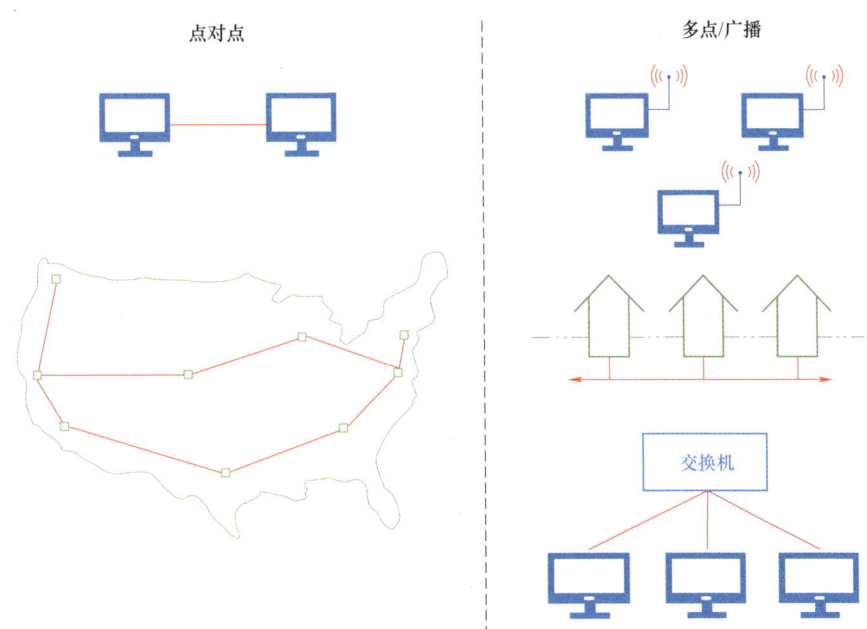

图 7.2-19　一些不同的数据链路类型

中的左下侧,这些网络会经常使用点对点连接,通常是在不同城市的设备之间使用。所以,从物理上讲,这些链路可能类似于光纤,由于光纤往往可以覆盖很长的距离。接下来将上述的网络与另一种类型的数据链路进行比较,也即"多点链路",或称为"广播链路",见图 7.2-19 中的右侧。对于之前点对点的链路,只有两台计算机,每台计算机在链路的一端,那么对于多点链路,可能有许多不同的系统共享相同的数据链路,就像在无线网络中。例如,图 7.2-19 右上侧这些计算机中的任何一台都可以向另一台计算机发送数据。又如图 7.2-19 右侧中间部分,这是一个有线住宅宽带网络的例子,其中的横线是同一无线网络的一部分,因为它们都共享相同的无线点播。所以有了一个共享的电缆系统,多个家庭都连接在一起,这也是一个多点网络,每个家庭的电缆调制解调器都共享相同的数据链路,可以直接相互通信。最后,见图 7.2-19 的右下角,是另一个非常常见的多点网络类型——以太网,有多个连接端连接到以太网交换机。因此,这些计算机中的任何一台都可以通过交换机直接向另外两台计算机中的任何一台发送数据。

上一节已经讨论了成帧数据的重要性。本节来详细介绍帧里面有什么数据。从以太网开始,如图 7.2-20 是以太网帧的具体格式,由图可见之前已经讨论了的前导码和帧定界符(Preamble/SFD),从 101010… 开始,依此类推,直到它最终到达 101011。

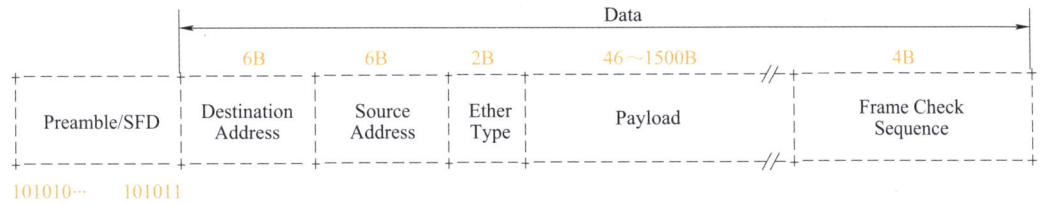

图 7.2-20　以太网帧的具体格式

147

Preamble/SFD 的最后一位之后，意味着下一位开始是帧中的数据。图 7.2-20 中紧接着 Preamble/SFD 的数据部分是目的地址（Destination Address），它通常是 6 个字节长。然后跟随的是源地址（Source Address），也是 6 个字节。因为以太网是一个多点数据链路协议，所以可以有多台计算机连接到同一个互联网，如图 7.2-21 所示的以太网网络，这里有三台计算机连接到交换机，所以每台计算机都有一个唯一的以太网地址，这些地址被称为以太网地址，或者被称为 MAC 地址，这代表媒体访问控制地址，这些地址被内置在以太网硬件中。因此，不同的以太网硬件制造商进行协调，以确保这些地址都是唯一的。任何时候你买一台有以太网接口的计算机，它会有自己独特的地址。

图 7.2-21 中有计算机 1、2、3，如果计算机 1 想向计算机 2 发送数据，那么要做的是把计算机 2 的地址放在图 7.2-20 的以太网帧的目的地址中，把计算机 1 自己的地址作为源地址。如果交换机知道这些计算机，它就会把这些帧转发到计算机 2；如果交换机不知道计算机 2，那么它就会把帧转发到所有其他计算机，然后，计算机 3 可以忽略它。如果计算机 1 想把数据广播到以太网上的所有其他计算机，它可以把目的地址设置为一个特殊的广播地址，广播地址是全 1 或十六进制的 f 的 6 位地址，如 ff∶ff∶ff∶ff∶ff∶ff。所以如果把目的地址设置为 ff∶ff∶ff∶ff∶ff∶ff，就意味着连接到以太网交换机的每台计算机都应该接收该帧并处理它。

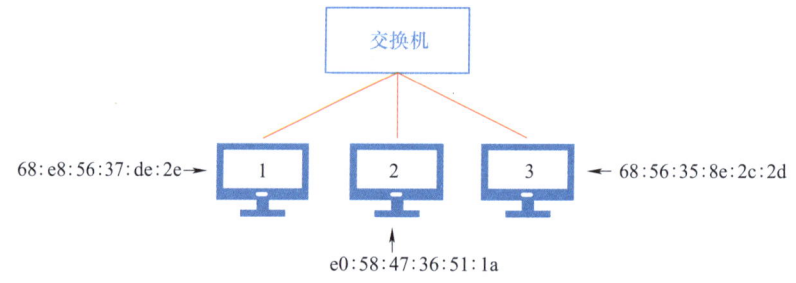

图 7.2-21　以太网网络

继续分析图 7.2-20 的以太网帧格式。以太网帧中的下一个字段是以太网类型（Ether Type），这是一个 2 字节的字段，用来告诉接收方有效载荷（Payload）的格式。所以一旦接收方收到一个帧，接收方希望能够读取有效载荷。Ether Type 让接收方知道在有效载荷 Payload 中会有什么。所以在大多数情况下 Payload 将是一个互联网协议数据包或 IP 包。当 Ether Type 是 0800 的情况时，意味着 Payload 是 IP 包（IP 包的具体格式将在下文介绍）。但是也可能有其他类型的 Payload，那么 Ether Type 也将会是其他数值。因此接收方需要根据 Ether Type 的值来获知 Payload 中的格式是什么。

Payload 自己通常在 46~1500B，尽管在某些情况下有一些高性能网络使用巨型帧可能长达 9000B，但在任何情况下帧的最后 4 个 B 将组成帧检查序列（Frame Check Sequence）。帧检查序列的值是根据从目的地址一直到所有的有效载荷而计算出来的数字，它被接收者用来检测帧中是否有丢失、是否有损坏数据。所以发送方将在发送之前根据帧中的所有数据计算帧检查序列，然后接收方接收到数据后再计算一遍。如果接收方计算的帧检查序列和发送方计算的不匹配，实际上也就是帧中的内容与发送方计算的不匹配，那么接收方将认为自己没有正确的接收到帧。接收方可能就直接忽略该帧，然后将由发送方尝试重新发送它。这种工作机制将在后面的章节中详细讨论。

最后，将以太网帧格式与另一种类型的帧格式进行比较，如图 7.2-22 所示，图中下方是一个 PPP（Point-to-Point Protocol）的帧格式。上文已经讨论了点到点链路和多点链路的区别。因此 PPP 实际上就是点对点链路上最常用的成帧格式之一，特别是在像城市间这样的大型网络主干中。图 7.2-22 中，PPP 使用之前讨论过的 HDLC 成帧方式，所以在开始时有 01111110 这个标志位字节（即 Flag），从图 7.2-22 左侧看，标志之后的两个字段分别是 Address 地址和 Control 控制，每一个都是一个字节长。Address 这一字段对于点对点链路来说可能有些奇怪，因为既然已经知道是在点对点链路上发送数据，那就只会有一个目的地，即连接的另一端。但也许是为了考虑未来的灵活性，当 PPP 在 20 世纪 90 年代初被设计出来时，决定添加这个地址字段，但它总是设置为所有的 1 或十六进制的 ff。控制字段也是一样，总是被设置为 03。在过去的三十年多里，没有人弄清楚这些字段的其他用途，所以它们总是被设置为这些固定的值。

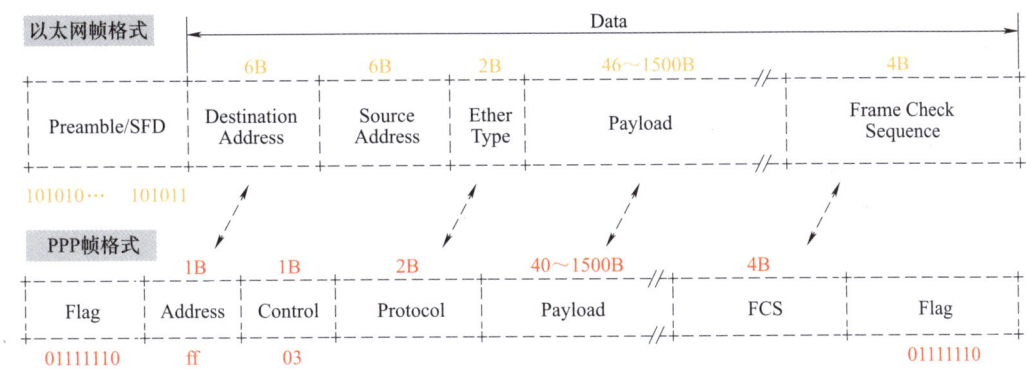

图 7.2-22　以太网协议与 PPP 协议的帧格式对比

然后，其余的字段基本上与以太网相同。Protocol 这部分提供了与 Ether Type 相同的用途，它是 2B 长。Payload 也和以太网的 Payload 一样，通常在 40~1500B，但是当然它可以更大或更小。然后 FCS 又是同样 4B，它的工作方式也和以太网中的帧检查序列一样。

7.2.7　互联网协议

假设有图 7.2-23 左侧的以太网，4 台计算机连接到 1 个交换机。因此，这些计算机中的任何一台都有一个 MAC 地址，并且任何计算机都可以通过将其寻址到适当的 MAC 地址并通过以太网帧格式协议来向任何其他计算机发送帧。以太网应用与 PPP 的应用如图 7.2-23 所示。之前章节还讨论了点对点链接，见图 7.2-23 的右图。所以在点对点连接中，每台计算机都可以通过这些 PPP 连接发送帧到与它们直接相连的任何地方。例如，旧金山的这台设备可以向西雅图或丹佛发送帧，但它无法将帧发送到纽约，因为它没有直接的 PPP 连接到纽约。

那么，如果确实想把信息从旧金山发送到纽约，有没有办法可以通过丹佛让它把信息传下去？以太网与 PPP 互联如图 7.2-24 所示，将旧金山的设备连接到左边的以太网，同时假设在纽约有另一个以太网，把它和纽约连接起来。所以现在有趣的问题是，如何从旧金山的这一段以太网上的一台计算机发送信息到纽约的另一台计算机。

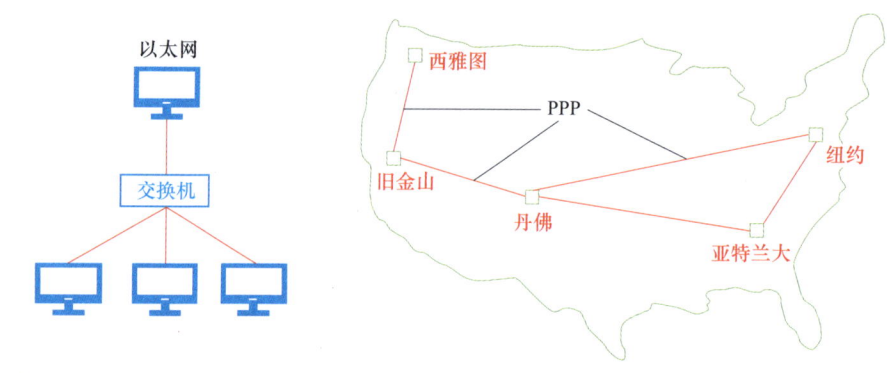

图 7.2-23　以太网应用与 PPP 的应用

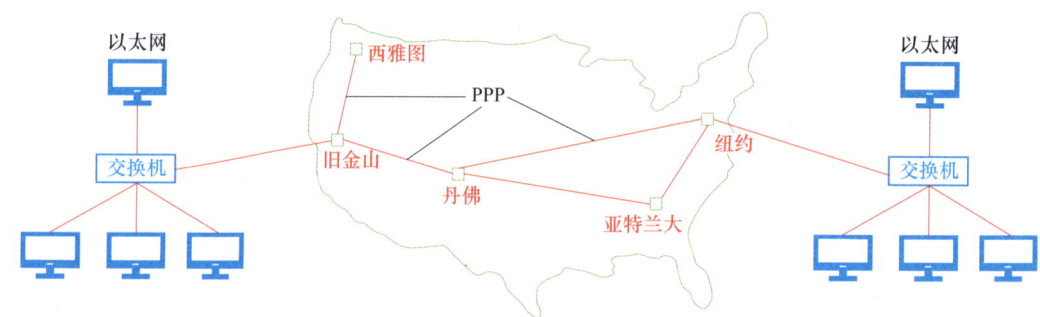

图 7.2-24　以太网与 PPP 互联

为了进一步探索这一点,将图 7.2-24 场景进行了更详细地重新绘制,以太网与 PPP 互联的详细示意如图 7.2-25。所以图 7.2-25 左边有一个以太网,以太网是多点连接,图中展示了所有连接到垂直线上的计算机,只是为了表明它们中的任何一个都可以向连接到该网络的其他任何一个计算机发送帧;图 7.2-25 右边是另一个以太网,现在我们想做的是能够从左边的计算机 A(称之为主机 A)发送一个帧,到右边的另一台计算机 B(称之为主机 B),现在这两台计算机都使用以太网,所以此处的一个合理问题是,如果主机 A 只是发送一个以主机 B 的 MAC 地址作为目的地的帧,会发生什么?会发生的事情是,帧将在图 7.2-25 左侧的以太网上发送,但连接到左侧以太网的设备都没有主机 B 的 MAC 地址,所以这些设备都会忽略 A 发送的帧,也即如果主机 A 发送目的地为 B 的以太网帧,则该帧将被忽略,因为它不会超越所在的以太网。

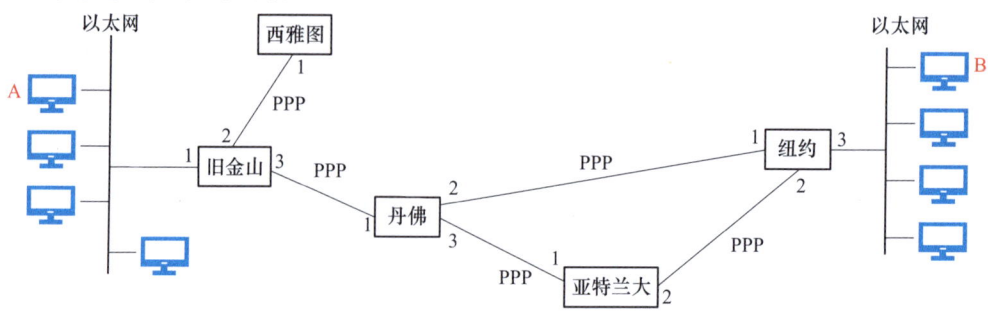

图 7.2-25　以太网与 PPP 互联的详细示意图

第 7 章　工业相机通信基本原理

那么有没有办法把 A 发送的帧送到旧金山，让旧金山的设备通过 PPP 链路转发该帧？如果只是这样做，那么实际上会遇到另一个问题，因为 PPP 不像以太网那样使用 MAC 地址。所以当这个帧到达丹佛时，它将不再有目的地 MAC 地址，因为 MAC 地址只存在于以太网上。所以当把 A 发送的帧从旧金山传输给丹佛后，丹佛不知道目的地是什么，所以丹佛不知道该怎么处理这个帧。因此，我们需要的是一些其他类型的地址，这些地址不是以太网特有的，也不是 PPP 特有的，而是可以在整个网络中使用的。

因此，如果主机 B 有某种通用地址，以便在任何地方都可以理解，那么所有图 7.2-25 中的中间设备（路由器）都将能够使用该地址将数据转发到正确的位置。那么这种通用的、用于解决上述问题的地址被称为 IP 地址（或互联网协议地址，英文全称是 Internet Protocol Address）。"Internet"这个词的字面意思是内部或网络之间，所以 IP 地址正是用来在网络之间发送信息的地址，也就是我们试图从图 7.2-25 左侧的多点网络到旧金山这个网络所做的。

所以图 7.2-25 中路由器（5 个标有城市名称的矩形）的作用是连接到多个网络。如主机 A 发送了带有目的地 IP 地址的数据包（这个数据包是以太网帧）的帧到达旧金山路由器的接口 1 上，路由器的工作就是查看帧中的目的地地址，并且决定数据包是应该从哪个接口转发出去。因此，如果它决定将数据包从接口 3 转发出去，它将把 IP 数据包封装在 PPP 帧中，并将其发送到丹佛所在的路由器。然后丹佛路由器也会做同样的事情。它将查看 PPP 帧内的数据包，查看目标 IP 地址，并决定它将从自身接口中的哪个接口转发出去。这就是路由器的工作内容，它在每个接口上接收数据包，并决定从哪个接口转发出去。

为了实现转发的过程，也即如何获知需要从哪个接口转发出去，每个路由器都需要有一个所谓的转发表，告诉它如何到达每个目的地。例如，旧金山路由器需要以某种方式了解这一点，在获得纽约这台主机 B 的 IP 地址后，它应该将数据包转发到第三接口，而不是第二接口或其他接口。因此，构建该表的过程称为路由，并且实际使用该表来转发数据包的过程被称为转发。

如前所述，路由器使用的地址是 IP 地址，长 32 位（4 个 8 位）。此外，还有 IP 版本 6，其使用 128 位地址，但互联网仍主要使用第 4 版，其使用 32 位地址。因此，32bit 意味着大约有 2^{32} 个地址，这大约是 40 亿个可能的地址。所以可以想象，这些路由器中的每一个都有一个转发表，其中有多达 40 亿个条目，每个 IP 地址都有一个条目，说明要到达这个地址，以及说明从哪个接口出去。但是在转发表中有 40 亿个条目，在转发每个数据包时就都必须查看 40 亿次，这是非常多的。所以可以做的不是单独列出每个地址，而是通过前缀将地址范围分组在一起。转发表与路由端口如图 7.2-26 所示，假设主机 B 这台电脑在纽约的 IP 地址是 172.17.6.2。丹佛可以在其转发表中有一个路由，上面写有前缀 172.17/16→2，即输出接口 2（稍后将解释"/16"是什么）。因此，当丹佛接收到目的地为 172.17.6.2 的数据包时，它不必在转发表中有确切的地址，它可以只匹配这个前缀。所以这里的"1/16"表示前缀长度为 16 位，只要 172.17.6.2 的前 16 位（172.17）与转发表中的某条匹配，就可以确定走该条路由中给出的接口，在本例中为接口 2 这条路线。

所以如果路由器接收到目的地地址为 172.17.6.2 的数据包后，将以二进制形式对其与转发表中的条目进行比较。目的地地址 172.17.6.2 中，172 的二进制是：10101100，17 的二进制是 00010001，6 的二进制是 00000110，2 的二进制是 00000010。

实际上，转发表具有一堆不同的条目，见图 7.2-26，所以也许也有一个条目是 172.20/

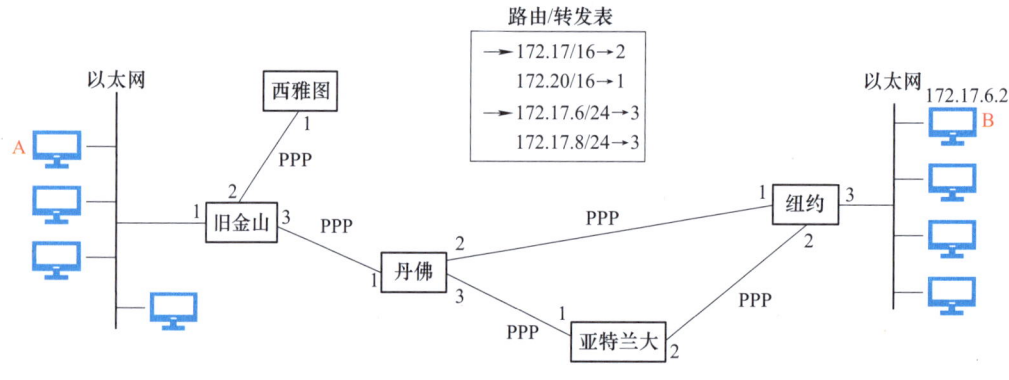

图 7.2-26 转发表与路由端口

16，并指向输出接口 1；或者也有一个 172.17.6 的路线，指向输出接口 3。也许还有另一条路径，172.17.8/24，输出接口也是 3。所以，当路由器在转发表中查找目的地时，它会选择最长的匹配前缀，如 172.17/16→2 和 172.17.6/24→3 都与目的地地址 172.17.6.2 匹配，这两个条目都匹配 172.17，但路由器最终会选择 172.17.6/24→3，是因为这是一个较长的匹配，它是 24 位而不是 16 位。因此在这种情况下，实际上目的地地址为 172.17.6.2 的数据包将被丹佛转发出接口 3，从而去往亚特兰大。因此，据推测，亚特兰大可能有一条通往纽约的路线。

7.2.8 IP 和以太网之间的 ARP 映射关系

IP 和以太网之间的 ARP 映射关系如图 7.2-27 所示，本节将更详细地讨论如何将信息从左侧主机 A 发送到右边的主机 B，这个过程非常重要。在上一节中，讨论了如何不能只从主机 A 发送以太网帧，并且以主机 B 的 MAC 地址作为目的地，所以不能只给出目的地的 MAC 地址。MAC 地址将是数据传输过程中使用的最后一位。如果只发送到目的地 MAC 地址，那么数据只会从主机 A 所在的左侧以太网上被发送，只有连接到该以太网的计算机才能看到它，所以它不会被转发到 B。因此，取而代之，要做的是使用 IP 地址。因此目的地 IP 地址是主机 B 的 IP 地址，也就是 192.168.20.2，见图 7.2-27。然后可以设置 Host A 发送的帧（或 IP 数据包）的源地址为 192.168.9.2，即 A 的 IP 地址。所以发送的实际帧里面会有 IP 数据包。源和目的地 IP 地址从 192.168.9.2 到 192.168.20.2。但是 IP 数据包将在以太网帧内，因为这仍然是以太网。所以仍然需要在以太网头中有一个源和目的 MAC 地址。

如果我们查看以太网帧格式，见图 7.2-27 下方，前三部分分别是前导码、目的地址、源地址；这些目的地和源地址是以太网地址（即 MAC 地址）。然后以太网类型将告诉我们有效载荷是一个 IP 数据包，所以 IP 地址会在这个有效载荷 Payload 内的某个地方。

现在来重新梳理主机 A 向主机 B 发送数据的传输过程。如图 7.2-27 的 Ethernet Frame，由于数据是从 Host A 发送，所以源地址将是 Host A 的 MAC 地址 68：5b：35：8c：2c：2d。但目的地不能使用主机 B 的 MAC 地址，因为 MAC 地址难以在各城市间的 PPP 连接中使用。显而易见的选择是，我们要旧金山的路由器转发，所以我们应该使用旧金山的 MAC 地址作为目的地，所以目的地地址将是 08：00：27：71：ae：95。但问题是，这实际上是怎么设置的？主机 A 如何知道旧金山是发送这个以太网帧的正确地点？为了更好地理解这一点，首

第 7 章　工业相机通信基本原理

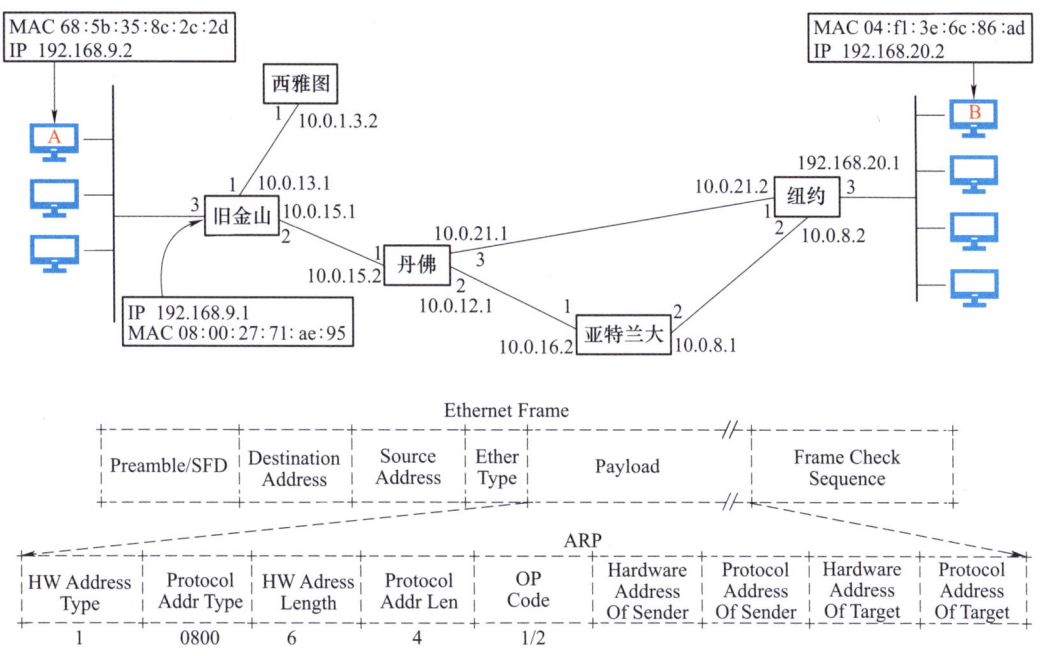

图 7.2-27　IP 和以太网之间的 ARP 映射

先来看看 Host A 是如何实际配置的。

图 7.2-28 所示为计算机上的 IP 设置页面及设置结果。所以一台电脑上的以太网连接可以设置四项内容，分别是 Configure IPv4、IP Address、Subnet Mask、Router。图 7.2-28 中，该台电脑的 IP 地址被设置为 192.168.9.2，这对应于图 7.2-27 中的主机 A 的 IP 地址。然后

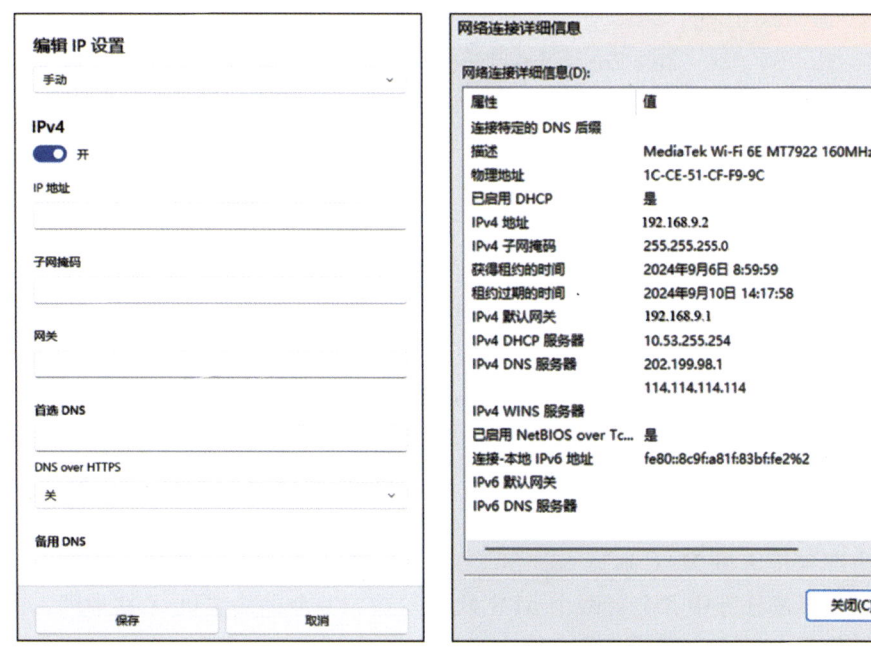

图 7.2-28　计算机上的 IP 设置页面及设置结果

153

该台电脑设置子网掩码为 255.255.255.0。子网掩码的本质是告诉我们这个以太网共享的 IP 地址的前缀是什么。255.255.255.0 为二进制 11111111 11111111 11111111 00000000，即三组 8 个 1 的字符串连在一起（共 24 个 1），后面跟着 8 个 0。24 个 1 是这里的关键部分，它表明前缀长度为 24，也即转发表中的"/24"。对于 IP 地址 192.168.9.2，前缀长度为 24 的情况下所得前缀为 192.168.9。所以，如果回到图 7.2-27 中主机 A 所在的以太网，意味着连接到这个以太网的所有设备都有一个长度为 24 的前缀 192.168.9 的 IP 地址。利用这条额外的信息，Host A 将知道目的地址前 24 位为 192.168.9 的某个设备，是直接连接到主机 A 所在的以太网的。所以主机 A 若想向目的地址前 24 位为 192.168.9 的某个设备发送数据，可以直接利用以太网协议实现。

但如果主机 A 想发送数据去别的地方呢？如果想去 192.168 呢，如 192.168.20.2 或其他任何地方？在电脑上设置的第二件事是，配置了路由器的 IP 地址 Router 为 192.168.9.1，这就是旧金山路由器接口的 IP 地址。所以这是在说，如果目的地不在这个子网上，即如果目的地前缀不是 192.168.9，就将其发送到此路由器上。但实际上是如何将其发送到路由器的呢？

目前主机 A 有的是目的地的 IP 地址，主机 A 知道想把它发送到 192.168.9.1。但主机 A 在以太网协议中发送数据需要知道的是目的地的 MAC 地址而非 IP 地址。所以实际上有一个特定的协议是可以用来向以太网上的每个人发送广播，从而询问谁拥有某个 IP 地址。这样，主机 A 就可以发一个广播以询问以太网上的每个设备，并请 IP 是 192.168.9.1 的所有者回复，从而告知它的 MAC 地址是什么。

用来做上述这件事的协议叫作地址解析协议（Address Resolution Protocol，ARP）。图 7.2-27 给出了地址解析协议 ARP 的实际格式。所以实际上会从主机 A 向广播地址 ff：ff：ff：ff：ff：ff 发送以太网帧，以为了找出旧金山路由器的 MAC 地址，即以太网帧部分目的地地址为 ff：ff：ff：ff：ff：ff，转换成二进制后所有的 f 都是 1；源地址是计算机 A 的源 MAC 地址，即 68：5b：35：8c：2c：2d；Ether Type 描述的是有效载荷中的内容，此情况下有效载荷中的内容是 ARP，此时 Ether Type 字段应设置为 0806。所以当我们看到 Ether Type 字段是 0806 时，会知道有效载荷将是 ARP 的格式。

在 ARP 格式框架中有很多内容，下面来对其进行简单介绍。ARP 的功能就是让我们在硬件地址和协议地址之间进行映射，硬件地址就是 MAC 地址；对于以太网而言，协议地址是 IP 地址。所以 ARP 格式框架中的第一个字段是告诉它输入地址类型，此情况下为硬件地址，值设为 1。第二个字段为映射类型，当要在以太网地址和 IP 地址之间进行映射时，该字段设置为 0800。第三个字段是硬件地址长度，对于以太网设备而言，MAC 地址总是 6B。第四个字段是协议地址长度，也即是 IP 地址的长度，它总是 4B。上述四个字段的值通常总是不变的。下一个字段是操作码，它将是 1 或 2。1 意味着当前是一个广播，即正在向整个以太网广播询问，谁拥有一个特定的 IP 地址；2 意味着当前为某方的回复，说"我拥有那个特定的地址"，并给出"我"的 MAC 地址。下一个字段是发送方的硬件地址，在本节所述情况下，也即主机 A 的 MAC 地址 68：5b：35：8c：2c：2d。所以实际上在我们讨论的获取路由器硬件地址的任务中，会有两个 APR 帧被发送。一个是从主机 A 发来的，所以发送方的硬件地址将是主机 A，此时发送方的协议地址将是 192.168.9.2；然后目标处的硬件地址将都是零，因为此时主机 A 还不知道目标硬件的目的地址。最后一个字段，即目标的协议地址将是 192.168.9.1。因此，通过填写所有这些信息，Host A 可以询问网络上的每个人"谁有 192.168.9.1，请回复并填写您的硬件地址，顺便说一下，我是 192.168.9.2，我的地址是 2c：2d"。所以这将向网络上的每个人广播，因为以太网目的地是 ff：ff：ff：ff：ff：ff。所以旧金山路由器会看到该消息，它会回复，它会发送另一个 APR 帧。此时 APR 帧中的前四个字段保持不变，操作码字段变为 2；它的硬件地址（08：00：27：71：ae：95）和协议地址（192.168.9.1）将被分别被填入第六、七个字段。目标硬件地址字段会填入主机 A 的 MAC 地址 68：5b：35：8c：2c：2d，目标协议地址字段会填入主机 A 的协议地址 192.168.9.2。此时，通过两个 APR 帧完成了路由器硬件地址的获取任务；一旦完成了整个过程，主机 A 就能够找到它将发送的合适的目的地 MAC 地址。并可以向 192.168.9.1 的硬件地址发送包含 IP 数据包的以太网帧。注意，此时以太网帧中的 Payload 将是 IP 数据包，而非 ARP 包。

7.2.9 基于跳数的路由

本节将通过更多地关注路由器本身在做什么来结束网络进行端到端数据包转发的讨论。首先来更仔细地观察一下 IP 数据包里面有什么。IP 数据包如图 7.2-29 所示，是之前章节一直在研究的以太网帧框架，IP 数据包位于该帧的有效载荷内。前文已经介绍过，ARP 也在以太网帧的 Payload 内，所以 ARP 数据包和 IP 数据包是并列的关系。

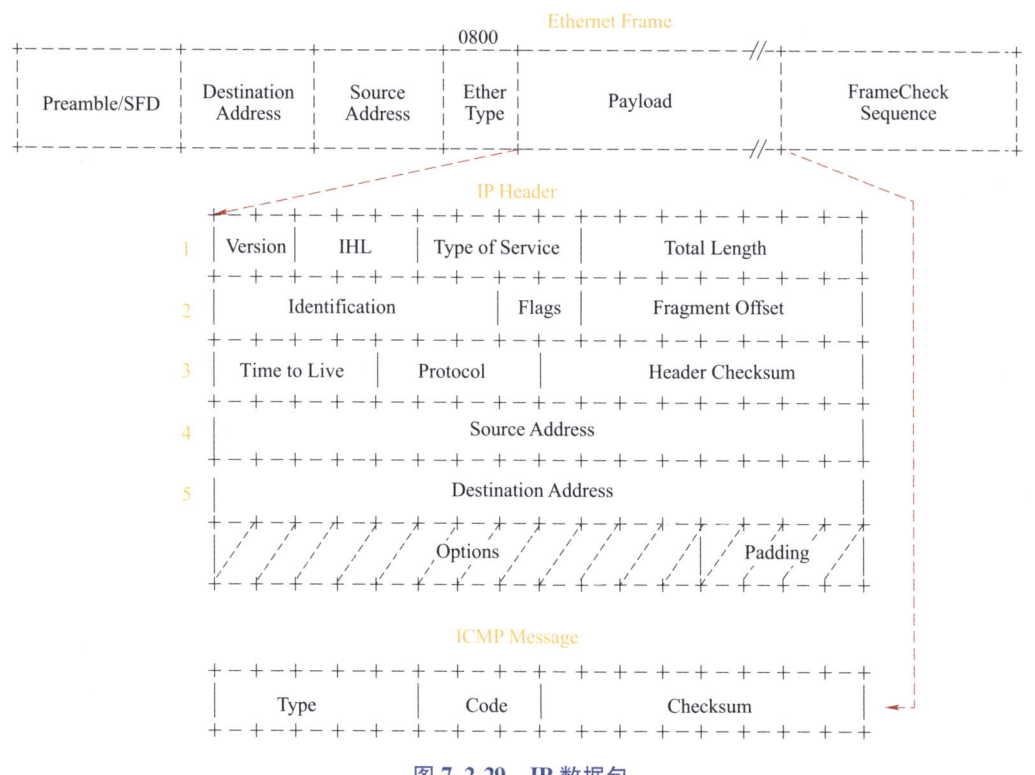

图 7.2-29　IP 数据包

图 7.2-29 中有效载荷包含了整个 IP 数据包，IP 数据包内包括报头（IP Header）及 IP 包内的任何有效载荷 ICMP Message。当以太网帧的 Payload 内为 IP 数据包时，以太类型是

0800。当所使用的不是以太网帧（Ethernet Frame），而是 PPP 帧（PPP Frame）时，IP 也是可以通过 PPP 或任何其他成帧机制形成数据链路的。然后成帧机制一定会有某个字段来告诉你有效载荷是什么。在图 7.2-29 中的情况下，字段值 0800，表示 Payload 内的数据类型 IP 包。

接着，图 7.2-29 在 IP 报头内的第三行有协议 Protocol 字段，Protocol 字段会告诉你 IP 数据包里面有什么。所以当我们使用 ping 发送互联网控制消息协议（ICMP）时，Protocol 的值是 1。所以，Ethernet Frame 中 Ether Type 告诉你，它的 Payload 里是什么（图中情况为 IP 数据包）；而 IP 数据包的 IP 报头（IP Header）中的 Protocol 告诉你 IP 数据包中携带的消息类型或携带的数据包是什么（图中情况为 ICMP Message）。综上是一种网络传输中经常看到的模式，被称为封装。使用一个协议封装另一个协议，该协议可能再封装另外的一个协议，依此类推。并且，你将看到这些协议中的每一个都有其特定的目的。

回到 IP 报头，来看一下这些不同的字段。IP 报头的第一个字段是 Version（版本）。前面章节一直谈论的是 IP 版本 4，它使用 32 位地址，所以该字段值为 4。此外还有 IP 版本 6，该版本目前的使用占比非常小，但也已经开始在互联网上流行起来。当使用 IP 版本 6 时，该字段值为 6。IP 报头的下一个参数是 IP 报头的长度（Internet Header Length，IHL）。因为在 IP Header 的底部有 Options 部分，而 Options 的长度是可变的，见图 7.2-29 中阴影部分的斜点划线，因此字段 IHL 的值不是固定的，而是实际 IP 报头的长度。但在实践中，可能永远不会看到 Options 的长度发生变化。Options 是很早就被添加到协议中的，但事实证明它不是很有用，所以你几乎从来没有看到过它的长度变化。所以 IHL 总是或者几乎总是 5，即 IHL=5，这意味着有 5 个 32 位的字。所以 IP Header 中的每一行都是 32 位，共有 5 个 32 位的行。如果 Options 部分有内容，IHL 的值将可能是 6、7、8 等。

接着，IP 报头中第一行的第三个字段是服务类型（Type of Service）字段。该字段值是八位，它指示网络中的路由器应当如何进行优先级处理 IP 包中携带的特定的数据包。通常该字段不会被使用，但是使用它的一种情况是用于路由协议业务，即路由器之间相互通信以交换路由。路由信息当然对网络正常运行非常重要，所以路由器想优先考虑某些流量时，会将"服务类型"字段设置为不同的值。这是该字段最常见的用法，也即在较大的网络中提供不同级别的服务，如更好服务于支付更多费用的客户。

接下来的字段分别是总长度（Total Length）、标识（Identification）、标记（Flags）、分段偏移（Fragment Offset）。这些都是用于 IP 分段的，现在暂不讨论，可能会在其他章节进行详细介绍。下一个字段是生存时间（Time to Live）字段，该字段只是一个由发送方设置的 8 位数字，然后数据包经过的每个路由器都会将该值递减 1，如果它的值依次减少直到最后变为了 0，那么路由器将丢弃该数据包。这样做的原因是试图防止死循环。因此，如果回看图 7.2-25，可以想象，如果一个数据包进来，丹佛认为要到达这个数据包的目的地，它应该被送到纽约。纽约认为，它应该被送到亚特兰大，然后亚特兰大认为应该被送到丹佛，丹佛会把它送回纽约等。那么这个包只会陷入一个循环。因此为了防止这种无限循环的情况，生存时间字段在每一跳处都会递减，并且最终生存时间字段将变为零。那么其中一个路由器就会丢弃数据包。通常这种循环的出现表明出了问题，如当路由器之间的路由协议处于过渡状态时，偶尔会发生这种情况，网络中可能出现循环，但它通常不会持续很长时间。

IP Header 第三行最后一个字段是报头检查（Header Checksum）。它的工作方式与

Ethernet Frame 和 PPP 中的帧检查序列类似。IP Header 中的 Header Checksum 只是检查 IP 报头中的一些值，所以它实际上没有那么有用，因为我们已经在以太网帧或 PPP 帧上有了帧检查序列。所以 Header Checksum 有点多余，但这是协议的一部分，所以它是存在的，这就是它的作用。最后，IP Header 第四、五行分别是源地址（Source Address）字段和目的地地址（Destination Address）字段，它们是发送源和目的地的 IP 地址。值得注意的是，Ethernet Frame 中的源和目的地地址分别是发送源和目的地的 MAC 地址，请注意区分。

紧接在 IP 报头之后，是 IP 数据包本身的数据内容，也即 ICMP 消息（Message）。在未来的章节中，我们将探索可能在 IP 数据包中看到一些不同的东西，但就图 7.2-29 中情况，我们看到的是 ICMP Message，也就是 ping 消息。此时 IP Header 中 Protocol 的值是 1，这意味着 IP 数据包本身的数据内容将是 ICMP 消息。如果 Protocol 值被设置为别的，那么 IP 数据包本身的数据内容将会是别的一些不同的数据。在未来的章节中，我们会介绍这些其他数据可能是什么。

现在，让我们看图 7.2-30 的网络中的路由器到底在做什么。旧金山路由器的工作过程如图 7.2-30 所示，有一个从主机 A（IP 地址为 192.168.9.2）发送的数据包，目的地是主机 B（IP 地址为 192.168.20.2），192.168.20.2 这一 IP 地址是图中每一个路由器都要查看的目的地地址，所以所有的路由决策都仅基于目的地地址。在之前的章节中，已经介绍了 192.168.9.2 是如何将其数据包转发到旧金山的路由器的。现在来看一看旧金山路由器内部到底发生了什么。

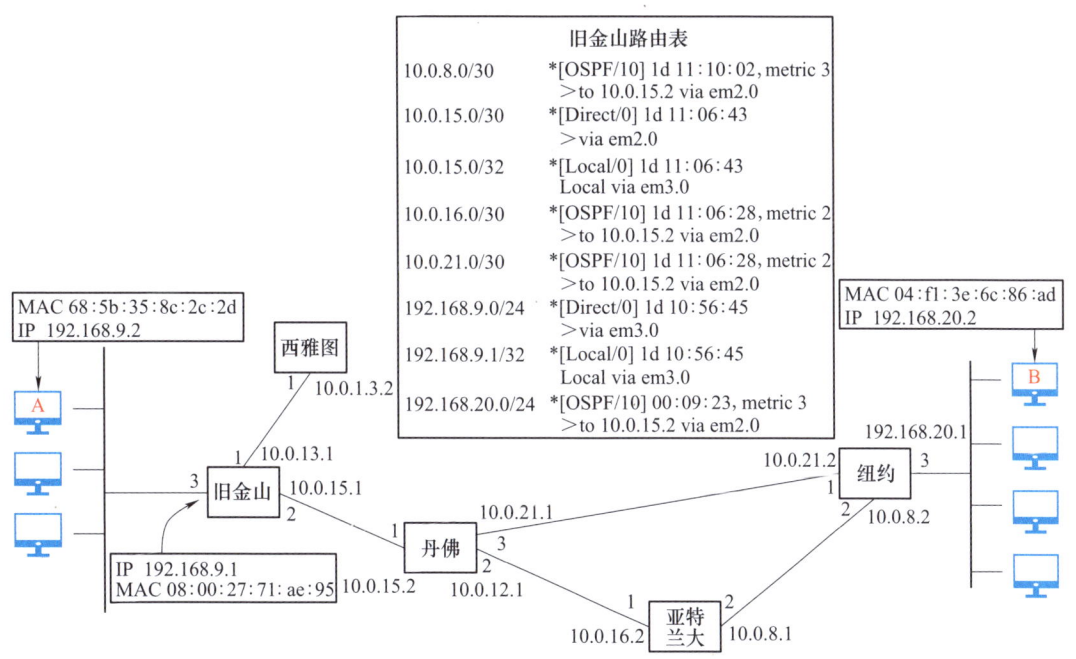

图 7.2-30　旧金山路由器的工作过程

旧金山路由器内部会有一个路由表，图 7.2-30 中展示的是实际路由表的快照。从主机 A 发出的数据包的目的地是 192.168.20.2，那么旧金山会查看自己的路由表，并尝试找到一个匹配的地址。由图 7.2-30 中的路由表可见 192.168.20.0/24 是与 192.168.20.2 最匹配的条目。其中的"/24"意味着只比较前24位，实际上是指地址中的"192.168.20"部分。那么192.168.20匹配192.168.20.0的前24位，也即路由表中的最后一条，所以旧金山路由器根据该条目会选择从em2.0（即端口2）转发出收到的数据包，将数据包送往到IP地址10.0.15.2。从图7.2-30中可见，10.0.15.2是丹佛的接口1。

现在数据包已经到达丹佛。丹佛将做同样的事情，丹佛路由器的工作过程如图7.2-31所示，它将在其路由表中查找192.168.20.2，寻找匹配的地址前缀。因此它会找到条目192.168.20.0/24，该条目的前24位再次与需要寻找的目的地相匹配。图7.2-31中，路由表中信息显示说通过em3.0把它发送出去，送到10.0.21.2，即纽约。

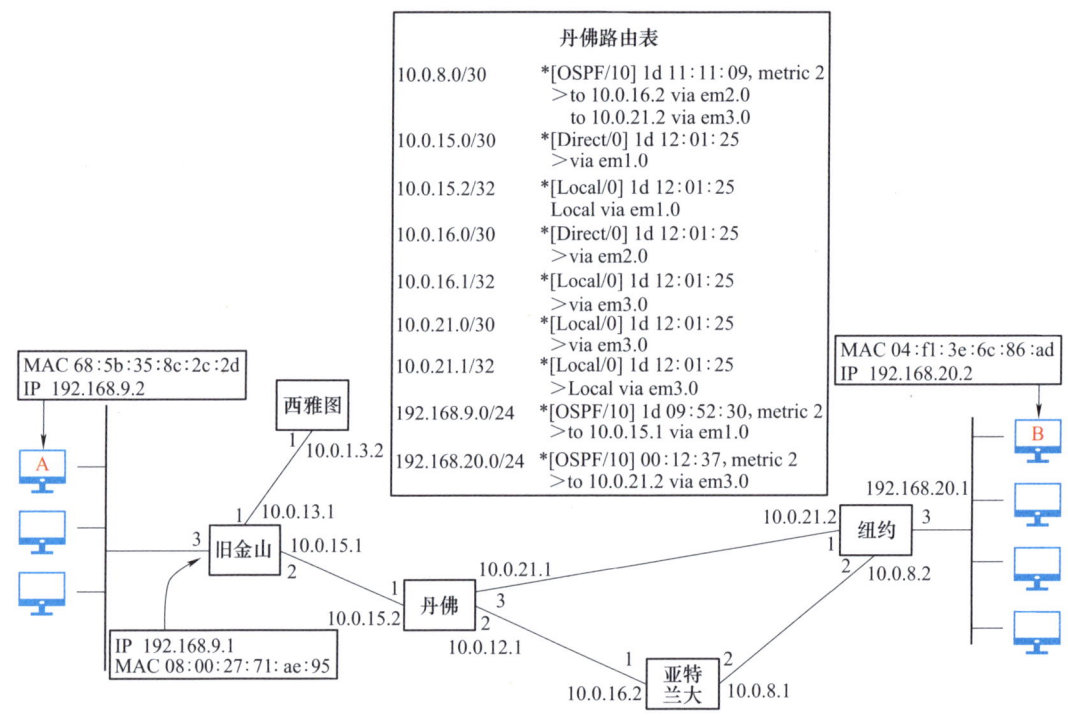

图 7.2-31　丹佛路由器的工作过程

下一跳是纽约，纽约路由器的工作过程如图7.2-32所示，由纽约的路由表可以看到与目的地地址192.168.20.2相匹配的是192.168.20.0/24的前缀，该条目表示要通过em3.0（接口3）。该条目并没有给出下一跳信息，这说明它与目的地址是直接连接的，即说明目标地址直接连接到这个接口，它们在同一个以太网上。因此告诉路由器它需要进入192.168.20.2的ARP，它将进行与之前介绍过的相同的ARP过程，获取MAC地址，然后递送并交付以太网帧。

一旦计算机B获得该数据包，然后它会进行响应（如果它想要响应的话），并将响应信息发送回192.168.9.2。所以这将与刚才的过程反过来执行一遍类似的操作。具体地，主机B将配置192.168.20.1作为其默认网关；然后将通过给以太网配置ARP来获取纽约路由器（192.168.20.1）的MAC地址。尽管主机B已经从纽约路由器（192.168.20.1）接收到流量，因此可能已经知道纽约路由器（192.168.20.1）的MAC地址；但如果主机B不知道，它将首先为以太网帧配置ARP包以获取MAC，然后再为以太网帧配置IP包并发送到纽

158

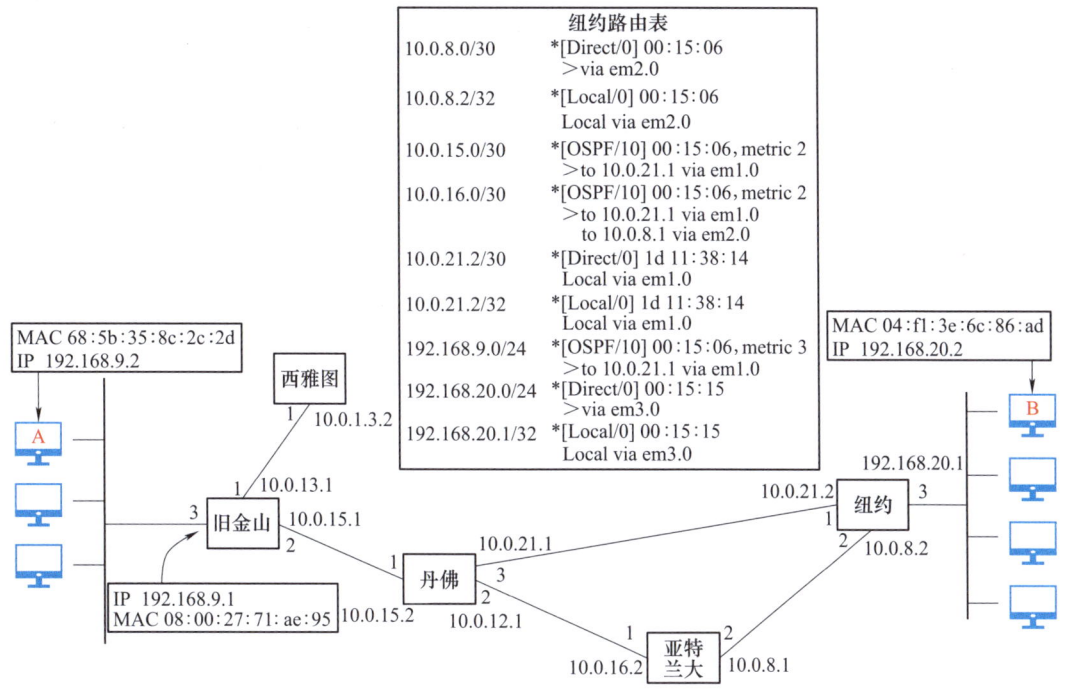

图 7.2-32　纽约路由器的工作过程

约（目的地是 192.168.9.2）。

然后纽约路由器将查看自己的路由表（见图 7.2-32），它有一条 192.168.9.0/24 的路线与 192.168.9.2 相匹配。有趣的一点是，你可以看到这条信息中的 metric 3，这表明从此处到达目的地的距离需要三跳：从纽约到丹佛是一跳，从丹佛到旧金山是一跳，从旧金山到主机 A 是第三跳。继续看 192.168.9.0/24 这条路线的信息，上面写的是"to 10.0.21.1 via em1.0"，所以通过 em1.0（接口 1）到达 10.0.21.1，即丹佛。可以看到本条路线和消息来时走的是同样的路线。实际上消息回传时不必这么做，它可以走另一条路线，但该案例中它恰好走上了同样的路线。

然后再看丹佛路由表，如图 7.2-31 的路由表可见倒数第 2 条 192.168.9.0/24 与现在的目的地 192.168.9.2 相匹配。该条信息显示要通过 em1.0（接口 1）把数据包送到 10.0.15.1。同时在该条信息中可以看到 metric 2，表示现在距离目的地只有两步之遥。

最后到达旧金山，再次查看旧金山路由表（见图 7.2-30），可见路由表中倒数第 3 条信息 192.168.9.0/24 与目的地 192.168.9.2 相匹配，该条消息表明目的地是通过 em3.0 直接连接的。所以，此时就可以把数据包传送到以太网上了。需要指出的是，如果浏览图 7.2-30 中的整个旧金山路由表，会看到有很多通往其他网络的路线。所以如果主机 A 试图向这些路由器（如丹佛、纽约的路由器）中的任何一个发送数据，都应该有一条将消息带到那里的路线。

另外，在丹佛的路由表中有几个有趣的事情要指出，相等跳步的路线选择如图 7.2-33 所示，在路由表的第一条消息 10.0.8.0/30 中，有去往 10.0.16.2 via em2.0 和 10.0.21.2 via em3.0 的两条路线。也即实际上有两种不同的方式可到达 10.0.8.0/30，且两者都是 2 步的距离，即 metric 2。所以这意味着，如果从丹佛要到星号标记处的位置，要么走上方的路线经过纽约，要么走下方的路线经过亚特兰大；并且无论哪种方式都要两跳，距离相同。所以很有趣的是在这个特殊的例子中，有两种方法可以达到目的，路由器会选择更喜欢的路由。如果我们更多地讨论路由协议时，可以更详细地了解如何影响这一点，以及这些决策是如何做出的。

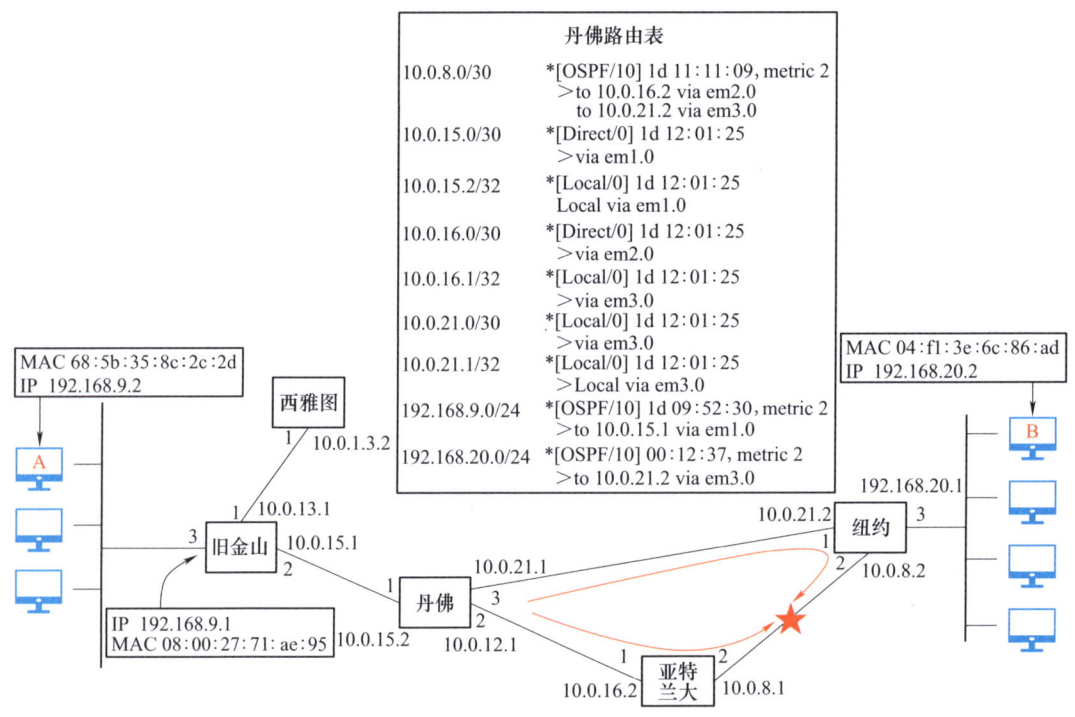

图 7.2-33 相等跳步的路线选择

7.2.10 TCP

本节介绍传输控制协议（Transmission Control Protocol，TCP）。前文已经研究了如何使用 IP 地址将数据从一台计算机发送到另一台计算机，但一次可以发送多少数据是有限制的，一个 IP 数据包必须放入一个数据链路帧中，如以太网帧或 PPP 帧之类的帧，通常被限制为最多承载大约 1500B 的有效载荷，所以如果想发送一个大于 1500B 的文件，一个明显的解决方案是将数据拆分为多个数据包。但要做到这一点还有几个挑战。

1）数据包丢失。数据包有可能在传递途中的某个地方丢失，这可能是因为一些物理层或成帧的问题，如之前章节介绍过的 bit 被错误地解释，或者线路上有一些损坏。数据包丢失也会因为路由器更新路由表时，路由协议发生了变化而导致偶尔发生。但是如果因为任何原因丢失了数据流中的一个数据包，那么接收到的其余数据包实际上可能没有那么有用。所以我们希望能够从中检测丢失并重新传输，能够重新发送我们丢失的任何数据包。

2）数据包也有可能以不同的顺序到达，如何重新排序数据包是另一个挑战。例如，如果数据包到达丹佛，目的地是主机 B。丹佛可能有两条到达 B 的路由。丹佛可能以其中一条路线发送一些数据包，再以另一条路线发送另一些数据包。当这些数据包到达纽约时，可能

第7章 工业相机通信基本原理

会被交错成与发送时不同的顺序。所以主机 B 必须能够处理重新排序，并将它们放回正确的序列中。

3）两台计算机之间可能会同时进行许多对话，所以需要能够以某种方式知道当计算机 B 从计算机 A 接收到数据包时，这些数据包会与哪个会话进行对话。例如，如果 B 同时从 A 传输两个不同的文件，如何知道哪些数据包是哪些文件的一部分？

4）如果有很多数据包在这两台计算机之间发送，那么发送它们的速度可能很重要。例如，旧金山以最快的速度发送数据包，如果旧金山和丹佛之间的链路以较低的比特率运行，或者如果还有来自西雅图的数据包朝丹佛方向传输，会发生什么？可能发生的情况是，旧金山到丹佛这条链路会变得拥堵，那么旧金山路由器最终可能会丢弃一些数据包。所以最好有某种流量控制机制，使得当有太多的数据包被丢弃时，流量控制可以告诉 A 放慢速度。

在本节中将介绍 TCP，TCP 是传输控制协议，它为我们解决了所有上述的问题。TCP 通过提供所谓的位流量服务来做到这一点；TCP 是以连接为导向的，并且可靠的。

为了发送任何实际数据，主机 A 必须与主机 B 建立一个 TCP，其工作机理与电话通话类似。在任何人说话之前，你必须拨打号码，等待对方回答并说"你好"。然后你就可以开始对话了，所以首先要有一个连接建立过程。当我们说字节流服务时，这意味着一旦建立了连接，任何一方都可以发送一个字节流，而不必考虑它们是如何被分解成单独的数据包。所以，在主机 A 的一端，可以把一个字节流放入 TCP，然后相同的字节流将刚好出现在另一端主机 B，因此，字节流有多长并不重要，因为 TCP 会自动将其分解成更小的段。其中的每一个段都适合于一个 IP 数据包。

然后，当 TCP 在连接的另一端接收到数据时，它会发送一个确认回复 ACK。那样，如果在某个已知或设定的时间间隔之后没有收到确认回复，则可以重新传输数据，这是 TCP 提供可靠性的方式之一。TCP 还可以跟踪它发送的每个数据段的正确顺序，以便在接收数据时将数据按顺序放回原位，并删除出现的任何重复数据包，以确保它提供可靠的连接并在两端之间提供字节流服务。

下面来仔细地了解一下 TCP 数据包的实际格式，如图 7.2-34 所示，TCP 数据包被封装在 IP 数据包内，该 IP 数据包将被封装到某种帧框架内，如以太网帧或 PPP 帧。所以回顾前文内容，如果 IP 数据包是被封装到以太网帧中，那么以太类型将是 0800。在图 7.2-34 的情况中，以太网帧的有效载荷是 IP 数据包，IP 数据包携带的数据部分是 TCP 数据包。

下面来仔细看看配置了 TCP 数据包的 IP 数据包内都有什么，如图 7.2-35 所示。首先是之前学习过的 IP 报头，它包含了源和目的地 IP 地址，从而表明路由器将知道如何路由这个数据包。IP 报头中还包括字段 Protocol。如果将在 IP 数据包的数据部分使用 TCP，那么 Protocol 将被设置为 6，因为 6 是 TCP 的协议号。所以只要在 Protocol 字段中看到 6，就知道正在处理 TCP 数据包。

继续向下是 TCP 报头（TCP Header），见图 7.2-35，需要指出的几个字段是源端口（Source Port）和目的端口（Destination Port）这两个字段，它们用于唯一地标识正在发生的特定连接。假设当前有两台电脑 Host A 和 Host B，如果 A 正在向 B 发送 TCP 数据包。那么你将在 IP Header 中使用 A 的地址作为源地址，B 的地址作为目的地地址。但是同时你也会有一个源端口和一个目的地端口，因为 A 可能有 2 个到 B 的连接。为了区分这两个连接，将使用这些端口。例如，这些连接中的一个可能是主机 A 上的端口 12345，与主机 B 上的端口 80 通信。而在主机 A 上可能还有另一个端口 6789，两个端口都连接到主机 B 上的端

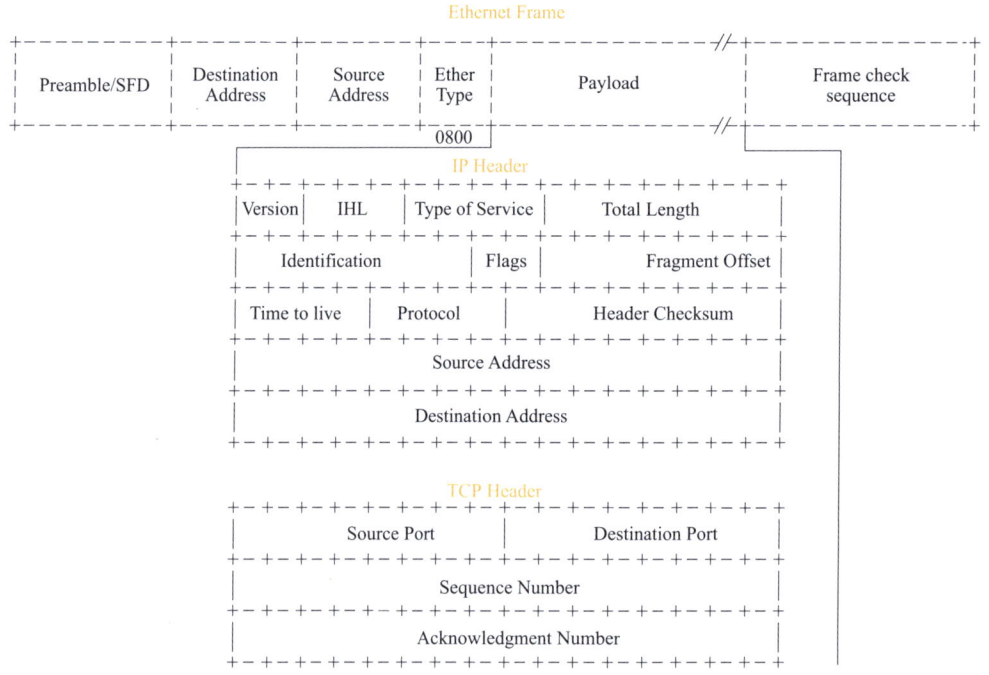

图 7.2-34　TCP 数据包的实际格式

口 80。该情况下主机 B 使用同一个端口也没关系，因为每个连接由源地址、目的地地址、源端口和目的端口四个信息来唯一地标识。如果源/目的地址及源/目的端口都是一样的，那所讨论的就是相同的连接了。主机 A 和 B 之间的连接也是双向的，因此主机 B 也可以将数据发送回主机 A，在这种情况下，它只会翻转所有的地址信息。在那种情况下，源地址将是 B，目的地地址将是 A，源端口将是 80，目的端口将是 12345。因此这些连接都是双向的。

在 TCP 报头中需要被指出的下一个字段是校验字段（Checksum），该校验字段的工作方式与在以太网或 HDLC 中看到的帧检查序列字段相同。但不同之处在于它只是为 TCP 报头和 TCP 流中的所有数据提供校验，所以即使已经在数据链路层有了帧检查序列，TCP 仍然提供其自己的检查，因为 TCP 的目标是提

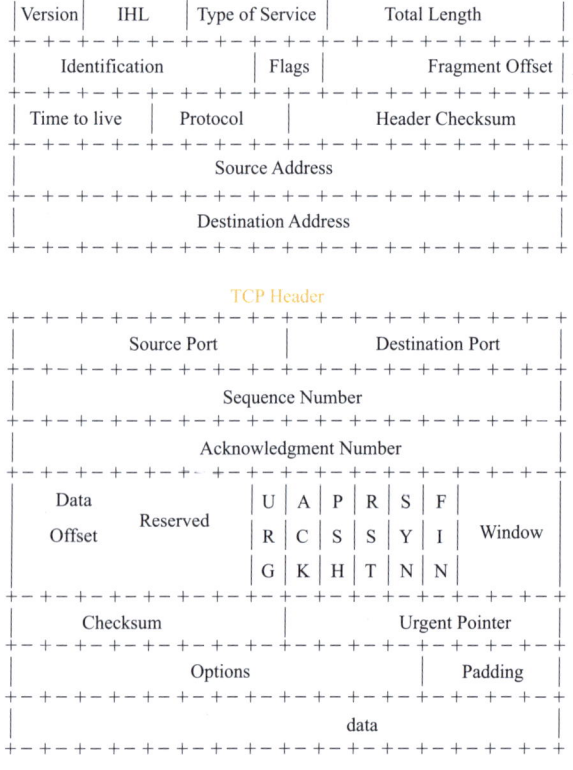

图 7.2-35　配置了 TCP 数据包的 IP 数据包

162

供可靠的服务，因此它会进行此额外的检查。

接下来将讨论的两个字段是序列号（Sequence Number）和确认号（Acknowledgment Number）。序列号在连接开始时被初始化为某个值。每当发送一个字节，序列号都会增加1，这样接收机就可以使用这些序列号来知道是否数据包出现故障，以及将数据放回什么顺序；或者接收机可以检测是否有数据丢失；或者可以检测是否有到达的重复包需要删除。在接收到一些数据之后，主机将发送一个确认号，使用该确认编号字段以其期望的下一个序列号进行响应。所以在下一节中将介绍建立连接和发送一些数据的流程，以更好地了解这一切是如何工作的。

7.2.11　TCP 连接流程

本节将介绍两台计算机之间的一个非常简单的连接。要做的就是从 192.168.0.147 建立一个 TCP，连接到 192.168.192.10，TCP 的连接流程如图 7.2-36 所示。所以通常发起这个连接的设备被称为客户端，连接的设备被称为服务器。当然，一旦它们连接起来，是谁先连接的谁并不重要，它们都可以双向发送数据。这里要做的是从端口 562808 开始连接，这是一个随机选择的端口，要连接到服务器上的端口 13。然后服务器设置的方式是，当连接到端口 13 时服务器会发回一小段文本，然后服务器（Server）会断开连接。因此，这基本上会让客户端（Client）先建立连接，从服务器获取一点数据，然后再断开连接。

因此，首先要发生的事情是客户端将向服务器发送一个数据包，以启动连接。在该数据包中，它将向服务器端提供将使用的初始序列号。并告诉服务器这是它设置的初始连接。通常，客户端会选择一个随机数作为序列号，但是在这个例子中，从序列号 Seq 等于 0 开始，只是为了让事情变得简单。

图 7.2-36 中 TCP 报头的第四行中有很多标志位，如 URG、ACK、PSH、RST、SYN、FIN。SYN 位是所有的标志位中的一位，它代表"同步"，所以 SYN 位的有效（使能）是去告诉 Server 同步，表明这是一个新的连接，且序列号 Seq 是 0。然后服务器将通过确认并响应，它会向反方向发送回一个数据包，数据包中会设置确认位（ACK）使能。这表示服务器确认收到，然后服务器会用确认号来告诉 Client 它期望的下一个 ACK 序列号。所以服务器发送的确认号是 1，因为 Client 刚刚发送的连接信息中表明它的序列号是 0。在同一个数据包中，服务器也将设置自己的 SYN 位，并发送其序列号。在这种情况下，Server 会发送 Seq 为 0（同样地，它可能会随机选择一个序列号，这里只是为了方便说明而将其设置为 0）。

然后 Client 会用 ACK 来回复确认，ACK 的序列号值将是 1，然后其序列号 Seq 也将是 1。这个包中没有数据，所以即使序列号 Seq 是 1，服务器也不会收到任何数据，所以服务器仍然期待下一个字节的实际数据。

现在有了三个来回的数据包，那么连接就建立了，见图 7.2-36。一旦连接建立，双方就可以继续来回发送数据。在图 7.2-36 中这个特定的例子中，如果有一些软件在服务器上运行，只要有对象连接到接口 13，即与接口 13 建立了图 7.2-36 所示的来回的三个数据包，那么接口 13 就会发回数据，假设接口 13 发回的数据有 22B（并且里面包含了 Time of Data），那么此时的序列号 Seq 将是 1。

接下来会发生的是客户端确认，ACK 号将是 23。因为第一次 Server 发送回的 ACK 是 1，因为没有数据，Client 就发送了 ACK 1，即其期待的下一个数据包是 1B；接着 Server 又发送

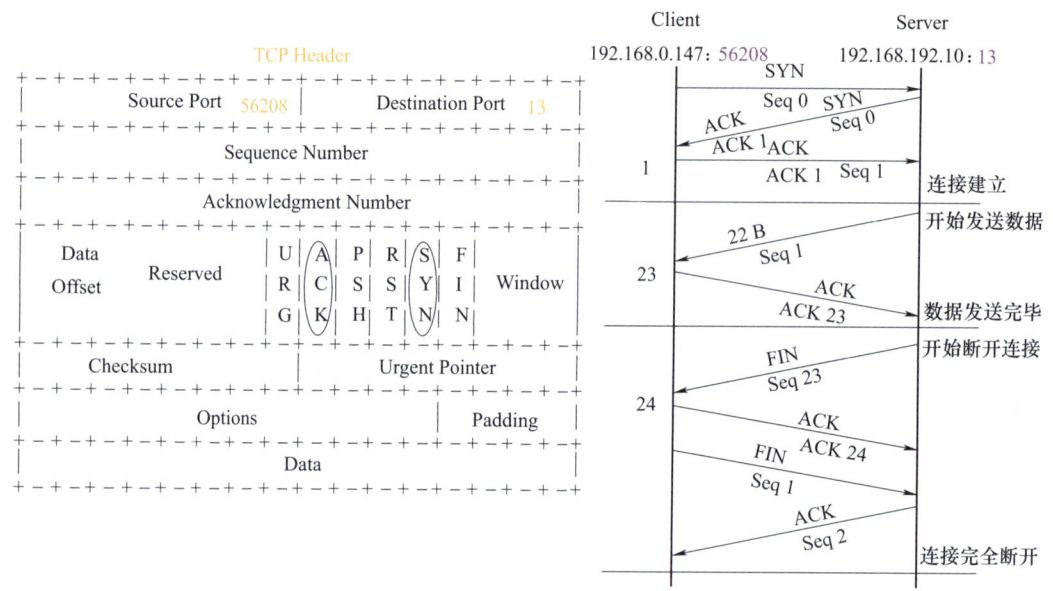

图 7.2-36 TCP 的连接流程

回了 22B 的数据包，所以 Client 表示收到，并回复说下一个它期望的是 23（因为它已经接收了 22B）。此时由于刚刚服务器已经发送了 Time of Data，因此服务器将断开连接。服务器断开连接所做的是发送一个设置 FIN 位的数据包。在这种情况下，序列号将是 23，因为这是下一个序列号。FIN 位只是 TCP 报头中的另一个位，它的目的是说连接已经结束或者想要断开连接，所以服务器想要断开连接。然后客户端将确认这一点，所以 Client 发送了一个 ACK 号为 24 的回复，因为它刚刚收到的序列号是 23。此刻，服务器已经关闭了连接，所以服务器不能再发送任何数据给客户端。

那么，此刻发生的最后一件事将是客户端也关闭连接。因此，客户端将发送另一个设置了 FIN 位的数据包。刚刚服务器发送了一个 FIN，现在轮到客户端发送 FIN。然后服务器最终会确认，所以当客户端发送 FIN 时，它的序列号 Seq 设置为 1，因为如果回看顶部 Client 的第一条消息，客户端发送第一件事时序列号 Seq 是 0，然后服务器 ACK 了它期待的下一件事。之后客户端除了 ACK 之外什么都没发送。所以此处的下一个序列号 Seq 是 1。然后服务器确认，返回给客户端的下一个序列号 Seq 是 2，此时连接完全关闭。

7.2.12 OSI 模型与 TCP/IP 模型

1. OSI 七层参考模型

开放系统互连（Open Systems Interconnection，OSI）模型是由国际标准化组织（ISO）制定的七层网络通信框架，如图 7.2-37。该模型的名称即指出了其旨在实现不同系统间的开放性互连。OSI 模型的目的是为不同厂商的网络设备提供一个共同的通信标准，以便实现互操作性。尽管该模型并非无懈可击，但它已被广泛采纳并应用多年，成为网络领域讨论中不可或缺的一部分。在本文的讨论范围内，OSI 模型的介绍将集中于探讨前文所述的各种网络技术是如何与该模型相适应的。

第 7 章 工业相机通信基本原理

OSI 模型定义了网络互连的七层框架,包括物理层、数据链路层、网络层、传输层、会话层、表示层和应用层。每一层负责实现特定功能与协议,并完成与相邻层之间的接口通信。OSI 的服务定义详述了各层所提供的服务。某一层的服务体现了该层及其下层的功能。各层所提供的服务与其具体实现方式无关。

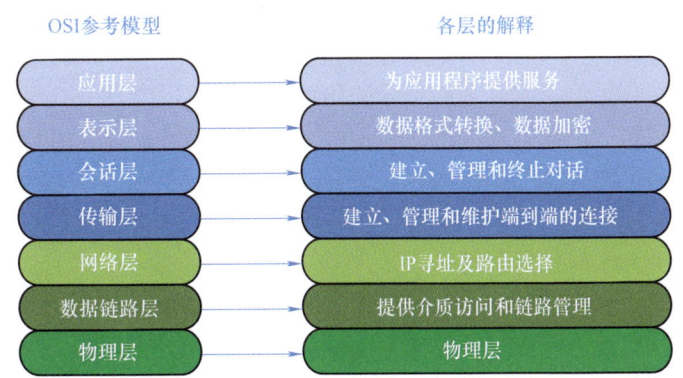

图 7.2-37 OSI 七层网络通信框架

以下对 OSI 各层的功能进行简要概述,鉴于每一层本身均具有复杂性,本文不对其实现细节深入探讨。以下将以公司 A 向公司 B 发送商业报价单为例进行说明。

应用层为 OSI 参考模型中最接近用户的一层,其为计算机用户提供应用接口并直接提供各类网络服务。常见的应用层网络服务协议包括 HTTP、HTTPS、FTP、POP3 及 SMTP 等。例如,公司 A 作为用户要发送的商业报价单即为应用层所提供的一种网络服务。当然,公司 A 也可选择其他服务,如发送商业合同或询价单等。

表示层提供各种用于应用层数据的编码和转换功能,确保一个系统的应用层数据能被另一系统的应用层识别。必要时,该层提供标准表示形式,将内部多样化的数据格式统一转换为通信标准格式。数据压缩与加密也是表示层提供的转换功能之一。例如,鉴于公司 A 与公司 B 分属不同国家,双方约定使用英语交流,表示层则负责将应用层数据转换为英文。此外,为防第三方窃取信息,公司 A 还会对报价单进行加密处理,这也是表示层的功能,即对应用层数据进行转换与翻译。

会话层负责建立、管理和终止表示层实体间的通信会话,其通信由不同设备中应用程序之间的服务请求与响应构成。如同公司的外联部门,掌握本公司与其他诸多外部公司的联系方式。当接收到表示层的数据后,会话层建立并记录通信会话,首先确定目标实体(如公司 B)的地址信息,然后封装并标记发送资料。确认对方成功接收后,会话层终止此次会话。

传输层建立了主机间的端到端连接,其作用是为上层协议提供可靠且透明的端到端数据传输服务,涵盖差错控制与流量控制等功能。该层屏蔽了高层用户对下层数据通信细节的感知,呈现一条由用户控制和配置的可靠主机到主机的数据通道。常见的传输层协议(如 TCP 和 UDP)就工作于此层,其协议中的端口号即指代这里的"端"。例如,传输层可类比为公司内部负责邮件收发的专员,他们承担将来自上层的资料递送至快递公司或邮政部门的任务。

网络层通过 IP 寻址建立两个节点间的连接,负责为源自传输层的分组选择适当的路由与交换节点,确保数据准确无误地传输到目标端的传输层,即所谓的 IP 协议层,它是 Internet 的基础。例如,网络层可比作快递公司的物流网络,其中各地的集散中心扮演着重要角色。如从深圳寄往北京的快递,先送达深圳的快递集散中心,再转运至武汉集散中心,最终送达北京顺义的集散中心。每个集散中心即相当于网络中的一个 IP 节点。

数据链路层将 bit 组合成 B，再将 B 组合成帧，使用链路层地址（以太网使用 MAC 地址）来访问介质，并进行差错检测。

物理层是实际最终信号的传输媒介，通过物理介质传输 bit 流。集线器、中继器、调制解调器、网线、双绞线、同轴电缆，这些都是物理层的传输介质。物理层还规定了电平、速度和电缆针脚等。例如，快递寄送过程中的交通工具（如汽车、火车、飞机、船）就相当于物理层。

为实现数据包从源节点至目标节点的传输，源端的 OSI 模型各层必须与其在目的端的相应层进行交互，此交互过程称为对等层通信，OSI 对等层通信如图 7.2-38 所示。在每一层的通信过程中，各层遵循自身定义的协议规范来完成数据的传输和处理。

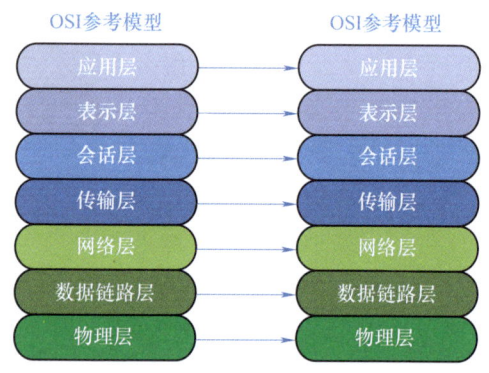

图 7.2-38　OSI 对等层通信

2. TCP/IP 五层模型

网络通信系统中另一常见协议是 TCP/IP 五层模型，其与 OSI 七层模型的对应关系如图 7.2-39 所示。各层运作着不同的设备，例如，常用的交换机工作在数据链路层，而路由器则工作在网络层。各层实现的协议各异，因此所提供的服务也各不相同。图 7.2-39 中列出了每层主要的协议。

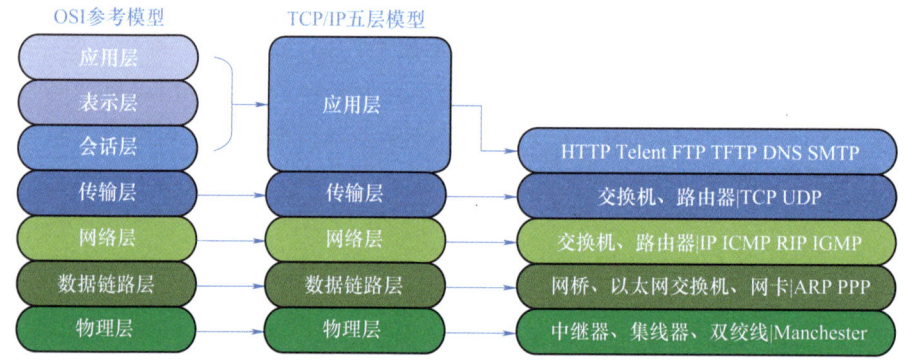

图 7.2-39　TCP/IP 五层模型与 OSI 七层模型的对应关系

在以太网中，每个设备被称为主机。通信时，主机欲发送数据包需先检测介质是否空闲；若介质忙，则主机等待直至介质空闲，并附加等待一段帧间空隙时间，对于千兆网，此时间为 96ns。若介质空闲，主机将发送数据并监听可能的冲突，即检测是否有其他主机同时传输。若有冲突，各主机会计算一个随机延迟时间后重传数据，若重传失败，延迟时间按指数增长直到达到最大重试次数。此机制称为具有侦测冲突的载波侦听多路访问（Carrier Sense Multiple Access with Collision Detection，CSMA/CD），当多台主机同时发送数据时，会导致带宽无法得到保证。

以太网通信与计算机网络协议设计由 TCP/IP 模型（或互联网参考模型）的物理层和数据链路层构成，TCP/IP 模型中的物理层与数据链路层连接机理如图 7.2-40 所示。第一层为物理层，涉及信息编码的物理手段与方法，包括通过铜线、光纤或无线电波传输数据，使用曼彻斯特编码、NRZ(Non-Return to Zero)编码、正交幅度调制(QAM)等方式。尽管前文已介绍过曼彻斯特(Manchester)编码，NRZ 与 QAM 尚未详述，但此处旨在展示数据编码还有其他一些方式。第二层为数据链路层，它主要与帧和帧格式有关。前文已经讨论了使用前导码和帧间间隙来表示帧的以太网成帧。还讨论了使用标志字节的 HDLC。然后前文还讨论了具体的帧格式，包括以太网逻辑链路控制（Ethernet Logical Link Control，Ethernet LLL)，即以太网帧格式，或者 PPP 逻辑链路控制。这些构成了当前讨论的物理层与数据链路层技术。

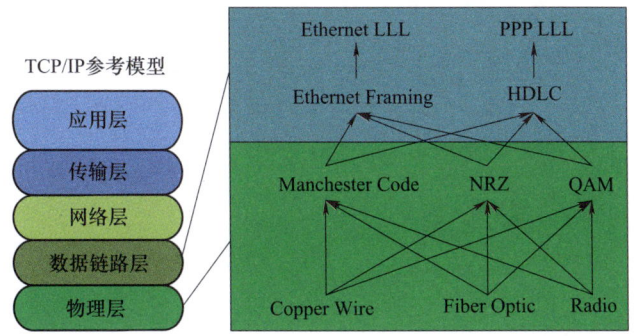

图 7.2-40　TCP/IP 模型中的物理层与数据链路层连接机理

在这两层之上还是网络层，网络层用于提供一个或者多个可变长度的数据从源到目标的功能和程序上的传输方法。通常使用因特网协议（IP）来完成。上面还有一层传输层，提供应用间数据的透明传输，如应下一层的要求将数据包分段或合并。TCP 和自带寻址信息的用户数据报协议（User Datagram Protocol，UDP）是广为人知的协议，因为这两个协议是组成几乎所有互联网软件的基础。TCP 提供面向连接、可靠的传输，数据以发送时同样的顺序完全到达。UDP 正好相反，提供非连接，不可靠传输，也就是说数据包可能丢失或重复、也可能以与发送时不一样的顺序到达。UDP 与 TCP 相比需要较少的管理。

TCP/IP 模型的最后一层是应用层。这层是应用程序实际发送和接收数据层。可能知名度最高的应用层协议是 World Wide Web（WWW）构成基础的超文本传输协议（Hypertext Transfer Protocol，HTTP）。2006 年机器视觉相机应用层协议得以标准化，并称作 GigE Vision（对应于 HTTP）。尽管从名字上看是千兆以太网，但是标准明确指出此标准可以用于更低或更高的以太网速度。

习题与思考题

1. 对模拟数据进行数字信号编码应主要考虑哪两个指标？
2. 比特填充的作用或应用场景是什么？
3. 若路由表中有条目"172.17.6.2/16"，那么"/16"的作用是什么？具体使用方式是怎样的？具体在计算机上应如何设置？
4. 请列举数字信号转换为模拟信号的三种主要调制方法，并详细说明各方法的机理。
5. 何为"码元"，其作用是什么？
6. 提高模拟信号数据传输速率的方法有哪些？

7. 我们知道在数据传输过程中如果收发双方的时钟不一致，会导致数据传输错误。那么，请给出一种解决该问题的方案，并说明该方式是如何解决上述问题的。
8. 请结合码元描述一根网线传递信息的基本过程。
9. 什么是 HDLC 成帧机制，即 HDLC 协议。
10. 请描述以太网协议及以太网帧的具体格式。
11. 简述 PPP 帧格式与 HDLC 协议的关系。
12. 以太网上的某一主机 A 如何能够获得其所在以太网的路由器的 MAC 地址。
13. 地址解析协议 ARP 的作用是什么，工作机理是什么。
14. 请简要说明数据是如何从以太网的主机 A 通过 PPP 网络，传送到另一以太网上的主机 B 的。
15. 请说明 TCP 协议的作用及工作流程。

第 8 章

工业相机与计算机的数据传输

此前探讨了相机捕获图像并产生模拟或数字视频信号。本章将聚焦于图像如何传入计算机及如何重建为灰度或色彩矩阵图像。首先介绍图像以模拟信号形式从相机传输到计算机的过程；接着介绍图像以数字形式（数字视频信号）传递的过程；最后讨论工业相机控制信号的传输。

目前的工业相机大多数采用的是数字信号传输。然而，由于模拟接口价格更低，一些中低端的监控设备中仍然会使用模拟信号传输。因此，尽管使用模拟信号传输的工业相机在市场上的份额逐渐减少，但仍然存在，特别是在成本敏感的应用场景中。因此本章首先介绍模拟信号传输，可使读者对工业相机数据传输技术的演进有所理解。通过了解模拟视频传送方式、原理和局限性，更好地理解数字视频信号传输技术。

8.1 模拟视频信号传输

模拟视频是指由连续的模拟信号组成的视频图像。其中，连续的模拟信号具体怎样组成视频图像是由"模拟视频标准"的规则来规定的。上述组成的视频图像即可在广义上称作为视频信号，而由模拟信号形成的视频称为模拟视频信号。模拟视频信号主要包括亮度信号、色度信号、复合同步信号和伴音信号。

那么模拟视频标准与传输协议分别是什么？两者有何关系？模拟视频标准无论其自身如何复杂，都只是将图像生成或转换成了一个（或多个）一维信号的规则而已（或将一个或多个一维信号转换或生成图像的规则）。只不过该一维信号是模拟信号，其后续通过模拟信道进行传输。而如何通过金属线形式的线缆来传输此模拟信号是金属线"传输协议"的问题，与模拟视频标准无关。当然用来传输模拟视频信号的金属线会配合由模拟视频标准转换过来的一维信号的样式，如有时要额外加一条时钟金属线，这时用来传输模拟视频信号的金属线就会是两条线。模拟视频信号传输原理如图 8.1-1 所示，模拟视频标准只能决定红色的模拟信号线条的形状，以及有几条类似的线条。金属线指 USB 线、网线等。传输协议/方式包括如 VGA、USB 协议、千兆网协议等。当然，USB 和千兆网是传输数字信号的，不能直接传输模拟信号。要想传输模拟信号，需要先将其数字化，然后再传输。此处只是用来列举传输协议的例子。

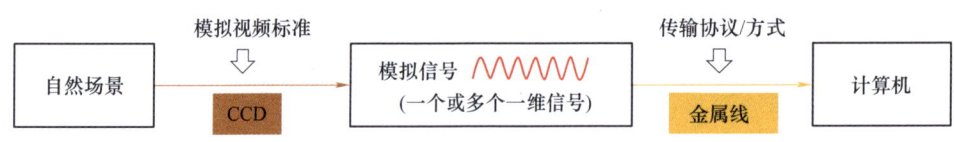

图 8.1-1 模拟视频信号传输原理

8.1.1 模拟视频标准

模拟视频标准制定于 20 世纪 40 年代初。由于该标准应用时间较长、制作模拟相机的器件相对便宜，因此许多相机还是采用模拟信号进行信号传输。那么，如何理解模拟视频标准呢？模拟相机统一按照约定好的格式、参数等进行图像的采集和传输，其中约定好的格式、参数等规范即为我们所说的模拟视频标准。注意，模拟视频标准首先是用来规定相机如何采集图像的，然后才是如何传输图像的。这意味着相机按照某一视频标准采集到的电信号自然可称为视频信号。换句话说，相机中的图像传感器就是用来采集图像的，所以通过其获得的由光转换为的电信号当然可称为图像信号，而连续的图像信号常被称为视频信号。图像传感器可以按照不同的方式采集电信号，采集到的电信号也可以按照不同的方式排列成一幅图像，而这些"不同的方式"即为视频标准。

模拟视频信号是由模拟相机获得的。CCD 输出的信号原本为模拟信号（模拟电压信号），若未经模/数转换，相机的输出也为模拟信号，这样的相机称为模拟相机。模拟相机捕捉到的视频信号必须经过特定的视频捕捉卡将模拟信号转换成数字信号，并加以压缩后才可以转换到计算机上运用。反之，若 CCD 输出的信号被模/数转换器转换为数字信号进行的电压输出，则这样的相机称为数字相机。

尽管对于电视机有多种模拟视频标准，但是对于机器视觉来讲，其中的四种比较重要。表 8.1-1 给出了模拟视频标准的主要特性。其中，EIA-170 和 CCIR 是黑白视频标准，而 PAL 和 NTSC 是彩色视频标准。

表 8.1-1 模拟视频标准的主要特性

标准	类型	帧率	行数	行周期/μs	每秒行数/s^{-1}	像素周期/ns	图像大小/像素
EIA-170	B/W	30.00	525	63.49	15750	82.2	640×480
CCIR	B/W	25.00	625	64.00	15625	67.7	768×576
NTSC	Color	30.00	525	63.49	15750	82.2	640×480
PAL	Color	25.00	625	64.00	15625	67.7	768×576

表 8.1-1 中，帧率（Frame Rate）是以帧为单位的位图图像连续出现在显示器上的频率（速率），以赫兹（Hz）表示。赫兹的物理意义为每秒出现的次数。位图是由像素组成的，像素是位图最小的信息单元，存储在图像栅格中。每个像素都具有特定的位置和颜色值。按从左到右、从上到下的顺序来记录图像中每一个像素的信息，如像素在屏幕上的位置、像素的颜色等。位图图像质量是由单位长度内像素的多少来决定的。单位长度内像素越多，分辨率越高，图像的效果越好。位图也称为位图图像、点阵图像、数据图像或数码图像。

行周期是指传递一行所需要的时间。"每秒行数"是"行周期"的倒数。以 EIA-170 标准为例，行周期为 63.49μs，那么每秒行数为 1s/63.49μs=15750。

像素周期指传递一个像素所需要的时间。同样以 EIA-170 标准为例，EIA-170 标准的图像区域如图 8.1-2 所示，一行有 640 个像素，则传递一个像素所需时间为 63.49μs/640 = 99.20ns。然而，表 8.1-1 中给出的像素周期为 82.2ns，那么 63.49μs/82.2ns = 772.38443 行，即约为 772 行。反向验证有 63.49μs/772 = 82.24093ns。这说明实际 EIA-170 标准实际采集了 772 行图像，其中 525 行作为实际图像信

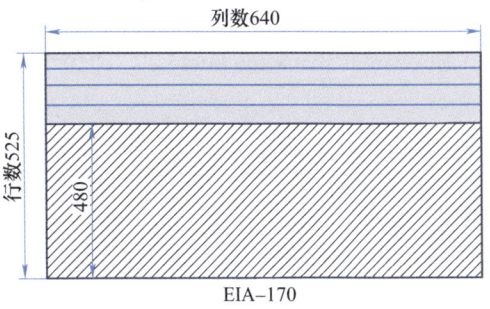

图 8.1-2　EIA-170 标准的图像区域

号，而其中只有 480 行显示出来。还记得上一章学习过的黑电平统计方法，传感器会留出一些行用来统计黑电平。那么，类似的原因，这些多余的行，你可以想象它的用途，传递一行共 640 个像素所需的时间可计算为 82.2ns×640 = 52.608μs，然而表 8.1-1 中给出的行周期时间为 63.49μs，那么多出的时间 63.49μs−52.608μs = 10.882μs 用作同步信号等功能。

图像大小为 640（列）×480（行），525−480=45 行用作同步信号，表示新一帧的开始。传递一幅图像所需的时为间 63.49μs×525 = 33.332ms，那么帧率为 1/(63.49μs×525) = 30Hz。

表 8.1-1 中，EIA-170 与 NTSC 标准的帧率为 30Hz，每幅图像 525 行；CCIR 与 PAL 标准的帧率为 25Hz，每幅图像 625 行。在这四个标准中，每行的传输时间基本相同。在 525 和 625 行中，有 40 或 50 行有名无实，被用作同步信号来表示新一帧的开始。EIA-170 和 NTSC 每行的 10.9μs、CCIR 和 PAL 中每行的 12μs 也被用作同步信号。因此 EIA-170 和 NTSC 的图像大小为 640×480，而 CCIR 和 PAL 为 768×576。从以上特征可以看出，每个像素的采样时间大约为 82ns 和 68ns。图 8.1-3 展示了 EIA-170 视频信号的全过程。

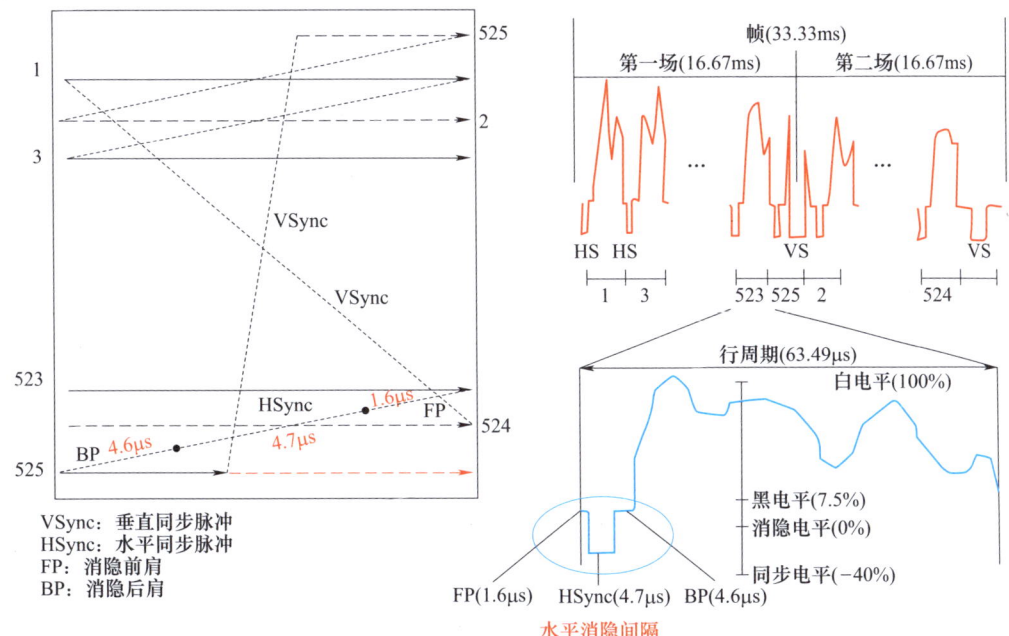

图 8.1-3　EIA-170 视频信号的全过程

对于 EIA-170，第一场包括所有偶数行，第二场包括所有奇数行。对于 CCIR，顺序先是奇数行，然后是偶数行，每行都由含有水平同步信息的水平消隐间隔，或称为水平空白间隔（Horizontal Blanking Interval）和包含实际图像信号的有效行周期（Active Line Period）组成。

水平消隐间隔由消隐前肩、水平同步脉冲及消隐后肩组成。消隐前肩视频信号被置为消隐电平（Blanking Level，0%），持续 1.6μs；水平同步脉冲视频信号被置于同步电平（EIA-170 为 -40%，CCIR 为 -43%）；消隐后肩视频信号又被置为消隐电平（Blanking Level，0%）。对于 CCIR 消隐前肩和消隐后肩为 1.5μs 和 5.8μs。消隐前肩的作用是使老式的电视机的视频信号电平稳定下来，以避免行间串扰。水平同步脉冲用于表示每行有效信号的开始。消隐后肩的作用是使早期的电视定时器中较慢的电子器件有时间响应同步脉冲并为有效信号做好准备。在有效行周期，信号在黑、白电平之间变化。对于 CCIR 黑电平为 0，而对于 EIA-170 为 7.5%。

每一场都是以几个垂直同步脉冲序列开始的，为了简化，图 8.1-3 只画了一个脉冲。实际上垂直同步脉冲由三种不同的脉冲序列组成，每种脉冲占垂直消隐周期的几行。EIA-170 的垂直消隐周期为 20 行，CCIR 为 25 行。垂直消隐间隔（Vertical Blanking Interval）原用于使 CRT 电视的扫描电子束从底部回到顶部，因为使电子束垂直偏转的磁化线圈具有感应惯性，磁场和屏幕上的点的位置不能立刻改变。同理，水平消隐间隔使得电子束从右回到左。

颜色信息能够通过如下三种不同的方式被传输。

1）颜色信息（色度 Chrominance）可通过正交调制（Quadrature Amplitude Modulation）增加到标准视频信号上。其中，标准视频信号携带（表示）的是亮度信息。正交调制是指色度信号使用相差为 90°相位的两个信号进行编码得到。这两个信号分别是 I(In-phase，同相位) 和 Q(Quadrature，正交的)。为了在接收端可以解出色度信号，在消隐后肩中会包含一个参考信号，称为彩色同步信号（Color Burst）。

这种编码形式称作复合视频。这种视频信号的优点是彩色信号可以被黑白接收器解码，只需要忽略色度信号就可以了；另外这种信号可以通过单线传输。这种编码的缺点是亮度信号必须经过低通滤波器，以抑制高频的亮度信息和颜色信息串扰。

2）将亮度和色度通过两条线分别传输，称为 S-Video(Separate Video)，又称作 Y/C。因此不需要低通滤波器，图像质量有所改进。

3）颜色信息可以通过三线传输方式直接传输红 R、绿 G、蓝 B 信号，这样得到的图像更好。这种情况下，同步信号可以与绿色通道一起传输或使用单独的电缆。

由前文可知，模拟视频属于隔行扫描视频（Interlaced Video）。尽管隔行扫描视频可以使人眼看到无闪烁图像（这也是为什么电视机采用这种方式），但是对于运动物体必须要进行两次曝光，这会造成严重的伪影。对于机器视觉，需要采用逐行扫描模式。以上视频标准很容易扩充为逐行采集信号，这些标准也可以扩充到比上述标准更高的图像尺寸，但这样信号在监视器（电视机）上就无法显示了。

8.1.2　计算机是如何接收模拟视频信号的

8.1.2.1　模拟相机数据的传输流程

计算机需要图像采集卡（Frame Grabber Card）以便从模拟视频信号中重建图像，图像采集卡是安装到计算机上的。模拟相机数据传输流程如图 8.1-4 所示，图像采集卡包含了一个部件，这个部件可以从模拟视频信号中分离出同步信号（水平/竖直同步脉冲）用来创建像素时钟信号（Pixel Clock Signal）。创建的像素时钟信号是用来控制模/数转换器的，从而去采样模拟视频信号。模拟图像采集卡（Analog Frame Grabber）还包括一个用于视频信号放大的放大器。

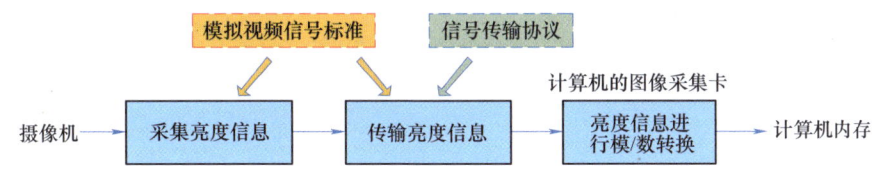

图 8.1-4　模拟相机数据的传输流程

图像采集卡可以同时多路传输（采集）来自于不同相机的视频信号。如果图像采集卡仅有一路模/数转换器，但是有多路输入插座，图像采集卡就可以在与其连接的多架相机间切换。如果图像采集卡有多路模/数转换器，就可能同时采集多路信号，这对于立体视觉或被测物需要在多角度同时观测时非常有用。图像采集卡采样后，得到的是数字信号，图像采集卡通过直接存储器存取（Direct Memory Access，DMA）将图像传输（转移）到计算机内存，不需要占用 CPU 资源。

图像采集卡在采样期间需要重建像素时钟信号，因为这一信号没有直接编码在视频信号中。相机是通过像素时钟来将像素存储在视频信号中的。重建像素时钟信号的目的是使模/数转换的数字信号的像素对齐相机中的模拟像素。重建像素时钟信号的工作通常在图像采集卡中使用锁相环电路来完成这一工作。像素时钟重建会造成两个问题。

1）首先，图像采集卡的时钟频率与相机的时钟频率可能不会完全一致，这样，像素就会被以不同的频率采样（采样频率不同）。这就会造成像素横、纵比率的改变。如相机中的方像素在图像中不再是方像素，这个问题可以通过相机标定来解决。

2）第二个问题是锁相环电路不能够精确重建有效行周期（Active Line Period）的开始。图 8.1-5 所示为锁相环电路采样示意图，从图 8.1-5 可以看出，每行采样有 Δt 的时间偏移，称作列抖动或像素抖动。锁相环电路决定了这一偏移是随机的还是系统的。从表 8.1-1 中我们可以看到，当 $\Delta t = \pm 7\text{ns}$ 时造成的抖动约为 ±0.1 个像素。灰度没有变化或者变化不大时没有问题，但是对于含有边缘的像素可能会造成约 10% 的灰度变化。

如果列抖动是随机的，可以通过多幅图像叠加来消除，这时精度虽然降低但是不会影响准确度；如果列抖动是系统的，不可以通过多幅图像叠加来消除，这时准确度降低但是精确度不变。

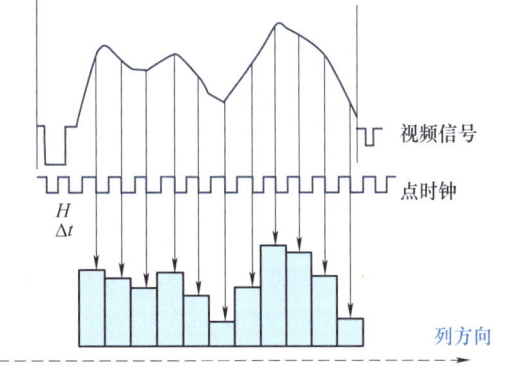

图 8.1-5　锁相环电路采样示意图
（如果图像采集卡的点时钟不能与有效行周期完全一致，就会产生列抖动。每行采样就会有 Δt 的随机或系统时间差）

工业相机原理

通过采集同一物体多幅图像叠加求出平均，然后减去每幅图像就可以看出列抖动。图 8.1-6 所示为竖直边缘发生列抖动的示意图，图 8.1-7 所示为水平边缘发生列抖动的示意图。对于含有水平边缘和垂直边缘的图像，图 8.1-6c（同理，图 8.1-7c）是图 8.1-6a、图 8.1-6b（同理，图 8.1-7a、图 8.1-7b）的均值，减去图 8.1-6b（同理，图 8.1-7b）后的图像见图 8.1-6d（同理，图 8.1-7d）。垂直边缘有灰度的变化，而均匀的地方及水平边缘没有灰度的变化，这清晰地显示了列抖动造成的行偏移。乍一看列抖动增加了垂直边缘的噪声，然而仔细看看可以发现，在垂直方向上灰度的变化非常像正弦波。尽管是系统误差，由于正弦波有不同的相位，通过多幅图像平均可以去除，但图像采集卡采集到的边缘的精度有很大下降。

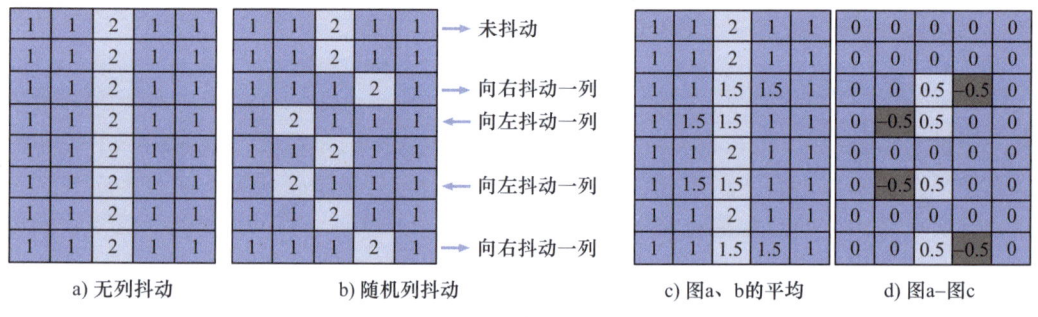

图 8.1-6 竖直边缘发生列抖动的示意图

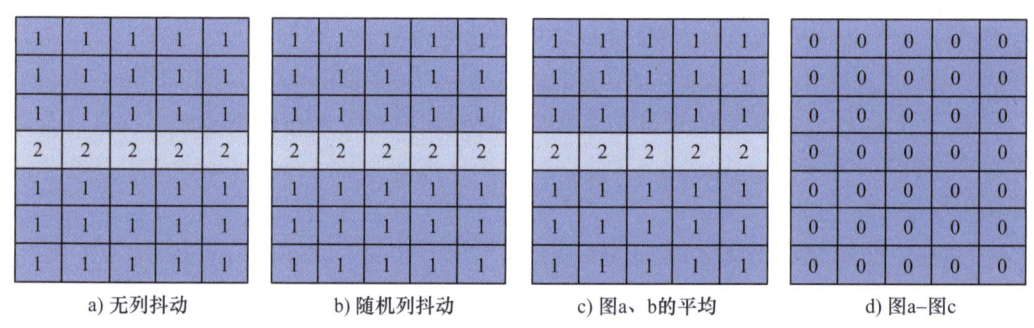

图 8.1-7 水平边缘发生列抖动的示意图

如果相机输出其像素时钟，而且图像采集卡可以使用这个信号，就可以将相机的像素时钟反馈到图像采集卡来避免列抖动和非方像素。然而在这种情况下最好的办法是直接传输数字信号。如图 8.1-8 所示为数字相机数据的传输流程，可以与图 8.1-4 模拟相机数据的传输流程进行对比，以观察其差异。

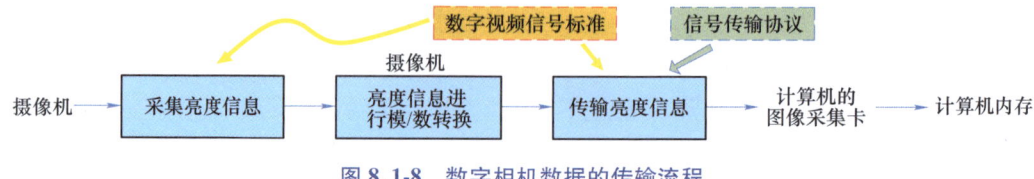

图 8.1-8 数字相机数据的传输流程

8.1.2.2 模拟视频接口

模拟视频接口是模拟视频传输协议中的物理接口部分，常用其指代其相应的整个模拟视频传输协议（包括物理接口和信号传输规范/规定两部分）。常见的模拟视频接口如图 8.1-9 所示。下面对其中一些常见接口进行介绍。

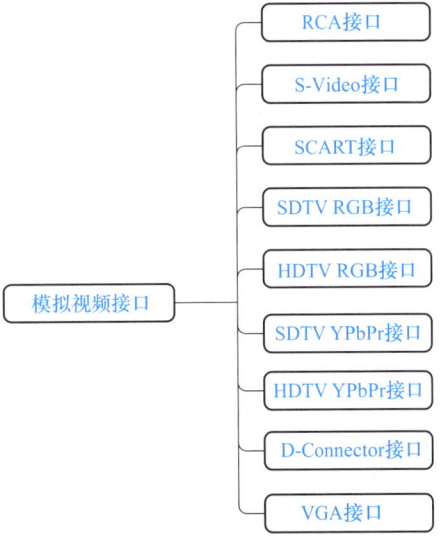

图 8.1-9　常见的模拟视频接口

1. RCA 接口

RCA 接口（RCA Interface），又称 RCA 端子（RCA Jack/RCA Connector），俗称梅花头、莲花头，是一种应用广泛的端子，可以应用的场合包括了模拟视频/音频、数字音频与色差分量传输等。图 8.1-10 所示为一种 RCA 接口，常称为 AV 端子（三色线）。其中黄色线是视频线，传输的是模拟复合视频（因此只需要一根线）；白色和红色是音频线，分别是左声道和右声道（左白，右红）。使用 RCA 端子时，亮度信号 Y 和色度信号 C 是在一起的，显示时需要将两者分离，但是它的分离并不完美。

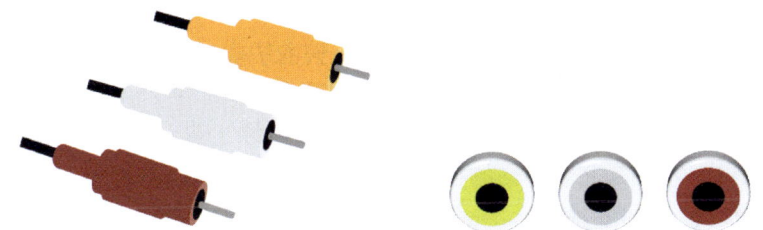

图 8.1-10　RCA 接口（左、右两侧分别为接口的两端连接端子）

2. S-Video 接口

S-Video 接口也是非常常见的接口，其全称是 Separate Video。S-Video 是由日本人开发的，S 指的是分离，它将亮度和色度分离输出，避免了混合视频信号输出时亮度和色度的相互干扰。S-Video 端子是日本人在 AV 端子的基础上改进而来，同 AV 接口相比，由于它不再进行 Y/C 混合传输，因此也就无需再进行亮色分离和解码工作，而且使用各自独立的传输通道，在很大程度上避免了视频设备内信号串扰而产生的图像失真，极大地提高了图像的清晰度。但 S-Video 仍要将两路色差信号 Cr 和 Cb 混合为一路色度信号 C 进行传输，然后再在显示设备内解码为 Cb 和 Cr 进行处理，这样多少仍会带来一定信号损失而产生失真（这种失真很小，但在严格的广播级视频设备下进行测试时仍能发现）。而且由于 Cr 和 Cb 的混合导致色度信号的带宽也有一定的限制，所以 S-Video 虽然已经比较优秀，但离完美还相差甚远。S-Video 虽不是最好的，但考虑到目前的市场状况和综合成本等其他因素，它还是应用最普遍的视频接口之一。

S-Video 主要在美国、日本等 NTSC 制国家中使用。常见 S-Video 接口有 4 引脚、7 引脚和 9 引脚，如图 8.1-11 所示为 S-Video 母连接头，S-Video 各引脚的功能见表 8.1-2。其中，7 引脚形式的接口中，5、6、7 引脚根据生产厂家不同，传输的信号会有不同，表中仅列出了其中的一种情况。

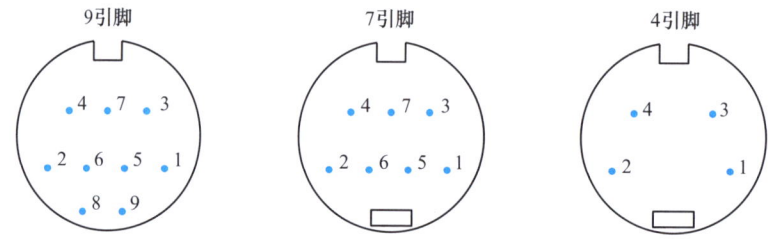

图 8.1-11　S-Video 母连接头

表 8.1-2　S-Video 各引脚的功能

引脚	1	2	3	4	5	6	7	8	9
9 引脚	GND（亮度接地）	GND（色度接地）	Y（亮度）	Pr（红色差）	—	V（复合视频信号）	（复合接地）	Pb（蓝色差）	GND（蓝色差接地）
7 引脚	GND（亮度接地）	GND（色度接地）	Y	C（色度）	—	V（复合视频信号）	（复合接地）	—	—
4 引脚	GND（亮度接地）	GND（色度接地）	Y	C	—	—	—	—	—

3. SDTV/HDTV RGB 接口

SDTV RGB 接口（SDTV/HDTV RGB Interface）使用三个 RCA 梅花连接头，传输模拟 RGB 信号，如图 8.1-12 所示，连接头的颜色分别为红、绿、蓝，而之前介绍的 RCA 端子使用的是黄、白、红，它们是完全不同的接口，传输不同的信号，注意区分。

4. SDTV/HDTV YPbPr 接口

SDTV YPbPr 接口（SDTV/HDTV YPbPr Interface）使用三个 RCA 梅花连接头，传输模拟 YPbPr 信号，如图 8.1-13 所示。因为人眼对绿色最敏感，因此 Y 一般用绿色表示，也可以理解成 Pb、Pr 分别是蓝色色差分量、红色色差分量，所以分别用蓝色和红色表示，剩下的亮度就用绿色表示了。

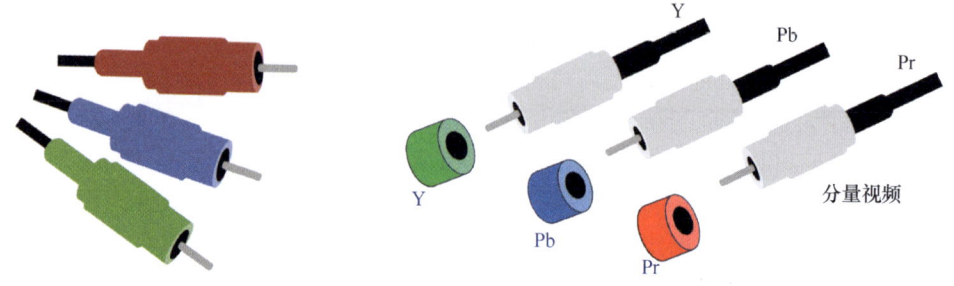

图 8.1-12　SDTV RGB 接口　　　　　图 8.1-13　SDTV YPbPr 接口

5. VGA 接口

VGA（Video Graphics Array）视频图形阵列是 IBM 公司于 1987 年提出的一个使用模拟信

号的电脑显示标准。VGA 接口即电脑采用 VGA 标准输出数据的专用接口。VGA 接口共有 15 个引脚，分成 3 排，每排 5 个孔。VGA 是显卡上应用最为广泛的接口类型，绝大多数显卡都带有此种接口。它传输红、绿、蓝模拟信号及同步信号（水平和垂直信号）。VGA 接口不可以进行热插拔，如果经常进行热插拔可能会损坏显卡或显示器接口。15 引脚 VGA 接口中，显卡端的接口为 15 引脚母插座，显示器连接线端为 15 引脚公插头，VGA 接口如图 8.1-14 所示。对于显卡端的母插座，如果右上为第 1 引脚，左下为第 15 引脚，则 VGA 各个引脚的定义见表 8.1-3。

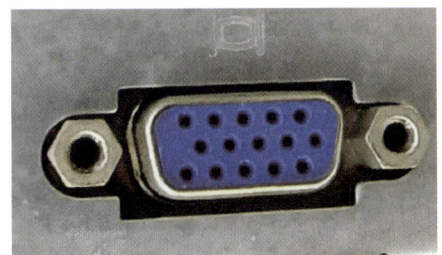

图 8.1-14　VGA 接口（左、右侧分别为 VGA 线的母插头、公插头）

表 8.1-3　VGA 各个引脚的定义

引脚号	符号	定义
1	RED	红信号（75Ω，0.7V_{PP}）
2	GREEN	绿信号（75Ω，0.7V_{PP}）/单色灰度信号（单显）
3	BLUE	蓝信号（75Ω，0.7V_{PP}）
4	RES	保留
5	GND	自检端，接 PC 地
6	RGND	红接地
7	GGND	绿接地
8	BGND	蓝接地
9	NC/DDC5V	未用/DDC5V
10	SGND	同步接地
11	ID	彩色显示器检测使用
12	ID/SDA	单色显示器检测/串行数据 SDA
13	HSync/CSync	行同步信号/复合同步信号
14	VSync	场同步信号
15	ID/SCL	显示器检测/串行时钟

表 8.1-3 中，1、2、3 引脚输出 R、G、B 模拟信号，峰值为 0.7V_{PP}(Voltage Peak-Peak，峰峰值）。VGA(SVGA) 显卡既可驱动彩色 CRT 显示器和液晶显示器，也可驱动单色 CRT 显示器，是根据 11、12 引脚的接地情况来检测的。当然，不同的显示器要在接口信号上做些处理，在单色 CRT 显示器的接口信号中，第 11 引脚悬空，第 12 引脚悬空或作为 I2C 总线的串行数据线。显卡检测出为单色 CRT 显示器时，把绿基色通道作为视频信号输出。接口

的 13 引脚为行同步信号/复合同步信号输入端，极性随显示模式的不同有所不同，采用 TTL 电平（Transistor-Transistor Logic Level，即晶体管-晶体管逻辑电平），TTL 是一种数字逻辑电路标准，用于定义逻辑高低电平的电压范围。TTL 是一种广泛使用的逻辑系列，尤其在早期的计算机和数字电路中。在 TTL 电平中，逻辑"1"（高电平）通常定义为一个较高电压，而逻辑"0"（低电平）则定义为一个较低电压。具体的电压值可能因不同的 TTL 系列而异，但一般而言，逻辑"1"（高电平）的电压范围大约在 2.4~5V，通常在 3.3V 以上被认为是高电平；逻辑"0"（低电平）的电压范围大约在 0~0.8V，通常在 0.8V 以下被认为是低电平。接口的 14 引脚为场同步信号输入端，极性随显示模式的不同有所不同，采用 17L 电平。17L 电平通常是指 1.7V 低电压 CMOS(Low Voltage CMOS) 电平标准，这是一种数字电路的电压标准。在 1.7V LVCMOS 电平标准中，逻辑"1"（高电平）的电压范围通常定义为比 1.7V 高，而逻辑"0"（低电平）的电压范围通常定义为比 0.7V 低。具体的电压阈值可能会根据不同的制造商和工艺有所不同。显示器同步信号极性的设定是为了使显示器能够识别出输入信号的不同模式，这对早期的模拟 CRT 显示器彩显十分有用。接口的第 9 引脚接 PC 的 5V，使显示器在联机未开机的状态下，通过 9 引脚，利用 PC 的 5V 加到显示器的 CPU 和存储器，能够读取显示器存储器的数据。第 5 引脚为自检端，接 PC 地，用来检测信号电缆连接是否正常。一般来说，当信号电缆连接正常时，显示器通过此端接 PC 地，由于该引脚与显示器的 CPU 的某一引脚相连，经显示器 CPU 检测到低电平后，认为连接正常。

第 2 章我们已经学习过逐行扫描和隔行扫描。VGA 显示器扫描方式即分为逐行扫描和隔行扫描。逐行扫描是从屏幕左上角一点开始，从左向右逐点扫描，每扫描完一行，电子束回到屏幕的左边下一行的起始位置，在这期间，CRT 对电子束进行消隐，每行结束时，用行同步信号进行同步；当扫描完所有的行，形成一帧，用场同步信号进行场同步，并使扫描回到屏幕左上方，同时进行行场消隐，开始下一帧。隔行扫描是指电子束扫描时每隔一行扫一线，完成一屏后再返回来扫描剩下的线。

行场信号共有 4 种模式，即 HSync 和 VSync 的高低状态不同，图 8.1-15 所示为高电平 H 与高电平 V 同步，图 8.1-16 所示为高电平 H 与低电平 V 同步，给出了其中的两种模式。其中 Video 信号不变，只是 HSync 和 VSync 的高低状态不同。行扫描周期分为 6 个部分，即同步（Sync）、后沿（Back Porch）、左边界（Top/Left Border）、有效图像（Addressable Video）、右边界（Bottom/Right Border）、前沿（Front Porch）。场扫描周期也类似，只不过左边界实际为上边界，右边界实际为底边界。当完成扫描之后，图像只会出现在行场有效图像范围内。对应的 VGA 的通信时序如图 8.1-17 所示。

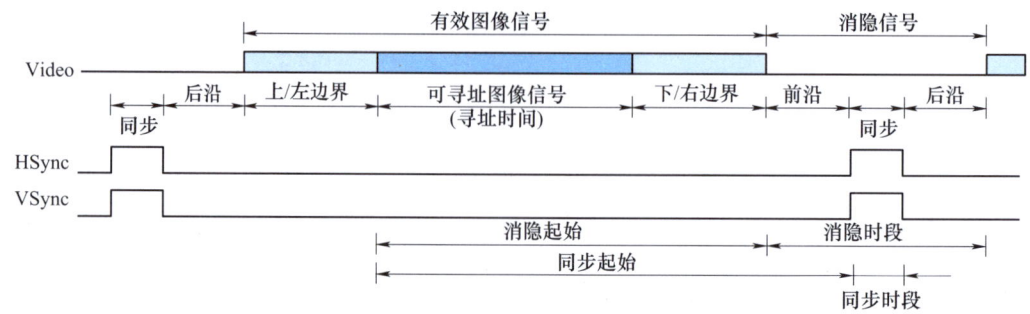

图 8.1-15 高电平 H 与高电平 V 同步

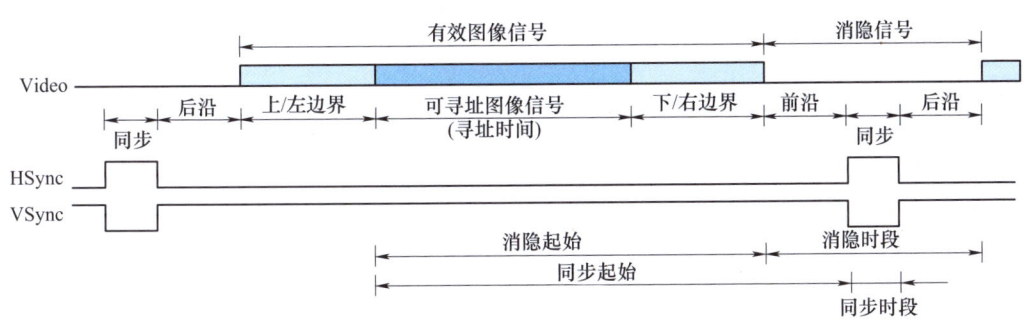

图 8.1-16 高电平 H 与低电平 V 同步

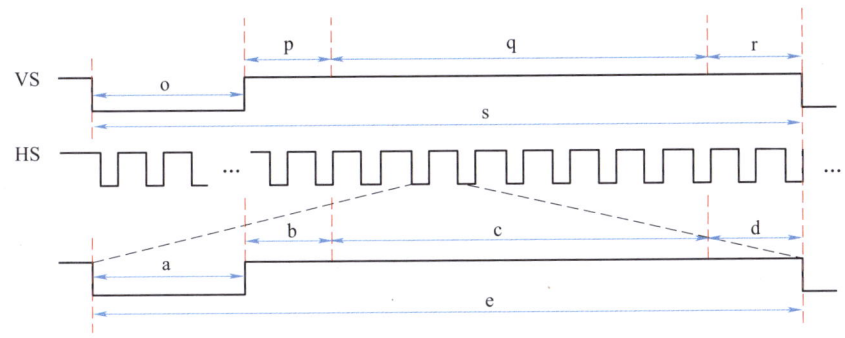

图 8.1-17 VGA 的通信时序图

从 VGA 的时序图中可以看出，帧时序和行时序都可分为 4 个部分。帧时序的 4 个部分分别是同步脉冲（o）、显示后沿（p）、显示时序段（q）和显示前沿（r）。其中同步脉冲（o）、显示后沿（p）和显示前沿（r）是消隐区，RGB 信号无效，屏幕不显示数据，显示数据段（q）是有效数据区。行时序的 4 个部分是同步脉冲（a）、显示后沿（b）、显示时序段（c）和显示前沿（d）。其中同步脉冲（a）、显示后沿（b）、显示前沿（d）是消隐区，RGB 信号无效，屏幕不显示数据，显示时序段（c）是有效数据区。

表 8.1-4 给出了 VGA 常用刷新率时序。表中显示模式 "640×480@60" 中的 640 表示行有效图像的像素点个数为 640 个，480 则表示场有效图像像素点个数，60 是指 VGA 显示器每秒刷新图像 60 次，即显示帧数为 60。640×480=307200，即每一帧图像包含了 307200 个像素点，该显示模式下的工作时钟为 25.175MHz。时钟周期等于行扫描周期×场扫描周期×刷新率。图 8.1-18 给出了显示模式 "640×480@60" 的详细的 VDIF（Video Display Information Format）文件信息。

表 8.1-4 VGA 常用刷新率时序

显示模式	时钟/MHz	行时序（像素数）					帧时序（行数）			
		a	b	c	d	e	o	p	q	r	s
640×480@60	25.175	96	48	640	16	800	2	33	480	10	525
640×480@75	31.5	64	120	640	16	840	3	16	480	1	500
800×600@60	40	128	88	800	40	1056	4	23	600	1	628

179

工 业 相 机 原 理

(续)

显示模式	时钟/MHz	行时序（像素数）							帧时序（行数）		
		a	b	c	d	e	o	p	q	r	s
800×600@60	49.5	80	160	800	16	1056	3	21	600	1	625
1024×768@60	65	136	160	1024	24	1344	6	29	768	3	806
1024×768@75	78.8	176	176	1024	16	1312	3	28	768	1	800
1280×1024@60	108	112	248	1280	48	1688	3	38	1024	1	1066
1280×800@60	83.46	136	200	1280	64	1680	3	24	800	1	828
1440×900@60	106.47	152	232	1440	80	1904	3	28	900	1	932

```
Timing name        =640×480@60Hz
Hor Pixels         =640;         //Pixels
Ver Pixels         =480;         //Lines
Hor Frequency      =31.469;      //kHz     =   31.8usec    /line
Ver Frequency      =59.940;      //Hz      =   16.7msec    /frame
Pixel Clock        =25.175;      //MHz     =   39.7nsec    ±0.5%
Character Width    =8;           //Pixels=   317.8nsec
Scan Type          =NONINTERLACED;                //H Phase=    2.0%
Hor Sync Polarity  =NEGATIVE;    //HBlank=  18.0% of HTotal
Ver Sync Polarity  =NEGATIVE;    //VBlank=   5.5% of HTotal
Hor Total Time     =31.778;      //(usec)=  100     chars=800Pixels
Hor Addr Time      =25.422;      //(usec)=   80     chars=640Pixels
Hor Blank Time     =25.740;      //(usec)=   81     chars=648Pixels
Hor Blank Start    =5.720;       //(usec)=   18     chars=144Pixels
Hor Sync Start     =26.058;      //(usec)=   82     chars=656Pixels
//H Right Border   =0.318;       //(usec)=    1     chars=    8Pixels
//H Front Porch    =0.318;       //(usec)=    1     chars=    8Pixels
Hor Sync Time      =3.813;       //(usec)=   12     chars=   96Pixels
//H Back Porch     =1.589;       //(usec)=    5     chars=   40Pixels
//H Left Border    =0.318;       //(usec)=    1     chars=    8Pixels
Ver Total Time     =16.683;      //(msec)=  525     lines    HT−(1.06xHA)
Ver Addr Time      =15.253;      //(msec)=  480     lines    =4.83
Ver Blank Start    =15.507;      //(msec)=  488     lines
Ver Blank Time     =0.922;       //(msec)=   29     lines
Ver Sync Start     =15.571;      //(msec)=  490     lines
//V Bottom Border  =0.254;       //(msec)=    8     lines
//V Bottom Border  =0.064;       //(msec)=    2     lines
Ver Sync Time      =0.064;       //(msec)=    2     lines
//V Back Porch     =0.794;       //(msec)=   25     lines
//V Top Border     =0.254;       //(msec)=    8     lines
```

图 8.1-18　显示模式"640×480@60"的详细的 VDIF 文件信息

8.2　数字视频信号传输

模拟视频的同步信息，即标志着一行或一帧信号的开始的信息，是包含在信号中的，与

180

其相反，数字视频的同步信息是分离的，表示一帧持续时间的帧有效信号取代了垂直同步信号，典型数字信号如图 8.2-1 所示。同样，表示一行持续时间的行有效信号取代了水平同步信号。像素时钟是独立传输的，避免了上节所述的模拟视频的所有问题，

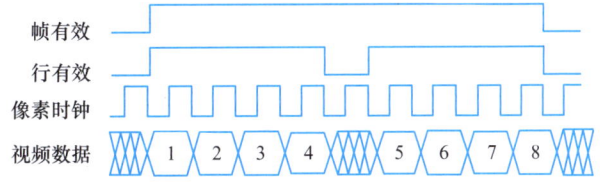

图 8.2-1　典型数字信号（与模拟信号不同，数字视频的同步信息通过帧有效、行有效和像素时钟信号直接表达）

如列抖动、非方像素。对于数字相机，图像上像素的宽高比和相机中的像素的宽高比相同（如 EIA-170 模拟标准中相机中行为 525，图像行为 480，是不一致的）而且不产生列抖动。

为了生成数字视频信号，相机会将传感器输出的电压进行模/数转换，然后将产生的数值串行或并行地传输到图像采集卡。直到 21 世纪初，机器视觉工业没有任何标准，甚至连相机与图像采集卡的物理连接接口标准都没有，更别提数字视频输出的标准了。相机生产厂商使用多种不同的接插件，使得为图像采集卡厂商生产线缆的工作非常繁重，同时线缆也极其昂贵。直到后来 Camera Link 规范的推出，以及后续的 IEEE 1394 规范、USB 规范及千兆网规范。本节将对这些数字视频信号规范进行介绍。

8.2.1　Camera Link

2000 年 10 月 Camera Link 规范的推出解决了连接问题，它定义了 26 引脚 MDR（Mini Delta Ribbon）连接器作为标准接插件（Connector），Camera Link 连接器如图 8.2-2 所示。目前 Camera Link 规范的最新版本是 Camera Link HS（High Speed），它在 2012 年推出。

Camera Link 规范不仅定义了接插件，还定义了数字信号的物理传输方式。其基本技术是低电压差分信号（Low Voltage Differential Signaling，LVDS）技术。LVDS 传输两个不同的电压，在接收端进行比较。两条线上的电压差异值对应不同的信息编码。因此对于一个信号需要两根电缆。LVDS 的最大优点是传输速度非常高。

图 8.2-2　Camera Link 连接器

Camera Link 是基于 Channel Link 提出的。Channel Link 最初是将视频信号传输到平板显示器的解决方案，后来用于通用的数据传输。Camera Link 由驱动器和接收器对组成。驱动器是相机上的一个芯片，可以接收 28 个单向的数据信号和一个单向的时钟信号，将数据按 7∶1 串行输出，也就是将 28 个数据信号用 4 对信号线按 LVDS 传输。因为使用 LVDS 技术，一个信号需要 2 根线，所以是 4 对线，而不是 4 根线。时钟信号通过第 5 对信号线传输。

接收器是在图像采集卡上的类似的芯片，接收 4 组信号数据和时钟信号，还原成 28 个数据信号。Camera Link 规定了 28 个数据中有 4 个有效信号，分别为帧有效、行有效、数据有效及一个备用信号。因此，剩下的 24 位数据可以使用同一芯片传输，芯片传输速度可达 85MHz，因此数据传输率可达 255MB/s。Camera Link 规范还定义了 4 对 LVDS 用于一般相机控制，如外触发等。如何使用这些信号取决于相机生产厂商。另外还有 2 对 LVDS 信号用于设置相机，与相机做双向通信。很遗憾，这个标准将相机设置协议留给了相机厂商。所有上述信号由一个 MDR 接插件传输。

综上，Camera Link 包括了 4 对数据信号线、1 对时钟信号线、4 对控制信号线，以及 2

对相机设置信号线，共 11 对信号线。那么对于 26 引脚的 Camera Link 接口，其另外 2 对线均为接地线。

以上配置称作基本配置，又称为 Base 模式。Camera Link 规范还为更高数据量定义了另外两种配置。实现这两种配置需要另外一个 MDR。如果加上第二个驱动-接收芯片组对，就可以传输另外 24 位数据和 4 个有效信号，使得最大传输速率可达 510Mbit/s。如果加上第三个驱动-接收芯片组对，就可以传输另外 16 位数据和 4 个有效信号，使得最大传输速率可达 680Mbit/s。

Camera Link 规范成为包含线阵相机、高速或高分辨率面阵相机在内的高速数字图像采集的标准。同时，这一标准也有一个缺点就是过于强大，使得计算机端需要额外的图像采集卡来完成数据重构，这就使得应用的成本增加。下面对 Camera Link 接口硬件和时序进行进一步介绍。

1. Camera Link 接口硬件

Camera Link 拥有三种基本连接模式：Base 模式、Medium 模式和 Full 模式，根据不同的模式，在硬件上该接口有不同的连接方式。Base 模式只有一个接口，Medium 模式有两个，Full 模式有 3 个。26 引脚 Camera Link 硬件接口如图 8.2-3 所示。

每个 Camera Link 接口信号共有 11 对差分信号，包含了视频数据时钟信号（1 对）、相机控制信号（4 对）、串行通信信号（2 对）、视频数据信号（4 对）。图 8.2-3 中，X0~X3 差分信号是相机数据信号；CC1~CC4 差分信号是相

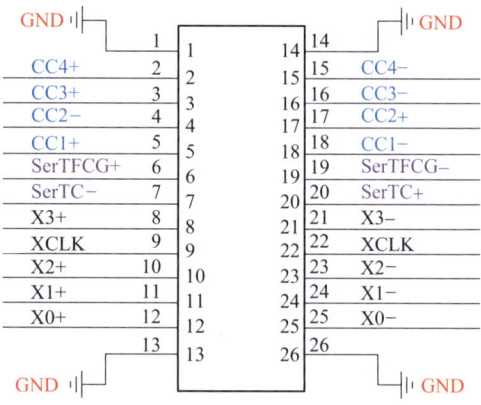

图 8.2-3　26 引脚 Camera Link 硬件接口

机控制信号，其中包含了视频帧同步、行同步数据、有效掩码等视频流控制信号。SerTC、SerTFCG 差分信号是串行通信信号，和常用的 422 串口 UART（Universal Asynchronous Receiver/Transmitter）通信基本相同。

2. Camera Link 数据发送时序

以 Base 模式为例，发送时序总结来说是一个 xCLK 时钟通过 4 条数据差分线 X0~X3 发送 28 位数，这 28 位数包含视频像素数据和帧同步、行同步等。Camera Link 数据发送时序如图 8.2-4 所示。

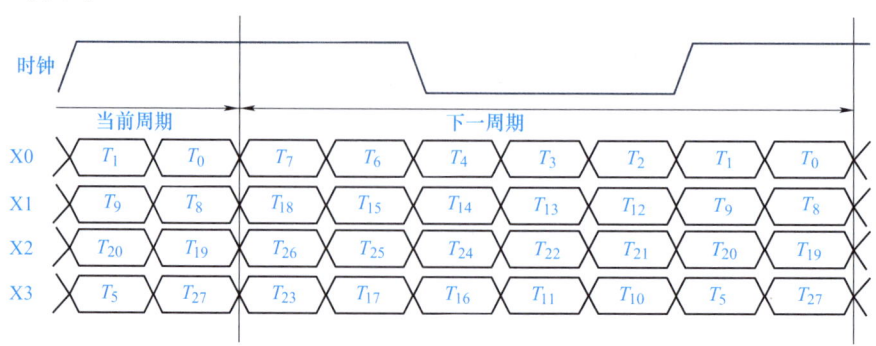

图 8.2-4　Camera Link 数据发送时序

第 8 章　工业相机与计算机的数据传输

电信号与像素数据对应的映射关系（即图 8.2-4 中电信号 $T_0 \sim T_{27}$ 与像素数据的对应关系）见表 8.2-1。

表 8.2-1　电信号与像素数据对应的映射关系

电信号	像素数据	电信号	像素数据	电信号	像素数据
T_{24}	LVAL	T_6	端口 A5	T_{16}	端口 C6
T_{25}	FVAL	T_{27}	端口 A6	T_{17}	端口 C7
T_{26}	DVAL	T_5	端口 A7	T_{10}	端口 B6
T_{23}	Spare	T_7	端口 B0	T_{11}	端口 B7
T_0	端口 A0	T_8	端口 B1	T_{15}	端口 C0
T_1	端口 A1	T_9	端口 B2	T_{18}	端口 C1
T_2	端口 A2	T_{12}	端口 B3	T_{19}	端口 C2
T_3	端口 A3	T_{13}	端口 B4	T_{20}	端口 C3
T_4	端口 A4	T_{14}	端口 B5	T_{21}	端口 C4
				T_{22}	端口 C5

表 8.2-1 中，FVAL 代表帧同步，帧有效时为高；LVAL 代表行同步，每行像素数据有效时为高；端口 A、B、C 分为三个 8 位的像素数据，以端口 A 为例，端口 A1 表示端口 A 这一 8 位像素数据中的第一位，端口 A2 表示端口 A 这一 8 位像素数据中的第二位，依此类推。根据相机帧率，像素位数可以选择一个时钟发送 1 个像素或多个像素。在图 8.2-4 中情况下，一个时钟可以发送 3 个像素数据，分别是端口 A、端口 B、端口 C。发送多个像素就会用到多个端口，用到端口较多时就需要用到多个接口的 Medium 模式和 Full 模式。根据以上描述的视频数据对应关系、数据发送时序，已经可以知道相机视频数据是如何通过 Camera Link 对外发送的。

总结而言，Camera Link 数据接口协议于 2000 年由美国自动化成像协会（AIA）制定。Camera Link 是一种基于 Channel Link 非封包式协议，仍为最简单的相机/图像采集卡互联标准。协议规定了包括 Mini Camera Link 连接件、Powerover Camera Link（PoCL）、PoCL-Lite（支持 Base 配置的最小化 PoCL 接口）和电缆性能规范。具有实时、无延迟的特点。除常见的 Base、Medium、Full 模式外，Camera Link 还可工作在 Lite 模式，并且已经开发出高速的 Deca(80bit) 模式，这是一种扩展模式，通常需要 4 块 Channel Link 芯片，同样使用 2 个 MDR 连接器，支持最多 80 个数据位的传输，最大传输带宽约为 850MB/s。Camera Link 的 5 种配置见表 8.2-2。Camera Link 支持多相机同时连接工作，Camera Link 相机的单/多相机连接工作示意如图 8.2-5 所示。

表 8.2-2　Camera Link 的 5 种配置

配置	支持的端口	芯片数	连接器数量
精简（Lite, 10bits）	A, B	1	1
基础（Base）	A, B, C	1	1
中等（Medium）	A, B, C, D, E, F	2	2
完全（Full, 64bits）	A, B, C, D, E, F, G, H	3	2
德卡（Deca, 80bits）	A, B, C, D, E, F, G, H, I, J	4	2

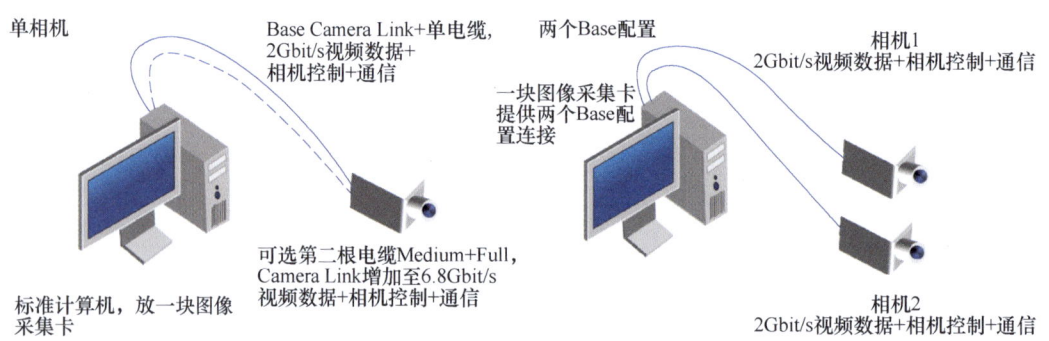

图 8.2-5　Camera Link 相机的单/多相机连接工作示意图

8.2.2　IEEE 1394

IEEE 1394 又称作火线（Fire Wire）接口，是由苹果（Apple）公司和 TI 公司开发的高速串行接口标准（High-Speed Serial Bus System）。最初的 IEEE 1394 标准颁布于 1995 年，规定数据量（数据速率，Data Rate）为 93.304Mbit/s、196.608Mbit/s、393.216Mbit/s，也就是 12.288MB/s、24.576MB/s 和 49.152MB/s。该标准的附录中规定这些数据速率被称为 100、200 和 400Mbit/s。

IEEE 1394 使用 6 引脚接插件（插口），6 引脚 IEEE 1394 线缆公头如图 8.2-6 所示，最早由苹果公司开发，IEEE 1394 火线线缆使用了铝箔和编织双屏蔽，最大限度防止电磁干扰/射频干扰。模制的后壳为电缆入口点提供了耐用性，提高了强度。数据传输时使用 2 对双绞线（Twisted-Pair Wires）传输信号，一根用于电源、另外一根电缆用于地线。因此，对于低功耗产品可以直接使用电缆提供的电源而不需要额外的电源。IEEE 1394 标准还定义了带锁固的接插件，这对于工业应用非常重要，锁固的电缆防止了电缆线意外脱开。自锁型 6 引脚 IEEE 1394 线缆公头如图 8.2-7 所示，自锁连接器提供机械保持力以接合连接器，确保每次都能可靠连接，可通过压低释放机构轻松分离连接器，并且配置了镀金触点，为重复插配提供可靠连接。

图 8.2-6　6 引脚 IEEE 1394 线缆公头　　　图 8.2-7　自锁型 6 引脚 IEEE 1394 线缆公头

IEEE 1394a（接口）为标准中增加了其他类别，包括不含电源的 4 引脚连接方式，4 引脚型 IEEE 1394 线缆连接器如图 8.2-8 所示，是索尼（Sony）公司在苹果公司开发的 IEEE 1394 6 引脚接口的基础上，看中了它数据传输速率快的特点，将早期的 6 引脚接口进行改良，重新设计成为现在大家所常见的 4 引脚接口，并且命名为 iLINK。最新版本 IEEE 1394b 接口定义了 800Mbit/s 和 1600Mbit/s 数据速率及用于 3200Mbit/s 的结构（实际上是 93.304Mbit/s 的倍数）。到了 2008 年，IEEE 1394 开始推广 9 引脚型线缆，主要是为了迎接 USB 3.0 规格的挑战，9 引脚 IEEE 1394b 线缆公头如图 8.2-9 所示，同时也对 9 引脚接插件和光缆接口及电缆作了规定。

图 8.2-8　4 引脚 IEEE 1394 线缆连接器

图 8.2-9　9 引脚 IEEE 1394b 线缆公头

由于 IEEE 1394 标准并非是针对机器视觉应用而制定的，1394 行业协会中的关于数字相机的工作组（1394 Trade Association Instrumentation and Industrial Control Working Group, Digital Camera Sub Working Group）专门针对 IEEE 1394 标准在工业相机上的应用进行了修订，修订后的标准常称作 IIDC。IIDC 标准定义了多种视频格式，包括分辨率、帧率及传输的像素数据格式。IIDC 标准中的分辨率从 160×120 到 1600×1200。帧率从每秒 3.5 帧到每秒 240 帧。像素数据格式包括黑白（每像素 8 位和 16 位），RGB（每通道 8 位和 16 位，也就是每个像素 24 位和 48 位），不同色度压缩比率的 YUV（4∶1∶1，每像素 12 位；4∶2∶2，每像素 16 位；4∶4∶4，每像素 24 位）及原始 Bayer 图像（每像素 8 位和 16 位）。以上每种分辨率、帧率和数据格式并不是可以随意组合的。另外，IIDC 还规定了标准的方法来控制相机的设置，如曝光时间（IIDC 中称为快门）、光圈、增益、外触发、外触发延时及相机的上、下、左、右旋转（Pan-Tilt）等。

IEEE 1394 定义了异步（Asynchronous）传输和等时（Isochronous）传输两种数据传输模式。异步传输使用数据应答包（Data Acknowledge Packets）技术来保障每包数据都能被正确接收。如果需要，整包数据可以重新传输。但是异步传输模式不能为数据保证一个固定的传输带宽，因此不用于传输数字视频信号。等时传输正好相反，可以保证所需的传输带宽，但是不能保证接收到的数据都是正确无误的。

等时传输模式时，每个设备都申请一定的带宽。总线上的设备，通常是 IEEE 1394 设备连接的计算机，充当周期控制器，周期控制器每 125μs 发出一个周期开始的请求。在每个周期中，保障每个申请固定带宽的设备传输一个数据包。大约总带宽的 80% 用于传输等时数据，其他带宽用于异步数据和控制信号的传输。对于 100Mbit/s，每个周期最大的有效等时数据包长为 1024B，并与总线速度成正比。也就是对于 400Mbit/s，等时数据包长最大为 4096B。图 8.2-10 所示为一个总线上接两台等时传输设备。

IIDC 标准使用异步模式来传输与相机间往来的控制信号。相机使用等时传输来发送数字视频信号。由于相机受限于最大有效等时数据包长，对于 400Mbit/s 的总线速度，相机能

工 业 相 机 原 理

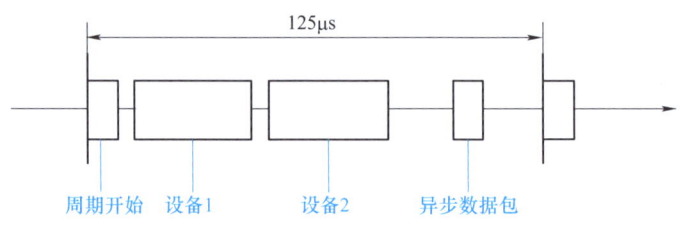

图 8.2-10　一个总线上接两台等时传输设备（IEEE 1394 的一个数据传输周期，当周期控制器发出周期开始请求时一个周期开始。每一个等时传输设备可以发送一定大小的数据包，周期的其他时间用于异步数据包传输。）

传输的最大速率为 31.25MB/s。因此，对于 640×480 的图像，400Mbit/s 的总线可以支持的最高帧率为 106 帧/s。如果同时连接多个相机采集图像，帧率会相应下降。

IEEE 1394 虽然退出了主流地位，不过在一些专业的工业领域，仍然是必备连接线缆之一。IEEE 1394 卡像 USB 一样只是通用接口，而不是视频捕捉卡。IEEE 1394 相对于同时代的其他传输线缆，有很大的优势，包括：IEEE：1394 接口同 USB 一样，也支持外设热插拔，可为外设提供电源；省去了外设自带的电源；能连接多个不同设备，支持同步数据传输，以数字形式传输数据，更好的兼容性（与 SCSI、RS232、IEEE 1284 等接口都兼容）；接头较小易于安装。

8.2.3　USB

通用串行总线（Universal Serial Bus，USB）的初衷是取代各种串口和并口，因此，当在 1996 年发布 USB1.0 规范时，它被设计成支持较低的传输速率 1.5Mbit/s 和 12Mbit/s(Megabits Per Second，即每秒传输兆比特)，也就是 0.1875MB/s 和 1.5MB/s。

USB 访问外围设备，如键盘、鼠标和大容量存储设备的速度一般，访问扫描仪的速度较慢；而对于像网络相机（或称网络摄像头），如图 8.2-11 所示，这种视频设备只能采集低分辨率和低帧率的图像。网络摄像头是监控器的一种，只不过网络摄像头是在传统的监控器上面增加了与互联网结合的功能。只要标准的网络浏览器（如 Microsoft IE 或 Netscape），即可监视其影像。

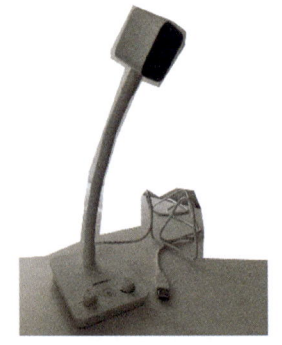

图 8.2-11　USB 网络摄像头

最新版本 USB2.0 支持的传输速率可高达 480Mbit/s(60MB/s)，对机器视觉有很大的吸引力。USB 使用 4 引脚接插件，如图 8.2-12，一对电缆用于信号传输，另外两根电缆分别用于电源和地线，USB 接口线缆如图 8.2-12 所示。因此，对于低功耗产品可以不外接电源。没有锁紧插头或其他固定防止电缆意外脱落的规范。

图 8.2-12　USB 接口线缆

USB 中有视频类规范，目的在于规范支持视频流的网络相机、数字便携式相机、模拟视频转换器、模拟和数字电视调谐器、数字照相机。但此规范并不包括机器视觉的要

186

求和需求。因此，机器视觉的 USB 相机厂商通常使用自己的传输协议和设备驱动来传输图像。

USB 是轮询总线，每个总线都有一个主控制器发起所有的数据传输，通常为与设备连接的计算机端的 USB 设备。当一个设备接到总线上时，就会从主控制器申请一定的带宽。主控制器周期性查询所有设备。连接的设备可以响应需要传输的数据或没有数据需要传输。

USB 体系结构定义了 4 种数据传输类型。

1）控制传输（Control Transfers），用于设备首次接到总线时的配置。

2）批量传输（Bulk Data Transfers），通常用于打印机、传真机等大量数据传输，批量传输带宽为其他三种传输类型剩余的带宽。

3）中断传输（Interrupt Data Transfers），为有限延时传输，通常有事件通知，如键盘和鼠标的输入。对于以上三种传输模式，数据不会有丢失的情况。

4）等时传输（Isochronous Data Transfers），可以使用预先商定的 USB 带宽和预先商定的传输延时。为了达到要求的带宽，数据包可以有传输错误，也可以被丢掉，而且不会重传数据修正错误。视频数据常用等时传输方式或批量传输方式。

USB2.0 将时间分成 125μs 的块，称作微帧（Microframes）。每个微帧最多 20% 留作控制传输，最多 80% 可分配作周期（等时和中断）传输，剩余带宽用于批量传输。对于等时传输，每个端点每微帧可以申请 3 个 1024B 大小的带宽。

在 USB 规范中，每个端点定义为 USB 设备唯一可寻址部分，是主机与设备间通信的信息源或接收源。端点可以简单理解为就是一个 USB 设备。等时传输一个端点的最大速率为 192Mbit/s(即 24MB/s)，因此，对于 640×480 分辨率的相机，一个 USB2.0 端点支持的最大帧率为 78 帧/s。为了超越这一限制，相机可以定义多个端点。

如果数据传输率的保障不重要，相机可以使用批量传输，尝试发送更多数据或者整块数据。由于批量传输不受每个微帧特定数量数据包的限制，当总线上没有其他设备申请带宽时，批量传输可以得到较高的数据传输率。

USB3.0 工业相机的理论传输速率高达 5Gbit/s(625MB/s)，是 USB2.0 的 10 倍以上，能够轻松应对高清视频的传输需求。USB2.0 工业相机通常为白色或黑色接口，采用 4 引脚设计。USB3.0 工业相机则通常是蓝色接口，采用 9 引脚设计，额外的引脚为高速传输提供了更好的支持。USB2.0 摄像头模组最大电流为 500mA，供电能力相对较弱，可能无法满足一些功耗较高的摄像头需求。USB3.0 接口的供电能力更强，可以更好地支持高功耗的摄像头。USB2.0 接口的工业相机是目前最为普通的类型，几乎所有电脑都配置有 USB2.0 接口，方便连接。USB3.0 接口正在成为新一代电脑和电子产品的标准接口，传输速度更快，但需要相应的 USB3.0 接口支持。

总结而言，USB 数据接口的发展经历了从 1.0、2.0 到目前的 3.0 版本的过程。USB 数据接口具有向下兼容的特点。USB3.0 速度为 USB2.0 的 10 倍，等时传输带宽达到 400MB/s。后续传输速率在 USB3.1 扩展至 10Gbit/s，USB3.2 扩展至 20Gbit/s。USB 铜线线缆长度为 3~5m，有源铜线长度可大于 8m，多模光纤线缆可达 100m，可用于并使用相关视觉协议，支持 GenICam（相机通用接口）协议，支持同时多相机连接工作，USB 相机的多相机连接工作示意如图 8.2-13 所示。

8.2.4 千兆网

20世纪70年代，人们发明了作为局域网（LAN）物理层的以太网。以太网技术指的是由 Xerox 公司创建并由 Xerox、Intel 和 DEC 公司联合开发的基带局域网规范，是当今现有局域网采用的最通用的通信协议标准。该标准定义了在局域网中采用的电缆类型和信号处理方法。最初实验性的以太网可以提供 2.94Mbit/s 的速率。1985年，以太网第一次被标准化为

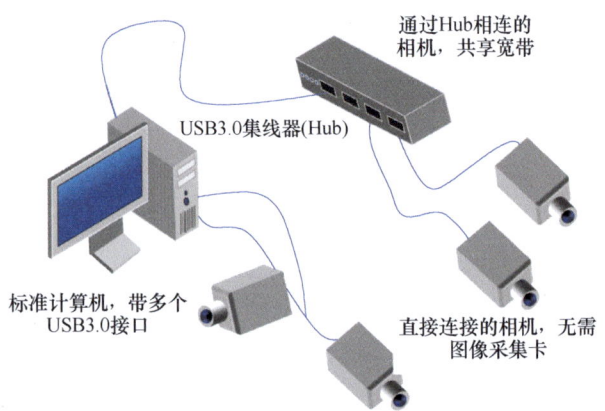

图 8.2-13　USB 相机的多相机连接工作示意图

10Mbit/s。目前以太网标准 IEEE 802.3 定义了速率为 10Mbit/s，100Mbit/s（高速以太网）、1Gbit/s(Gigabit Ethernet，即千兆以太网，简称千兆网）和 10Gbit/s。10Base-T（双绞线以太网）由于其低成本、高可靠性及 10Mbit/s 的速率而成为应用最广泛的以太网技术。目前千兆网也被广泛使用，几乎被用作所有局域网的物理层，千兆以太网被广泛应用及其高速率对机器视觉很有吸引力；另外一个吸引人的地方就是由于被广泛使用，所以其电缆、接插件便宜且容易得到。千兆网的缺点是电缆上没有电源，因此相机需要额外的电源线。

IEEE 1394 和 USB 都是即插即用总线，也就是设备可以自动在总线上宣布存在，并且有标准方式来描述设备本身，但是对于以太网就没有这么简单了。第一个障碍就是当相机连接到网络时，必须获取 IP 地址。GigE Vision 相机通过动态主机配置协议（Dynamic Host Configuration Protocol，DHCP）或链路本地地址动态配置（the dynamic configuration of Link-Local Addresses，LLA）来获取 IP 地址。还有一种可能就是在相机中存储一个 IP 地址。DHCP 要求相机以太网介质访问控制层地址 MAC 输入到 DHCP 服务器。LLA 要求特殊的子网地址范围，因此有可能需要重新配置整个网络。机器视觉应用可以通过称作设备枚举的过程查询到与以太网连接的相机，相机必须向以太网发出特殊的 UDP 广播信息，然后收集相机的响应。

GigE Vision 定义了称作 GVCP(GigE Vision 控制协议) 的以太网应用层协议（对应于 HTTP）来控制相机。GigE Vision 是由美国自动成像协会（Automated Image Association，AIA）制定的通信协议，用来实现在机器视觉领域利用千兆以太网接口进行图像的高速传输。该标准是基于 UDP 协议，与普通网络数据包不同之处在于应用层协议，应用层协议采用 GVCP 和 GVSP(GigE Vision 流传输协议)，分别用来对相机进行配置和数据流的传输。图像采集系统软件的实现就是基于这两种协议。图 8.2-14 所示为三种网络协议（OSI、TCP/IP 协议和 GigE Vision 协议）的对比。

GigE Vision 定义了主机如何发现、控制千兆以太网相机及从一个或多个 GigE 相机采集图像。GigE Vision 标准充分利用千兆以太网的几个特征。

1) 采用 5 类双绞线（Cat.5）。Cat.5 是一种常用于数据传输的网络线缆，其传输频率通常为 100MHz，主要用于 100Base-T 和 10Base-T 网络，即快速以太网和以太网；成本低，无需集线器就可以传输 100m，传输带宽高达 125MByte/s。

2) 网络化。组建一个网络，可以从多个相机采集图像，所有相机共享同一个带宽。

第 8 章 工业相机与计算机的数据传输

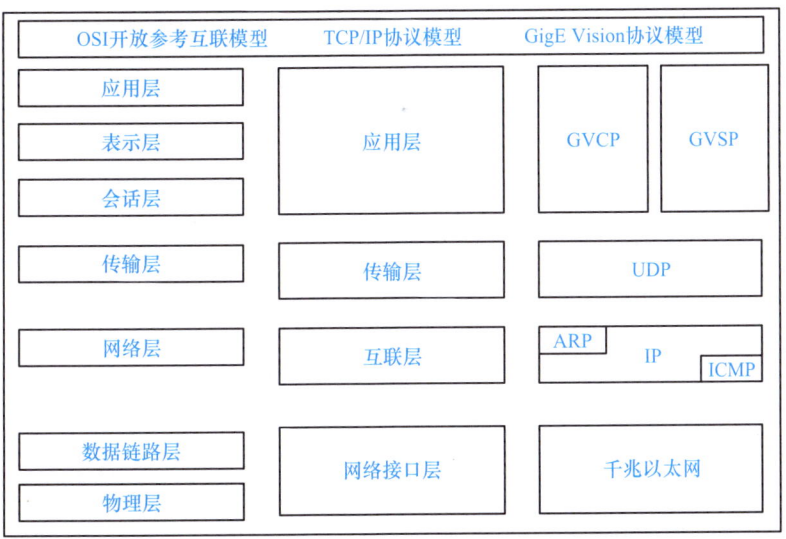

图 8.2-14 三种网络协议的对比

3）支持巨帧模式。GigE Vision 相机几乎都支持巨帧模式，运行数据包大小为 9014B，传输大容量数据包效率高。

当一个 GigE Vision 设备上电后，它会尝试按照下面的顺序获得 IP 地址。

1）固定 IP。如果分配了固定 IP，将会采用该 IP 地址。

2）DHCP 服务器。如果没有被分配 IP 地址，它将在网络上搜索 DHCP 服务器，并请求分配 IP 地址。DHCP 是一个局域网的网络协议，指的是由服务器控制一段 IP 地址范围，客户机登录服务器时就可以自动获得服务器分配的 IP 地址和子网掩码。担任 DHCP 服务器的计算机需要安装 TCP/IP 协议，并为其设置静态 IP 地址、子网掩码、默认网关等。DHCP 是由互联网工程任务组（Internet Engineering Task Force，IETF）开发设计的，于 1993 年 10 月成为标准协议，其前身是引导程序协议（Bootstrap Protocol，BOOTP）。

3）如果上述两种方法都失败，它将自动假设一个 169.254.x.x 的 IP 地址，然后查询网络中该 IP 地址是否被占用，如果没有，则使用该 IP，否则，重复该过程，直到找到一个没有被占用的 IP 地址。

由于相机可能在任何时候加入到网络中，所以驱动器必须有一些方法来搜索新的相机。为了实现该功能，驱动器会周期性地向网络中广播一个搜索消息包，每个兼容 GigE Vision 的相机在收到该消息后都用自己的 IP 地址进行应答。相机搜索过程如图 8.2-15 所示，主机应用程序以广播的方式向网络中发送搜索消息帧，该消息帧中包含主机的 MAC 地址和 IP 地址。网络中的所有 GigE 设备一直在 GVCP 端口侦听网络状态，当发现有搜索消息帧在网络中传输时就会接收该广播帧。对消息帧进行解包分析后，会将自身相

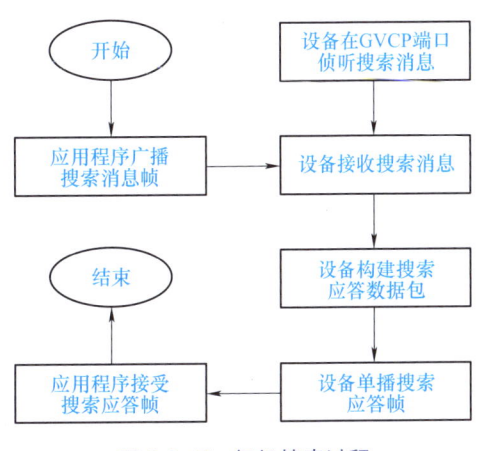

图 8.2-15 相机搜索过程

关的配置信息填充到搜索应答器中，这些消息包含 GigE 设备型号、制造商、IP 地址、MAC 地址等，最后以单播的方式向主机发送搜索消息应答帧。其中"单播"（Unicast）是一种通信方式，指的是数据包从源头发送到单一的目的主机。主机应用程序接收到该应答帧，根据需要进行相应的处理，即完成了一次网络 GigE 设备的搜索过程，即相机搜索过程。

GVCP 协议允许应用程序配置和控制 GigE 相机，应用程序使用用户数据报协议（User Datagram Protocol，UDP）发送命令，并等待设备响应，然后发送下一命令，该机制弥补了 UDP 的面向无连接的缺点，保证了数据传输的完整性和可靠性。GVCP 必须使用 UDP 和 IPv4 作为传输协议。在 GVCP 协议报文中，最大传输单元（Maximum Transmission Unit, MTU）定义为 576B，GVCP 数据包尺寸见表 8.2-3，包括 IP 头（大小固定在 20B）、UDP 头、GVCP 头及数据负载部分。GVCP 控制头和数据段部分大小必须是 4B 的倍数。

表 8.2-3 GVCP 数据包尺寸

层	尺寸/B
IP 头	20
UDP 头	8
GVCP 头	8
数据负载	540
总计	576

GVCP 可以用来为相机产生一个信息通道。信息通道可以为相机传递事件到应用程序，如当一幅图像采集完毕，可以传递一个时间标签。GVCP 还可以为相机产生 1~512 个流通道（Stream Channels），基本流通道如图 8.2-16 所示。流通道用于传递实际的图像数据。为此目的，GigE Vision 定义了称作 GVSP 的特殊应用层协议，此协议基于 UDP，默认不包含可靠性和错误恢复机制，这样可以使可传输的数据量最大化。然而，应用程序可以要求相机重传丢掉的数据包。因此，支持此功能的相机必须含有帧缓存器（Frame Buffer）。

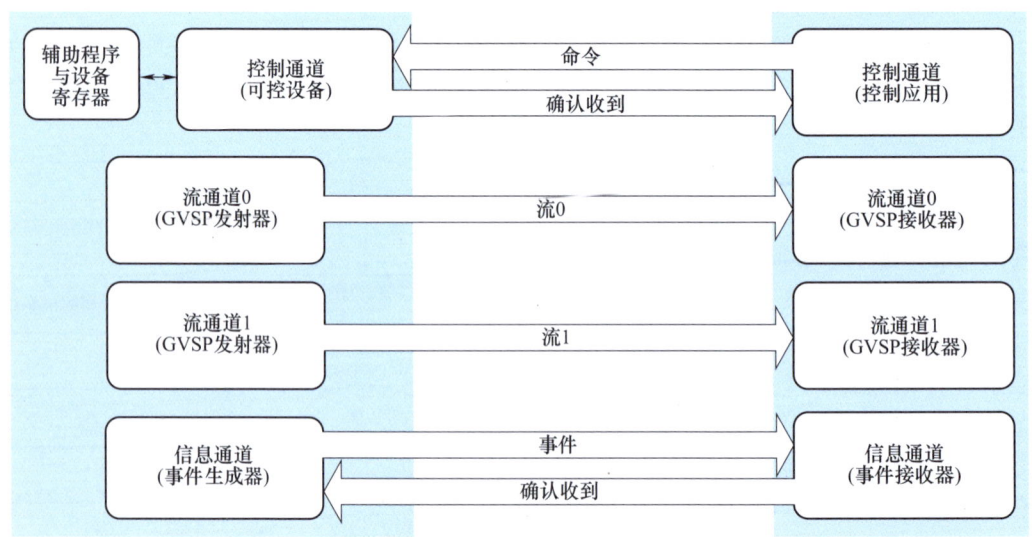

图 8.2-16 基本流通道

GVSP 还定义了可以传输的图像数据。每个像素点数据包含黑白 [每个像素 8（无符号和有符号）、10、12 和 16 位]、原始 Bayer（每个像素 8、10 和 12 位）、RGB（每通道 8、10 和 12 位）或不同 YUV 色度压缩比（每像素 12 位 4∶1∶1，每像素 16 位 4∶2∶2，每像素 24 位 4∶4∶4），也可以用 3 个流通道在 3 个不同位面传输 RGB 值。

如果网络上除相机数据外没有其他负载，如相机是通过跨接电缆接到计算机上，对于千兆以太网 UDP 的速率可达 600~840Mbit/s（即 75~105MB/s），从中可推算 GVSP 协议对于 640×480 相机每秒最大帧率在 320 帧左右。对于 10 千兆以太网，帧率应该相应提高。此处所谓的帧率应该提高是因为目前市场上还没有 10 千兆以太网产品。还需要指出的是，GigE Vision 标准定义了相机最多可以有 4 个网络接口，如果与其所接的计算机或网络也有 4 个网络接口，帧率可以相应的增加 4 倍。

总结而言，GigE Vision 标准是广泛应用的相机接口标准，基于以太网通信标准制定。支持多相机连接、多流通道，以太网口相机的多相机连接工作示意如图 8.2-17 所示，通过使用标准以太网电缆可实现超远距离快速、无误的图像传输。不同供应商的硬件和软件在以太网连接中可以不同的数据速率实现无缝交互操作。

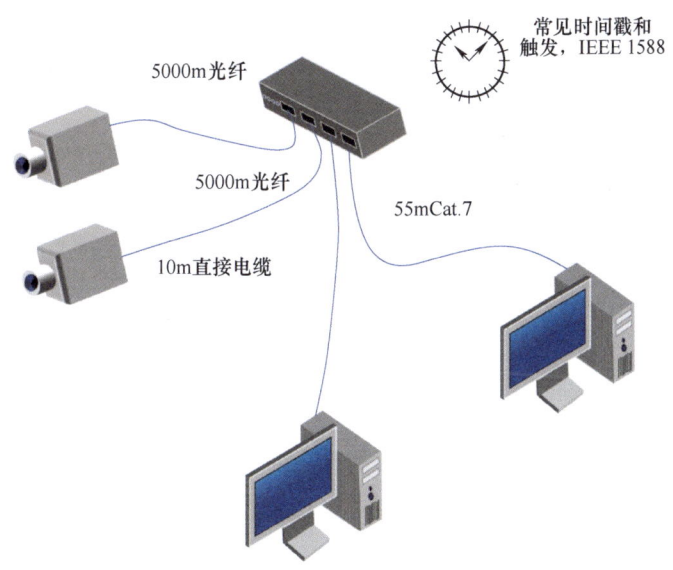

图 8.2-17　以太网口相机的多相机连接工作示意图

8.2.5　CoaXPress

CoaXPress（简称 CXP）是一种新的非对称高速点对点串行通信标准，是一种采用同轴线缆进行互联的相机数据传输标准。CoaXPress 技术由 Adimec 和 EqcoLoqic 公司联合开发，得到了世界范围内的认可，开发者随即成立了 CoaXPress 协会，致力于将 CoaXpress 接口推广使之成为标准接口，以满足不断增长的数据带宽需求。

CoaXPress 接口标准主要有以下几种规格：
1）CXP-1。基础规格，提供 1.25Gbit/s 的数据传输速率。
2）CXP-2。提供 2.5Gbit/s 的数据传输速率。

3) CXP-3。提供 3.125Gbit/s 的数据传输速率。
4) CXP-5。提供 5Gbit/s 的数据传输速率。
5) CXP-6。提供 6.25Gbit/s 的数据传输速率，是 CoaXPress 较早期的主流规格。
6) CXP-10。提供 10Gbit/s 的数据传输速率。
7) CXP-12。提供 12.5Gbit/s 的数据传输速率，是目前 CoaXPress 的最高规格，也称为 CXP 2.0 版本。

这些规格允许通过单根或多根同轴电缆实现不同级别的数据传输速率，以适应不同的应用需求。CoaXPress 接口通过链路聚合可以进一步提高传输带宽，例如，四通道的 CXP-12 可以提供高达 50Gbit/s 的聚合带宽，CoaXPress 接口相机的多相机连接工作示意如图 8.2-18 所示。

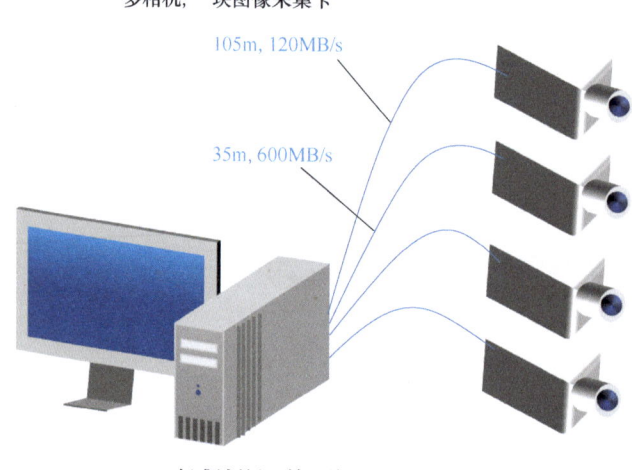

图 8.2-18 CoaXPress 接口相机的多相机连接工作示意图

CXP-6 和 CXP-12 是 CoaXPress 接口标准的两个主要版本，它们的主要区别在于数据传输速率和一些技术特性。CXP-6 标准下，每条铜缆能以每秒 6.25Gbit/s 的速率将数据从相机传输到后端接收机。在 3.125Gbit/s 的速率下，电缆长度可以超过 100m；在 6.25Gbit/s 的速率下，电缆长度超过 40m；通常使用 DIN 1.0/2.3 连接器（这是一种带有推拉式锁扣系统的连接器）；适用于需要高吞吐量和较远传输距离的高速相机。CXP-12 标准将数据传输速率提高了 1 倍，每条铜缆为 1 条 12.5Gbit/s 链路，使得 4 条 CXP-12 链路通过链路聚合可以轻松达到 50Gbit/s 的带宽；在 12.5Gbit/s 的速率下，电缆长度超过 40m；使用 Micro-BNC（HD-BNC）连接器（这种连接器带有可靠的推转式、卡口式正向锁扣），可快速、方便地连接/断开；适用于需要更高数据传输速率的应用，如高分辨率成像或多相机系统。

CoaXPress 在同一电缆中包含控制信号及供电，因该功能又称为 PoCXP（Power over CoaXPress），这简化了布线并降低了系统成本。CoaXPress 可以高达 12.5Gbit/s 的速率将数据从相机传输至图像采集卡，同时以 41.7Mbit/s 的速率将控制数据和触发从图像采集卡传输至相机；并向相机供应最高 24V 和 13W 的电源。CoaXPress 支持实时触发，包括触发特高速线扫描相机，当使用 41.7Mbit/s 的上行信道时，触发延时为 1.7μs，或使用可选高速上行信

第 8 章 工业相机与计算机的数据传输

道时，延时一般为 150ns，非常适合需要高精度同步的应用。

CoaXPress 接口对高数据传输率的支持，使得它非常适合需要高速、高带宽图像传输的应用。CoaXPress 接口可以在较长距离上保持高数据传输率，如 CXP-6 速率下的最大电缆长度可达 40m，且通过使用更粗的同轴电缆或基于光纤的延长器，可以进一步延长电缆长度，这对于工厂自动化和机器视觉应用非常有用。CoaXPress 采用 IEC 标准化的电缆和连接器，如 75Ω DIN 1.0/2.3 型或 75Ω BNC 型，这些连接器适用于高振动的工业环境，且同轴电缆价格低廉，抗电磁干扰能力强。CoaXPress 接口支持 GenICam 标准，确保了相机、接口和软件的互连互通，便于集成和使用，有助于加速和简化应用程序的开发和升级组件。CoaXPress 具有即插即用的特点（热插拔），包含自动连接机制，在丢失连接后能自动修复，提高了系统的稳定性和可靠性。CoaXPress 接口上的触发器具有低延迟和高精度的高优先级，这对于需要精确同步的应用非常重要。与 10 GigE Vision 相比，CoaXPress 提供了更高的效率和更低的成本。

本节最后对相机-计算机数据接口进行总结。常用的数字接口包括 Camera Link、IEEE 1394、USB、GigE Vision 和 CoaXPress。不同的数据接口有不同的特性，用户可以从线缆长度、传输速度、延迟、架设复杂度、成本等多方面的对比来进行选择。下面对工业相机的主要数字接口的性能和特点进行总结和对比，工业相机不同数据接口的特点见表 8.2-4，工业相机不同数据接口的传输距离与带宽对比如图 8.2-19 所示。

表 8.2-4 工业相机不同数据接口的特点

项目	接口						
	GigE	10GigE	USB3.0	Camera Link	CoaXPress	IEEE 1394a	IEEE 1394b
速度	1000Mbit/s	10000Mbit/s	3000Mbit/s	6400Mbit/s	51200Mbit/s（4 根）	32MB/s	64MB/s
距离	100m（双绞线）；>100m（光纤）	100m（双绞线）；>100m（光纤）	5m（标准无源电源）；>5m（光纤）	10m	45m（CXP-6）35m（CXP-12）	4.5m	10m
成本	低	中	低	高	高	低	
优点	拓展性好；性价比高；架设方案简单；广泛适用性；支持多相机	带宽高；拓展性好；架设方案简单；支持多相机	易用，支持热插拔；可连接多个设备；相机可通过线缆供电；价格低；支持多相机	高速率；抗干扰能力强；功耗低；带宽高；带预处理功能	数据传输量大；传输距离长；可选择传输距离和传输量；支持热插拔；数据传输具备实时和低延迟的特性；无需额外供电	易用，价格低，支持多相机；传输距离远，实际线缆可达到 17.5m，光纤传输可达 100m；有标准协议；CPU 占用最低	
缺点	CPU 占用率高；对主机的配置要求高；有时存在丢包现象	CPU 占用率高；对主机的配置要求高	稳定性较差；距离短；无标准协议；CPU 占用高	成本高；线中不带供电	成本高；架设复杂度高	长距离传输线缆价格稍贵	

193

工 业 相 机 原 理

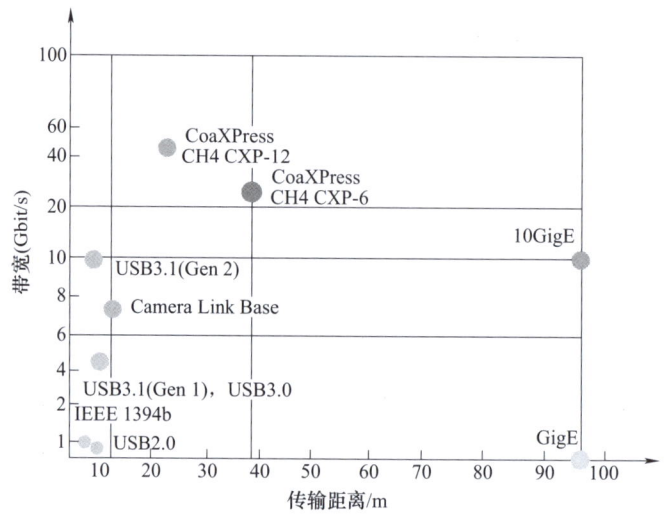

图 8.2-19　工业相机不同数据接口的传输距离与带宽对比

8.3　控制信号的传输——I/O 接口

相机的 I/O 接口并非是用于相机与计算机之间直接进行信号的传输，而是相机与外部设备，如电机的编码器、光源控制器、外部执行单元的 PLC 等之间直接进行信号传输的接口。因为这些外部设备在必要的情况下可以以某种方式与计算机进行直接或间接的连接，所以本小节在某种意义上也可归类为"相机-计算机的数据传输接口"范畴。不过需要注意，在实际使用中相机的 I/O 接口通常不会与计算机进行直接地连接及信息传输。

I/O 接口中 I 表示输入（Input）、O 表示输出（Output），因此 I/O 接口即相机的输入/输出接口，相机的 I/O 接口如图 8.3-1 所示，图 8.3-1b 中的 I/O 接口引脚功能见表 8.3-1。I/O 接口的输入用于相机接收外部信号，可用于触发相机（硬触发），也可用于定制不同的功能，如使用不同信号宽度来改变相机的曝光时间，主要用于现场设备控制相机，常常配合各种传感器使用。I/O 接口的输出是相机输出信号，控制现场设备使用，常用于控制外部光

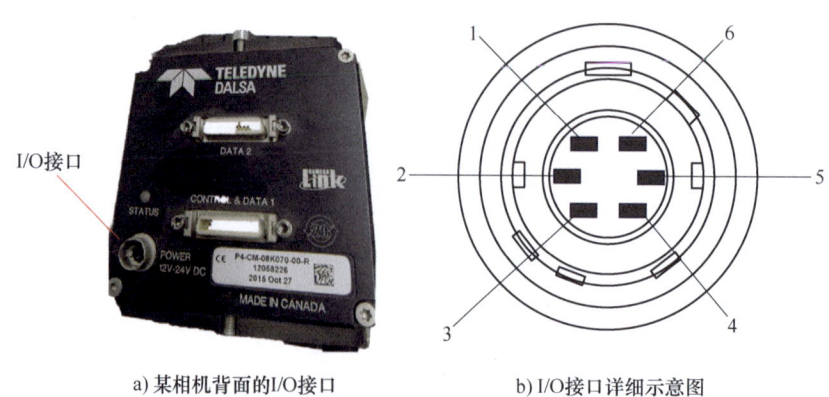

a) 某相机背面的 I/O 接口　　　　b) I/O 接口详细示意图

图 8.3-1　相机的 I/O 接口

194

源、PLC 执行机构等。I/O 接口通常使用光耦隔离，即采用光耦合器进行隔离。光耦隔离电路使被隔离的两部分电路之间没有电的直接连接，防止电路信号上的干扰。

表 8.3-1　图 8.3-1b 中的 I/O 接口引脚功能

引脚	信号	I/O 类型	I/O 信号源	说明	配套线缆颜色
1	12V	—	—	+12V 直流电源	橙色
2	Opt-Iso In	输入	Line0 信号线	光耦隔离输入	黄色
3	GPIO	输入或输出	Line2 信号线	可配置成输入或输出	紫色
4	Opt-Iso Out	输出	Line1 信号线	光耦隔离输出	蓝色
5	I/O Ground	输入或输出	Line0、Line1 信号线	信号地	绿色
6	Gnd	输入或输出	Line2 信号线	电源地	灰色

相机的 I/O 接口增加了视觉系统的灵活性，拓展了视觉系统的功能和应用，但并不是所有相机都带有 I/O 接口。

表 8.3-1 中，"Opt-Iso In"在相机 I/O 接口中通常指的是一种光耦隔离的输入信号，"Opt"是 Optical（光）的缩写，"Iso"是 Isolated（隔离）的缩写。这种接口设计用于接收外部的触发信号，以控制相机的拍摄行为。例如，在工业相机视觉系统中，当检测到某个特定物体时，通过 Opt-Iso In 接口发送信号给相机，触发相机进行拍摄。类似地，"Opt-Iso Out"表示光耦隔离输出，这种输出信号用于在相机与外部设备之间提供电气隔离，以确保信号传输的安全性和可靠性。光耦隔离输出可以保护相机的内部电路不受外部电压或电流波动的影响，同时也防止相机内部可能产生的噪声影响外部设备。这种类型的输出通常用于控制外部设备，如触发外部闪光灯、打开或关闭外部机械装置等。"GPIO"代表"General Purpose Input/Output"，即通用输入/输出接口。这是一种多功能的数字接口，可以被配置为输入或输出模式，用于实现各种功能。作为输入（GPIO In），GPIO 可以接收来自外部设备的信号，例如，它可以接收一个触发信号，当外部设备（如传感器或 PLC）发出信号时，相机会响应这个信号并执行相应的操作，如拍摄图像；作为输出（GPIO Out），GPIO 可以用于控制外部设备，例如，相机可以在捕获到图像后发送一个信号，控制外部的光源或机械装置。在实际应用中，GPIO 接口的使用非常灵活，可以根据需要进行编程和配置，以适应不同的机器视觉和自动化应用场景。

 习题与思考题

1. Camera Link 包括了 4 对数据信号线、1 对时钟信号线、4 对控制信号线，以及 2 对相机设置信号线，共 11 对信号线。那么对于 26 引脚的 Camera Link 接口，剩余引脚的作用是什么？
2. 请思考，PAL 制式是模拟视频标准还是数据传输协议？
3. 一个 PAL 制式的视频信号怎么转换成不同的数据传输协议进行传输？
4. 图 8-1 中的相机接口是相机用于传输哪种信号的？并简述其工作原理和场景。
5. 请列举常用的模拟视频标准，并解释模拟视频标准在图像采集和传输中的作用，以及这些标准如何影响模拟相机的设计和性能。
6. 根据表 8.1-1 中的数据，分析帧率、行数、行周期、每秒行数、像素周期及图像大小之间的关系，并解

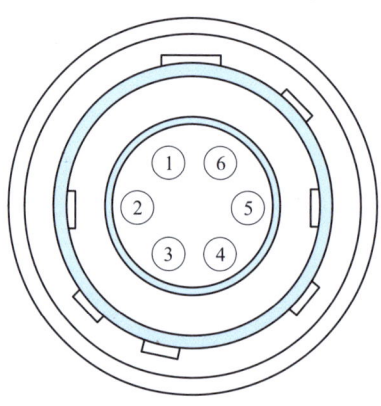

图 8-1　相机接口

释这些参数对视频信号质量的影响。
7. 请分析复合视频信号的优缺点，比较 S-Video 信号与复合视频信号在图像质量、传输方式和所需硬件方面的主要差异。为什么 S-Video 可以提供比复合视频更好的图像质量？
8. 请描述计算机接收模拟视频信号的过程。
9. 请描述计算机接收数字视频信号的过程。
10. 请列举常用的模拟视频接口。
11. 请分析数字视频信号传输相对于模拟视频信号传输的优点。
12. 请列举常用的数字视频信号传输接口，并说明各接口的特点。

参 考 文 献

[1] CARSTEN STEGER, MARKUS ULRICH, CHRISTIAN WIEDEMANN. 机器视觉算法与应用[M]. 杨少荣, 吴迪靖, 段德山, 译. 北京: 清华大学出版社, 2008.
[2] HOLST G C. CCD Arrays, Cameras, and Displays[M]. Bellingham: SPIE Optical Engineering Press, 1996.
[3] 王庆友, 尚可可, 逯力红. 图像传感器应用技术[M]. 3版. 北京: 电子工业出版社, 2019.
[4] 刘韬, 葛大伟. 机器视觉及其应用技术[M]. 北京: 机械工业出版社, 2019.
[5] 王颖娴, 王康, 童逸杰. 机器视觉技术与应用实战[M]. 北京: 北京理工大学出版社, 2023.
[6] 谢希仁. 计算机网络[M]. 8版. 北京: 电子工业出版社, 2021.
[7] DAVIES E R. 计算机与机器视觉——理论: 算法与实践[M]. 北京: 机械工业出版社, 2013.
[8] 伯特霍尔德·霍恩. 机器视觉[M]. 王亮, 蒋欣兰, 译. 北京: 中国青年出版社, 2014.
[9] SNYDER W E, HAIRONG Q. 机器视觉教程[M]. 林学闾, 崔锦实, 赵清杰, 译. 北京: 机械工业出版社, 2005.
[10] ADITI MAJUMDER, GOPI M. 视觉计算基础: 计算机视觉、图形学和图像处理的核心概念[M]. 赵启军, 译. 北京: 机械工业出版社, 2019.
[11] RICHARD HARTLEY, ANDREW ZISSERMAN. 计算机视觉中的多视图几何(原书第2版)[M]. 韦穗, 章权兵, 译. 北京: 机械工业出版社, 2020.
[12] 宋春华, 张弓, 刘晓红, 等. 机器视觉: 原理与经典案例详解[M]. 北京: 化学工业出版社, 2022.
[13] 易焕银, 等. 机器视觉及其应用技术[M]. 西安: 西安电子科技大学出版社, 2023.
[14] DAVID A FORSYTH, JEAN PONCE. 计算机视觉——一种现代方法(第2版)[M]. 高永强, 译. 北京: 电子工业出版社, 2017.
[15] 卡斯特恩·斯蒂格, 马克乌斯·乌尔里克, 克里斯琴·威德曼. 机器视觉算法与应用(第2版)[M]. 杨少荣, 等译. 北京: 清华大学出版社, 2019.
[16] MILAN SONKA, VACLAV HLAVAC, ROGER BOYLE. 图像处理、分析与机器视觉(第3版)[M]. 艾海舟, 等译. 北京: 清华大学出版社, 2014.
[17] 程光. 机器视觉技术[M]. 北京: 机械工业出版社, 2019.
[18] RICHARD SZELISKI. 计算机视觉——算法与应用[M]. 艾海舟, 等译. 北京: 清华大学出版社, 2012.
[19] 章毓晋. 计算机视觉教程[M]. 北京: 人民邮电出版社, 2011.
[20] RAFAEL C GONIALEZ, RICHARD E WOODS, STEVEN L EDDINS. 数字图像处理(MATLAB版)[M]. 阮秋琦, 等译. 北京: 电子工业出版社, 2005.
[21] 宋丽梅, 朱新军, 李云鹏. 机器视觉原理及应用教程[M]. 北京: 机械工业出版社, 2023.
[22] 陈兵旗. 机器视觉技术及应用实例详解[M]. 北京: 化学工业出版社, 2014.
[23] PHILIP NELSON. 从光子到神经元[M]. 舒咬根, 黎明, 译. 北京: 科学出版社, 2021.
[24] 丁少华, 等. 机器视觉技术与应用实战[M]. 北京: 人民邮电出版社, 2022.
[25] 常城, 宋晨静, 高浩. 计算机视觉应用开发(中级)[M]. 北京: 高等教育出版社, 2022.
[26] 陈尚义, 彭良莉. 计算机视觉应用开发(初级)[M]. 北京: 高等教育出版社, 2021.
[27] 唐霞, 陶丽萍. 机器视觉检测技术及应用[M]. 北京: 机械工业出版社, 2021.
[28] 刘增龙, 赵心杰. 机器视觉从入门到提高[M]. 北京: 机械工业出版社, 2021.

［29］ 刘秀平，景军锋，张凯兵．工业机器视觉技术及应用［M］．西安：西安电子科技大学出版社，2019．
［30］ 杜斌．机器视觉：使用HALCON描述与实现［M］．北京：清华大学出版社，2021．
［31］ EMVA1288 标准 4.0（General）［S］．https：//www.emva.org/wp-content/uploads/EMVA1288General_4.0Release.pdf．
［32］ EMVA1288 标准 4.0（Linear）［S］．https：//www.emva.org/wp-content/uploads/EMVA1288Linear_4.0Release.pdf．
［33］ 杭州海康机器人股份有限公司．海康机器人 USB3.0 工业面阵相机用户手册 V2.2.1［Z］．https：//www.hikrobotics.com．
［34］ 杭州海康机器人股份有限公司．海康机器人千兆网口工业面阵相机用户手册 V3.1.2［Z］．https：//www.hikrobotics.com．